E-Book inside.

Mit folgendem persönlichen Code
erhalten Sie die E-Book-Ausgabe
dieses Buches zum kostenlosen
Download.

80185-CGW6P-
56RHB-D0184

Registrieren Sie sich unter
www.hanser-fachbuch.de/ebookinside
und nutzen Sie das E-Book
auf Ihrem Rechner*, Tablet-PC
und E-Book-Reader.

* Systemvoraussetzungen:
  Internet-Verbindung und Adobe® Reader®

Christian Stary, Monika Maroscher, Edith Stary

Wissens-Management

Christian Stary, Monika Maroscher, Edith Stary

WISSENSMANAGEMENT IN DER PRAXIS

Methoden

Werkzeuge

Beispiele

mit Beiträgen von Jeannette Hemmecke und Wilfried Wieden

HANSER

Bibliografische Information der Deutschen Nationalbibliothek

Die Deutsche Nationalbibliothek verzeichnet diese Publikation in der Deutschen Nationalbibliografie; detaillierte bibliografische Daten sind im Internet über <http://dnb.d-nb.de> abrufbar.

© 2013 Carl Hanser Verlag München
http://www.hanser-fachbuch.de

Lektorat: Lisa Hoffmann-Bäuml
Herstellung: Thomas Gerhardy
Satz: Kösel, Krugzell
Umschlaggestaltung: Stephan Rönigk
Druck & Bindung: Friedrich Pustet, Regensburg
Printed in Germany

ISBN 978-3-446-43165-2
E-Book-ISBN 978-3-446-43276-5

VORWORT

In wirtschaftlichen wie privaten Lebensbereichen hat sich die Erkenntnis durchgesetzt, dass der Umgang mit Wissen wesentlich unsere Handlungen und unser Zusammenleben bestimmt. Obwohl wir bereits in frühen Jahren mit Wissen umgehen (lernen) und damit einen bestimmten Erfahrungsschatz im Handhaben von Wissen erwerben, setzen wir auf Basis dessen kaum explizit Methoden im Umgang mit Wissen ein. Ein derart unreflektierter Zugang zu Lernen und Wissensmanagement besitzt allerdings entscheidenden Einfluss auf unsere Handlungsmöglichkeiten, ob als Individuum, in Praxisgemeinschaften oder Organisationen.

Wir wollen mit unseren Anleitungen den bewussten, methodischen Umgang mit Wissen erleichtern. Wissen zu erkennen, zu erschließen, es darzustellen, zu verarbeiten und schließlich zu teilen soll den Lesern und Leserinnen in ihrer täglichen Handlungspraxis durch die vorgestellten Methoden ermöglicht bzw. vereinfacht werden. Wir zeigen, wie Individuen bewusst Wissen schaffen und einsetzen können. Grundlegende Methoden des Wissensmanagements stellen wir anhand ihrer Einsatzpraxis dar mit Informationen zu ihrem theoretischen Hintergrund. Dieses theoriegeleitete Vorgehen vermindert Unsicherheiten, die zumeist beim Einsatz der Methoden auftreten. Darüber hinaus verhilft dieses Buch zu souveränen Anwendungen auch in bislang nicht erschlossenen Bereichen des Wissensmanagements.

Wir möchten auf diesem Weg allen Personen danken, die uns die Niederschrift unserer Erkenntnisse und Erfahrungen möglich gemacht haben. Neben den Projektpartnern und -mitarbeitern waren es die Lehrenden und Teilnehmenden des MBA-Lehrgangs Angewandtes Wissensmanagement an der JKU. Sie alle waren es, die ein abgerundetes Praxisbild der ausgewählten Methoden vor dem Hintergrund der jeweiligen Theorien und Konzepte ermöglichten.

Demgemäß bildete die Abschlussarbeit von Monika Maroscher die Basis des Buches. Sie fasste die wesentlichen Elemente der jeweiligen Methoden strukturiert zusammen und hinterlegte sie mit aktuellen Erkenntnissen aus der verfügbaren Literatur.

Jeannette Hemmecke erstellte auf Basis ihrer jahrelangen intensiven methodischen Auseinandersetzung mit der Repertory-Grid-Technik den Beitrag zu dieser Methode. Wilfried Wieden stellte seine in der Praxis vielfach erprobte Methode zur Erstellung von Wissenslandkarten in einem eigenen Beitrag zur Verfügung. Ihnen beiden sei an dieser Stelle herzlich für ihre Mitwirkung gedankt.

Schließlich möchten wir Frau Lisa Hoffmann-Bäuml und ihren Kollegen für die intensive Betreuung seitens des Verlags danken und hoffen, mit diesem Werk der kundigen Verbreitung wesentlicher Methoden des Wissensmanagements einen Schritt näher gekommen zu sein.

Monika Maroscher, Edith Stary, Christian Stary

Linz und Wien, im Herbst 2012

Inhalt

1 Einführung

Die vielfach diskutierte Wissensgesellschaft definiert Wissen als Bezugspunkt unseres Handelns. Doch wie viel wissen wir über das Wie im Umgang mit Wissen? Welche Methoden können wir einsetzen oder leiten uns in der Wissensarbeit? Pflegen wir einen reflektierten Umgang mit Wissen in unserer Handlungspraxis oder organisieren wir Information von Fall zu Fall und zelebrieren „Informationsgesellschaft" statt Wissensgesellschaft?

Derartige Fragestellungen führen rasch zu einer intensiveren Auseinandersetzung mit dem Thema Wissen und schließlich Wissensmanagement – ein Gebiet, welches sich dem Umgang von Wissen in unterschiedlichen Kontexten, wie der Organisation von Arbeit, widmet. Es definiert sich nicht nur über Konzepte, wie die Wissensbausteine (Probst, Raub, Romhardt 1998) oder die Wissensspirale (Nonaka, Takeuchi 1997), sondern auch in seiner Handlungspraxis und damit über Methoden. Es sind Aktivitäten, die gesetzt werden, bzw. Vorgehensschritte, die es zu durchlaufen gilt, um Wissensmanagement zu betreiben (vgl. Dalkir 2011). Durch den multidisziplinären Charakter gibt es mittlerweile eine Vielzahl an Methoden, die im Rahmen von Wissensmanagementaktivitäten im individuellen wie organisationalen Kontext eingesetzt werden können.

Um diese Methoden in ihrer Unterschiedlichkeit und Wesensart zu erfassen, einordnen und damit auch zielgerichtet suchen, auswählen und praktisch anwenden zu können, benötigt es Information über die Methoden selbst sowie über ihre Einsatzmöglichkeiten (vgl. Stier 1996). Anhand charakteristischer Merkmale können Möglichkeiten zur Kategorisierung geschaffen werden, die schließlich eine Zuordnung von Methoden zu bestimmten Kategorien erlauben.

Das vorliegende Methodenhandbuch dient der strukturierten Unterstützung von Suche, Auswahl und Durchführung von Methoden des Wissensmanagements. Es gibt nicht nur einen kompakten Überblick über bestehende Methoden, es stellt vielmehr Praxisnutzen und Grenzen von Methoden gleichermaßen dar. Es eignet sich als Nachschlagewerk sowie Anleitung zur Auswahl und Durchführung von Methoden. Zur besseren Verortung und Bestimmung des Wirkungskreises haben wir eine Zuordnung der Methoden zu den bestimmenden Aktivitätsbündeln des Wissensmanagements, von der Wissensgenerierung bis hin zur Wissensauswertung, vorgenommen.

Somit soll dieses Werk nicht nur die praktische Anwendung erleichtern, sondern das methodische Gesamtverständnis von Wissensmanagement und die Umsetzungskompetenz für Anwender[1] von Methoden erhöhen helfen. Sowohl die beschriebenen als auch in diesem Buch nicht berücksichtigten Methoden des Wissensmanagements werden anhand des eigens entwickelten Beschreibungssystems strukturiert erschließbar und vergleichbar.

Da bestehende Methodenbeschreibungen selbst in Grundlagenbüchern der Sozial- und Wirtschaftswissenschaften nicht durchgängig und anhand eingängiger Merkmale beschrieben sind, haben wir uns in der Entwicklung der Struktur zur Beschreibung von Methoden durch den Methodenatlas von Rogge (1995) und durch die Arbeit von Müller und Herbig (2004) zu Methoden zur Erhebung und Abbildung impliziten Wissens leiten lassen. Schließlich haben unsere Erfahrungen aus den EU-Projekten MAUSE (www. cost294.org – Towards the Maturation of Information Technology Usability Evaluation) und TwinTide (www.TwinTide.org – Towards the Integration of Transectorial IT Design and Evaluation) geholfen. Sie erlauben uns, wesentliche Merkmale von Methoden für den praktischen Einsatz zu benennen und zur begründbaren Auswahl von Methoden einzusetzen.

Die Aktivitätsbündel oder Komponenten des Wissensmanagements, denen wir die Methoden zugeordnet haben, sind im Detail: Wissensgenerierung, Wissenserhebung, Wissensdarstellung, Wissensverarbeitung und Wissensauswertung (vgl. Probst, Raub, Romhardt 1998; Reinmann-Rothmeier, Mandl 2000).

Methoden zur **Generierung neuen Wissens** bewirken die Verarbeitung von Information zu handlungsrelevantem Wissen und die Entwicklung neuer Ideen. Kreativität, vernetztes Denken, Lernen und Problemlösen, aber auch Selbst- und Fremdbild spielen eine wichtige Rolle bei der Methodenanwendung zur Wissensgenerierung. Typische Leitfragen für den Einsatz von Methoden zur Generierung neuen Wissens sind:

▪ Wie soll unser neues Produkt aussehen?

▪ Wie hängen die Produkteigenschaften mit den erforderlichen Dienstleistungen zusammen?

▪ Welche Möglichkeiten der Markterschließung ergeben sich aus unserem Portfolio?

▪ Können bestimmte Vorgehensweisen in anderem Kontext angewandt oder Materialien in anderen Produkten zur Erzielung bestimmter Eigenschaften eingesetzt werden?

Durch eine **Wissenserhebung** wird vorhandenes, aber implizites Wissen auf organisationaler Ebene wirksam gemacht. Wissen, das oft schwer artikulierbar ist, wird erhoben (expliziert). Typische Leitfragen, die zum Einsatz von Wissensmanagementmethoden in diesem Kontext führen, sind:

▪ Wie können wir Ideen einbringen, aufbereiten und diskutierbar machen?

▪ Welches Wertesystem besitzen unsere Kunden?

▪ Wie „ticken" wir im Umgang mit Kunden? Steckt hinter diesem Verhalten ein Regelwerk oder ein lineares Vorgehen?

▪ Wie gehen wir mit signifikanten Marktveränderungen um?

---

[1] Die Verwendung der männlichen Formen erfolgte zwecks leichterer Lesbarkeit und bezieht sich in diesem Werk auf beide Geschlechter gleichermaßen.

Erhobenes bzw. explizites Wissen sollte in Organisationen unmittelbar und effektiv für alle Mitarbeiter **dargestellt** werden (können), damit dieses in der Organisation klar erfasst und weitergegeben werden kann und aufbauend darauf weitere Handlungen gesetzt werden können. Der Einsatz diesbezüglicher Methoden gründet sich auf Leitfragen, die in der Folge exemplarisch aufgeführt sind:

- Welche Zugänge gibt es zu unseren Produkten aus Sicht der Kunden?
- Wie sehen die Zusammenhänge zwischen Kundenwissen und Produkteigenschaften aus?
- Wie sieht unser Regelwerk im Engineering aus?
- Wie binden wir die Business Rules in unsere Prozesse ein?

Bei der **Wissensverarbeitung** handelt es sich um die Beschleunigung, die Rationalisierung und Automatisierung der Transformation von Wissen in Information und umgekehrt. Dabei werden einerseits Informationen aus der Umgebung exzerpiert und als Wissen verankert, andererseits werden aus gespeichertem Wissen Informationen gewonnen, um sinnvolles Handeln und Entscheiden zu ermöglichen.

- Web 2.0 für Customer Knowledge Management – ja, aber wer gleicht die Verschlagwortung mit unseren Verzeichnissen ab?
- Wie erstellen wir Kundenprofile?
- Wie stellen wir den intuitiven Zugang zu den Produktfeatures im Web Shop mittels Assoziationen sicher?
- Mass Customization okay – aber wie soll das bei unseren Dienstleistungen funktionieren?

Im Rahmen der **Wissensauswertung** werden Fakten und Regeln gesucht und nach einer vorgegebenen Strategie verknüpft, um aussagekräftige Ergebnisse zu produzieren. Die Strategie ist dabei von den Kommunikationsstrukturen der Organisation abhängig und bestimmt, welches Wissen zum Zuge kommt und welches nicht (vgl. auch Schorcht, Petsch, Nissen 2008).

- Wo und wie werden unsere Erfahrungen mit den erstellten Verkaufsinformationen gesammelt?
- Welche Möglichkeiten der kontextsensitiven Außendarstellung für unsere Leistungen gibt es?
- Wie begründen wir vor den Investoren die hohen Ausgaben für interne Lernunterstützung?
- Welche Anteile unserer wissensintensiven Prozesse können wie gemessen werden?

Kann nun ein Anliegen nicht unmittelbar bestimmten Leitfragen und damit einem Aktivitätsbündel des Wissensmanagements direkt zugeordnet werden, dann sollte das Studium der folgenden Kurzzusammenfassungen methodischer Merkmale weiterhelfen. Es stellt ein Briefing bezüglich der Potenziale der in diesem Buch detaillierten Methoden dar. Es wurde zwar anhand der Aktivitätsbündel strukturiert, erlaubt aber dennoch, sich einem Anliegen über das Potenzial von Methoden anzunähern.

Wissensgenerierung

- Die Repertory-Grid-Technik erlaubt mit minimalen Strukturvorgaben und offener Befragung die Explizierung individueller Wertesysteme zu Personen oder Objekten in einem bestimmten organisationsrelevanten Betrachtungskontext.

- Die Critical-Incident-Technik geht auf erfolgskritische Ereignisse im Organisationsgeschehen ein und erlaubt, mittels Befragung deren Beschreibung und Kontext zu generieren.

- Narrative Storytelling unterstützt die Generierung von Erfahrungswissen anhand einer durchgängigen Beschreibung eines organisationsrelevanten Sachverhalts.

- Springboard Storytelling zielt auf die Generierung von Handlungswissen für bestimmte Personen ab, die mittels einer Geschichte angesprochen werden.

- Das World Café erlaubt einer Gruppe von Personen die Generierung von kollektivem Wissen zu unterschiedlichen Fragestellungen.

- Die Wissenslandkarte unterstützt die Erstellung von Strukturen zur Beschreibung von Informationssystemen und generiert auf diese Weise organisationsrelevantes Zusammenhangswissen.

- Die Bildkartenmethode befähigt Stakeholder, Wissen über Geschäftsabläufe bzw. zu Geschäftsprozessen in Form von Landkarten zu generieren, indem sie die wesentlichen Elemente von Geschäftsprozessen miteinander in Beziehung setzen.

- Die Balanced Scorecard generiert Wissen aus multiplen Perspektiven auf eine Organisation, indem nicht nur die Strukturen, sondern ergebnisrelevante Relationen erfasst und abgebildet werden können.

- Value Networks eignen sich zur Generierung von Kommunikationswissen, das schließlich Veränderungspotenzial auf der Basis wechselseitiger Austauschbeziehungen zwischen relevanten Rollen bzw. Funktionsträgern einer Organisation erschließen lässt.

- Der Bohmsche Dialog generiert Zusammenhänge für eine Gruppe von Personen, die sich aus dem Fluss des aktiven Zuhörens und der emphatischen Auseinandersetzung artikulierter Inhalte ergeben.

Wissenserhebung

- Da die Repertory-Grid-Technik die Explizierung individueller Wertesysteme zu Personen oder Objekten in einem bestimmten Organisationskontext ermöglicht, eignet sie sich zur Hebung impliziten Wissens.

- Die Critical-Incident-Technik nimmt Bezug auf erfolgskritische Ereignisse im Organisationsgeschehen und erhebt somit Wissen, welches Verhalten in erfolgskritischen Situationen die organisationsrelevanten Stakeholder auszeichnet.

- Narrative Storytelling erhebt Zusammenhangswissen bei organisationsrelevanten Sachverhalten, da in Geschichten der Fluss der Erhebung nicht unterbrochen wird.

- Springboard Storytelling dient der Erhebung von Aufforderungswissen, das Personen befähigen sollte, einer Situation mit bestimmtem Verhalten zu begegnen.

- Das World Café führt zur Dokumentation von dem in einer Gruppe von Personen verankerten Wissen sowohl bezüglich unterschiedlicher Fragestellungen als auch unterschiedlicher Perspektiven auf ein Thema.

- Die Wissenslandkarte unterstützt die Erhebung von strukturellen Sachverhalten, indem für die Erstellung dieser Strukturen Hilfsmittel angeboten werden, die im Rahmen der Beschreibung von Information eingesetzt werden.

- Die Bildkartenmethode unterstützt die Erhebung nur indirekt – sie erlaubt, strukturiert Wissen über bzw. zu Geschäftsprozessen (Organisationseinheiten, Aktivitäten, Daten etc.) darzustellen, indem bestimmte Symbole für die unterschiedlichen Informationskategorien angeboten werden, die in einen Beziehungszusammenhang gesetzt werden.

- Die Balanced Scorecard unterstützt ebenfalls die Erhebung von Wissen nur indirekt – sie sieht vielmehr unterschiedliche Perspektiven auf Organisationen vor und bietet eine Struktur, welche die Perspektiven miteinander in Beziehung setzen lässt.

- Value Networks eignen sich aufgrund ihres Vorgehensmodells und der vorgesehenen Strukturierung von Wissen zur Erhebung der subjektiven Sicht auf tangible und intangible Arbeitsbeziehungen und das damit verbundene Veränderungspotenzial für eine Organisation.

- Der Bohmsche Dialog kann zur Erhebung von Wissen nur insoweit genutzt werden, als seine Regeln die Wertschätzung der Mitteilung von Wissen begünstigen, und so seine Teilnehmenden ermuntert werden, auf Äußerungen und Anliegen im Rahmen des Dialogprozesses einzugehen und ihr Wissen hierzu zu explizieren.

Wissensdarstellung

- Die Repertory-Grid-Technik nutzt eine Tabellenstruktur zur Darstellung des Themas, der Elemente und des damit verbundenen Wertesystems (Konstrukte, Kontraste, Ratings). Die Einträge in die Tabelle erfolgen für jeden Teilnehmenden gemäß dem Vorgehensmodell.

- Die Critical-Incident-Technik bringt eine Darstellungsform mit sich, die vom Strukturierungsgrad und -gehalt der Befragung abhängt.

- Narrative Storytelling führt jedenfalls zu einem textuellen Abbild der verbalisierten, durchgängigen Beschreibung eines organisationsrelevanten Sachverhalts.

- Springboard Storytelling hat analog zu Narrative Storytelling ein textuelles Abbild der Beschreibung eines organisationsrelevanten Sachverhalts, allerdings mit Aufforderungscharakter für ein bestimmtes Verhalten, zum Ergebnis.

- Das World Café besitzt den Vorteil, dass sämtliche Wortmeldungen an den Tischen dokumentiert werden, sodass das kollektive Wissen zu bestimmten Fragestellungen repräsentiert und auch weiterverarbeitet werden kann.

- Die Wissenslandkarte führt zu einer strukturierten Darstellung der abgebildeten Information, die ebenfalls für bestimmte Zwecke, wie beispielsweise der Datenmodellierung, weiterverarbeitet werden kann.

- Auch die Bildkartenmethode ermöglicht eine strukturierte Darstellung, und zwar von Prozesswissen, das gegebenenfalls zur Verfeinerung oder Umsetzung von Prozess-(modell)en weiterverarbeitet werden kann.

- Die Balanced Scorecard beinhaltet Informationsstrukturen, welche eine Darstellung unterschiedlicher Perspektiven auf eine Organisation sowie deren ergebnisrelevante Relationen unterstützen.

- Value Networks bringen eine visualisierte Darstellung wechselseitiger tangibler und intangibler Austauschbeziehungen mit sich, die direkt in Tabellen weiterbearbeitet werden können, um das Veränderungspotenzial für eine Organisation zu erschließen.

- Der Bohmsche Dialog ist flüchtig, wenn keine Aufzeichnungen in Form von Lifestreams, Podcasts oder Protokollen angefertigt werden. Wissen wird verbalisiert und in dieser Form unmittelbar weiterbearbeitet.

Wissensverarbeitung

- Die Repertory-Grid-Technik unterstützt die Verarbeitung des generierten Wissens auf mehrfache Weise. Zum einen kann die Tabelle unmittelbar interpretiert werden. Zum anderen können Auswertungsverfahren, wie beispielsweise die Hauptkomponentenanalyse, auf die Einträge zugreifen.

- Die Critical-Incident-Technik erfordert nach der Erhebung zur weiteren Bearbeitung spezifische Methoden, da erfolgskritische Ereignisse im Organisationsgeschehen textuell dokumentiert und kategorisiert vorliegen.

- Narrative Storytelling braucht ebenfalls nach der Erhebung zur weiteren Bearbeitung spezifische Methoden, da das generierte Erfahrungswissen textuell dokumentiert vorliegt.

- Springboard Storytelling führt zwar zu einer textuellen Beschreibung von Inhalten, die Methode leitet aber nicht zur weiteren Verarbeitung des generierten Handlungswissens an.

- Das World Café führt im Rahmen der Erhebung zur Dokumentation von Beiträgen, deren Verarbeitung durch die Methode selbst nicht unterstützt wird.

- Die Wissenslandkarte begünstigt die feingranulare Erstellung von Strukturen zur kohärenten Beschreibung von Information(ssystemen), nimmt aber keinen Einfluss auf die Verarbeitung des so generierten Wissens.

- Mittels der Bildkartenmethode werden Stakeholder zwar befähigt, ihr Wissen über bzw. zu Geschäftsprozessen in Form von Landkarten darzustellen, die weitere Verarbeitung kann aber nur durch Modellierungswerkzeuge erfolgen.

- Die Balanced Scorecard dient primär der Weiterverarbeitung von Wissen auf Basis des generierten Wissens, die Verarbeitung selbst erfolgt allerdings perspektivenspezifisch, beispielsweise mittels Workflow-Systemen in der Prozessperspektive.

- Value Networks generieren nicht nur Wissen über derzeitig wahrgenommene Situationen, sondern leiten an, dieses Wissen in Richtung von nutzbarem Veränderungspotenzial weiterzuverarbeiten, insbesondere durch die Value-Creation-Analyse.

- **Der Bohmsche Dialog** führt zur Verbalisierung in der Gruppe und damit zur direkten Weitergabe von Wissen seitens der Teilnehmenden. Es kann also unmittelbar verarbeitet werden. Ohne Dokumentation hängt die Verarbeitung allerdings von den Fähigkeiten und Möglichkeiten der Teilnehmenden ab und wird somit nur an den zukünftigen Handlungen der Teilnehmenden wahrnehmbar.

Wissensauswertung

- Die **Repertory-Grid-Technik** erlaubt die Wissensauswertung durch die Interpretation der Tabellen für einzelne Personen bzw. eine Gruppe von Personen, abhängig von der gewählten quantitativen bzw. qualitativen Auswertungsmethode.

- Die **Critical-Incident-Technik** stellt primär eine Erhebungstechnik dar, deren Struktur allerdings die inhaltliche Auswertung in bestimmte Richtungen, und zwar erfolgsbegünstigendes und erfolgskritisches Verhalten, lenkt.

- **Narrative Storytelling** unterstützt primär die Generierung von Erfahrungswissen anhand einer durchgängigen Beschreibung eines organisationsrelevanten Sachverhalts und braucht Methoden zur Auswertung, beispielsweise die semantische Inhaltsanalyse.

- Für **Springboard Storytelling** gilt Analoges wie zu Narrative Storytelling, da vornehmlich Handlungswissen für bestimmte Personen generiert wird, nicht aber deren Umsetzung.

- Das **World Café gibt** keine Hinweise darüber, was mit dem generierten kollektiven Wissen in welcher Form geschehen soll.

- Die **Wissenslandkarte** führt zwar zur Bildung von Strukturen, zur Beschreibung von Informationssystemen, aber nicht zu deren Auswertung. Diese erfordert weitere Methoden, wie beispielsweise Normalisierungsverfahren von Datenmodellen.

- Die **Bildkartenmethode** befähigt Stakeholder, Wissen über bzw. zu Geschäftsprozessen in Form von Landkarten zu generieren, indem sie die wesentlichen Elemente von Geschäftsprozessen miteinander in Beziehung setzen lässt. Diese Darstellungen können nach unterschiedlichen Kriterien wie Vollständigkeit, Korrektheit oder Plausibilität bewertet werden.

- Die **Balanced Scorecard** unterstützt die Auswertung, indem Relationen zwischen den unterschiedlichen Perspektiven im Sinne ihrer Wirksamkeit für eine Organisation bewertet werden können.

- **Value Networks** führen zu einer Auswertung der Ist-Situation bezüglich des möglichen Veränderungspotenzials auf der Basis wechselseitiger Austauschbeziehungen zwischen organisationsrelevanten Rollen bzw. Funktionsträgern einer Organisation.

- Der **Bohmsche Dialog kann** zu einer interaktiven Auswertung von generierten Zusammenhängen für eine Gruppe von Personen führen, sobald sich dies im Fluss des aktiven Zuhörens und der emphatischen Auseinandersetzung artikulierter Inhalte ergibt.

Aus diesen Beschreibungen lässt sich erkennen, dass die einzelnen Methoden auch in einer bestimmten Choreografie entsprechend ihren Potenzialen und Grenzen eingesetzt werden können. Damit eignen sie sich für Lern- und Veränderungsprozesse von Organisationen, die sowohl individuelle Sichten berücksichtigen als auch organisationale

Belange betreffen. Auch kann sowohl implizites als auch explizites Wissen im Rahmen dieser Prozesse eine Rolle spielen.

Verbindendes Merkmal der genannten Methoden ist schließlich das Streben, den Kontext von Veränderungen möglichst umfassend zu berücksichtigen, sei es um den Ausgangspunkt für Veränderung oder um Effekte von Lernprozessen bzw. deren Handelnde oder Betroffene verstehen zu können. Damit können die in der Folge erläuterten Wissensmanagementmethoden als Hilfen für die Umsetzung der unterschiedlichen Ansätze zu lernenden Organisationen herangezogen werden. Exemplarisch seien hier genannt: der Knowledge Life Cycle von Firestone und McElroy (2003), die fünfte Disziplin von Senge (1995), Ein- vs. Doppelschleifenlernen von Argyris und Schön (1999), die Wissensspirale von Nonaka und Takeuchi (1997) und Deeper Learning von Scharmer et al. (2004). Unabhängig vom gewählten Referenzrahmen ist ihnen die Berücksichtigung der sozialen Dimension von Veränderungsprozessen gemeinsam, da Personen, ob in einer bestimmten Rolle oder mit bestimmter Expertise, die Träger und schließlich Nutzer von Wissen darstellen.

Literatur

Argyris, C.; Schön, D. (1999): *Die lernende Organisation. Grundlagen, Methode, Praxis.* Stuttgart: Klett-Cotta

Dalkir, K. (2011): *Knowledge Management in Theory and Practice.* Cambridge, MA: MIT Press

Firestone, J. M.; McElroy, M. W. (2003): *Key Issues in the New Knowledge Management.* Amsterdam: Butterworth-Heinemann

Müller, M.; Herbig, B. (2004): *Methoden zur Erhebung und Abbildung impliziten Wissens – Ergebnisse einer Literaturrecherche* (Berichte aus dem Lehrstuhl für Psychologie der TU München Nr. 74). München: Lehrstuhl für Psychologie der TU München.)

Nonaka, I.; Takeuchi, H. (1997): *Die Organisation des Wissens: Wie japanische Unternehmen eine brachliegende Ressource nutzbar machen.* Frankfurt am Main: Campus Verlag

Probst, G.; Raub, S.; Romhardt, K. (1998): *Wissen managen: Wie Unternehmen ihre wertvollste Ressource optimal nutzen.* Wiesbaden: Gabler Verlag

Reinmann-Rothmeier, G.; Mandl, H. (2000): *Individuelles Wissensmanagement.* Bern: Verlag Hans Huber

Rogge, K. (1995): *Methodenatlas.* Heidelberg: Springer-Verlag

Scharmer, O. et al. (2004): „Awakening Faith in an Alternative Future". *Reflections*, Vol. 5, No. 7

Schorcht, H.; Petsch, M.; Nissen, V. (2008): *Knowledge Valuation Management – eine Architektur zur Wissensbewertung.* In: Proceedings der „Informatik 2008", München, GI LNI, S. 394 – 399

Senge, P. M. (1995): *Die fünfte Disziplin: Kunst und Praxis der lernenden Organisation.* Stuttgart: Klett-Cotta

Stier, W. (1996): *Empirische Forschungsmethoden.* Heidelberg: Springer-Verlag

2 Repertory-Grid-Technik

Die Repertory-Grid-Technik ist eine Methode, die geeignet ist, Inhalt und Struktur von implizitem (unbewusstem) **Wissen zu erheben** und es grafisch darzustellen. Im Alltag wie im Berufsleben wenden wir Menschen unbewusst mentale Modelle an, um Probleme zu lösen oder Entscheidungen zu treffen. Manche dieser inneren Modelle führen eher zu einer Lösung oder zum Erfolg als andere Modelle. So basiert beispielsweise die Entwicklung eines Produktes mit hoher Kundenidentifikation (Phone-Design, Handy-Layout, Information Appliances etc.) oft auf mentalen Modellen und Werten, welche im Rahmen von traditionellen Kundenbefragungen nicht unmittelbar erhoben werden können, weil gerade Werte tief verwurzelt und daher impliziter Natur sind. Daher können sie zunächst nicht kommuniziert und auf andere Situationen übertragen oder von anderen genutzt werden. Mithilfe der Repertory-Grid-Technik können Wertesysteme und implizite mentale Modelle in Form individueller Konstrukte erfasst und transparent dargestellt werden.

Zentrale Charakteristika der Repertory-Grid-Technik sind die starke formale Struktur, die inhaltsoffene, vernetzte („grid") Befragung und die tabellarische Darstellung sowie die mögliche Visualisierung des erhobenen Wissens. Die Technik eignet sich insbesondere zur Erfassung von neuem Wissen, da durch die inhaltsoffene Befragung und die Analyse dieser Befragung neue Aspekte benannt und geordnet werden können. So können mit der Repertory-Grid-Technik neue Bewertungs- und Bedürfnisdimensionen von Kunden erhoben werden, die das Design neuer Produkte ermöglichen (z. B. das Kreieren einer neuen Parfümmarke durch das erhobene und bislang unterschätzte Kundenbedürfnis nach einem Parfüm, das man primär für sich selbst und tagsüber benutzt, das ungewöhnlich ist und dabei hübsch verpackt).

Als Methode steht die Repertory-Grid-Technik in mehrfachem Bezug zu wesentlichen Komponenten des Wissensmanagements wie in Bild 2.1 gezeigt.

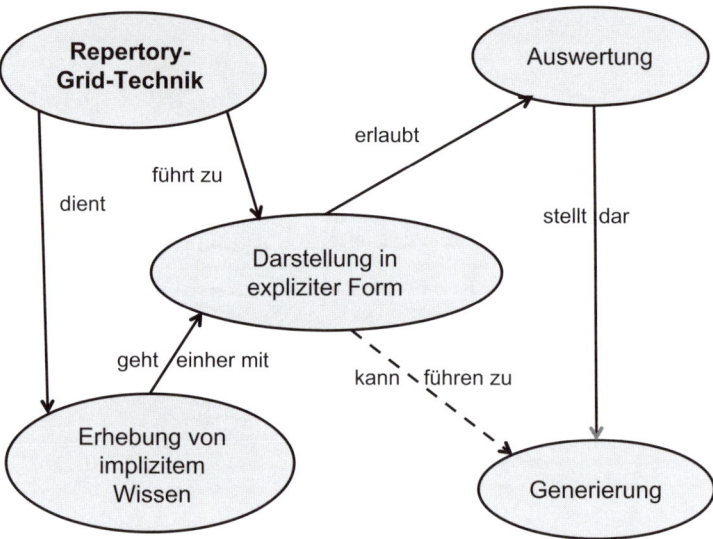

Bild 2.1 Die Repertory-Grid-Technik im Kontext wesentlicher Komponenten des Wissensmanagements

Bild 2.1 zeigt links oben den primären Bezugspunkt, die Erhebung von Wissen, die durch die spezielle Fragetechnik von Repertory Grids unterstützt wird. Das auf diese Weise individuell erhobene Wissen zu einem Thema wird mithilfe einer Tabelle dargestellt, anhand derer relevante Charakteristika zu diesem Thema ablesbar sind. Die Einträge in die Tabelle erlauben eine sowohl qualitative als auch quantitative Auswertung nach den Ausprägungen genannter Eigenschaften. Diese spannen ein individuelles Wertesystem auf. Sollte dies bislang in dieser Form noch nicht erkannt worden sein, wurde neues Wissen generiert.

■ 2.1 Herkunft und Hintergrund

Die Repertory-Grid-Technik wurde in den 1950er-Jahren von George A. Kelly entwickelt. Sie basiert auf der Theorie persönlicher Konstrukte. Die Theorie persönlicher Konstrukte beschäftigt sich damit, wie Menschen ihre individuelle Sicht auf die Welt (ihre mentalen Modelle, Wertesysteme und Wissen) entwickeln und wie diese Sicht die Wahrnehmung, das Erleben und Verhalten dieser Menschen beeinflusst.

Die Theorie hebt die Dynamik solcher individuellen Konstruktsysteme hervor, denn der Mensch „überprüft" implizit durch ständige Erfahrung seine mentalen Modelle, revidiert und aktualisiert diese, wodurch sich sein Weltbild (und damit seine Konstrukte) ständig ändert. Kelly bezeichnete jeden „Menschen als Forscher" in seiner eigenen Welt (Kelly 1991). Die Repertory-Grid-Technik trägt dieser Dynamik Rechnung, denn sie kann sensibel Veränderungen in den Konstrukten abbilden. So kann die Technik etwa sehr gut eingesetzt werden, um individuelle Veränderungen durch eine Trainingsmaßnahme oder eine Teamentwicklung sichtbar zu machen.

Die Theorie persönlicher Konstrukte basiert ihrerseits auf dem konstruktiven Alternativismus. Dieser besagt, dass die „wirkliche" Welt von einem Menschen nur annäherungsweise und nur durch Interpretation erkannt werden kann. Wissen wird insofern nicht als etwas objektiv Wahres verstanden, sondern als eine nützliche Konstruktion der Wirklichkeit, die sich im alltäglichen Umgang mit der Welt für diesen Menschen als hilfreich erweist.

Die Methode trägt dieser Annahme, dass Wissen von der individuellen Erfahrung abhängig ist, in besonderer Weise Rechnung. Durch eine mündliche Befragung zu individuell erlebten Erfahrungseinheiten (z. B. verschiedene Kunden, Produkte oder kritische Situationen im Kundenkontakt), die nach Ähnlichkeit und Unterschied verglichen werden, wird das implizite Wissen zu verschiedensten beruflichen oder privaten Erfahrungsbereichen erhoben.

Das implizite Wissen liegt einerseits in den individuell erhobenen Konstrukten. Das sind individuell bedeutsame Merkmalsdimensionen, anhand derer die jeweiligen Erfahrungseinheiten unterschieden werden und die auf gleichartige Erfahrungseinheiten anwendbar sind (z. B. das Wertlegen auf persönliche Beziehung bei allen Kunden).

Das Wissen liegt andererseits auch in den Verknüpfungen der Konstrukte untereinander sowie in den konkreten Merkmalsausprägungen der Erfahrungseinheiten auf diesen Konstrukten (Rating). Die dabei erhobenen Informationen sind absolut individueller Natur, denn sie werden von den Interviewpartnern selbst genannt und nicht von der interviewenden Person vorgegeben.

Während die Methode ursprünglich dafür entwickelt wurde, Klienten im Beratungs- oder Therapiekontext zu verstehen und maßgeschneiderte Lösungsoptionen für diese Klienten zu entwickeln, die für diese tatsächlich gangbare Wege sind, hat die Methode heute einen wesentlich breiteren Anwendungsbereich. Da die formale Struktur der Methode das Bewusstmachen von zugrunde liegenden mentalen Modellen im Allgemeinen unterstützt, werden Repertory Grids heute auch für die Wissens- und Werteerhebung unterschiedlicher Wissensträger (z. B. Mitarbeiter, Kunden, Lieferanten etc.) in Organisationen angewendet.

■ 2.2 Zielsetzungen und Einsatzmöglichkeiten

Ziel der Methode ist es, personenbezogene Sichten, implizites Wissen und zugrunde liegende Werte auf verschiedene Bereiche zu erheben und darzustellen. Die Repertory-Grid-Technik hilft bei richtiger Anwendung und entsprechender Planung, individuelle mentale Modelle bewusst und dadurch auch anderen kommunizierbar zu machen. So kann die Technik in Organisationen dazu dienen, individuelle Sichten von Mitarbeitern oder anderen Stakeholdern auf bestimmte Wissensbereiche zu erheben und dieses akquirierte Wissen entweder in technische Systeme zu transferieren oder an andere Personen weiterzugeben.

Mögliche Einsatzbereiche von Repertory Grids reichen heute unter anderem vom Marketing zur Produktentwicklung über Anforderungserhebungen für technische Systeme bis zum Human Resource Management. Prinzipiell ist die Methode tatsächlich für sämtliche Wissensbereiche adaptierbar. Im Besonderen kann sie auch für das Sichtbarmachen von Veränderungen angewendet werden, etwa wenn man herausfinden und „messen" möchte, wie eine Fusion die Organisationskultur verändert hat (organisationale Ebene), oder wenn gezeigt werden soll, welche individuellen Änderungen im persönlichen Wissen oder bei den Werten aufgrund einer Personalentwicklungsmaßnahme bei den Teilnehmern tatsächlich erreicht wurden (individuelle Ebene), oder wenn Veränderungen von Kundenbedürfnissen im Wandel der Zeit erhoben werden sollen (Stakeholder-Ebene). Die Methode erlaubt Verantwortlichen, sich in die Sicht von Betroffenen besser hineinversetzen zu können, und dies themen- bzw. anliegenspezifisch.

Darüber hinaus ist ein Nebeneffekt des Methodeneinsatzes, der auch bewusst das Ziel der Erhebung sein kann, dass durch die Art der Fragetechnik Reflexionsprozesse bezogen auf das Wissen ausgelöst werden können. Damit kann die Methode auch als Interventionsmethode zum Initiieren von individuellen oder sogar organisationalen Veränderungen und Lernen genutzt werden.

Wann kann die Methode nun genau eingesetzt werden? Nehmen wir beispielsweise an, eine Bekleidungskette hat Schwierigkeiten, ihre Shops für ihr Zielpublikum attraktiv zu gestalten. Die Organisationsverantwortlichen sind bislang davon ausgegangen, dass eine zielgruppengerechte Platzierung der Produkte in den Schaufenstern, in unserem Fall aufstrebende weibliche Führungskräfte, den erforderlichen Attraktor für hohe Kundenfrequenz darstellt. Nachdem nun die erwartete Kundenfrequenz ausgeblieben ist und auch Kundenbefragungen kein Verbesserungspotenzial mit sich brachten, wurde die Repertory-Grid-Technik eingesetzt.

Konstrukte
+3 = bester Wert

Tabelle 2.1 Repertory Grid zum Thema Shop-Attraktivität

+ 3	Wien – Mariahilf	Graz – Annen- straße	Sascha's Boutique	Mein Ideal- Shop	Shopping City	– 3
Wurde mir empfohlen	+ 3	– 3	+ 2	+ 1	– 2	Kenne ich nicht
Öffentlich leicht erreichbar	– 3	+ 2	– 2	+ 1	– 1	Langer Fußweg
Finster	+ 1	– 3	– 1	– 2	+ 3	Netter Ein- gangsbereich
Nicht stimmig	+ 2	+ 3	– 3	– 2	+ 2	Verkaufs- personal glaubwürdig
Öffentlich leicht erreichbar	+ 1	+ 1	+ 2	+ 2	– 3	Brauche Auto

(egal was links, rechts steht)

Das in der Tabelle 2.1 dargestellte Grid einer Kundin zeigt in der ersten Zeile, anhand welcher Elemente (Erfahrungseinheiten) die Attraktivität von Shops diskutiert wurde. Die Elemente umfassten nicht nur die Shops der Kette, sondern auch andere (Sascha's Boutique, Shopping City) sowie einen Ideal-Shop, der das Maß der Dinge für die befragte Kundin repräsentiert. In der ersten und letzten Spalte werden jeweils die im Rahmen des Grid-Interviews erhobenen Ähnlichkeiten von bestimmten Shops (Konstrukte) im Gegensatz zu den Unterschieden bezogen auf diese ähnliche Eigenschaft von anderen Shops (Kontraste) notiert. Beispielsweise unterscheidet die Kundin die Shops danach, inwiefern sie öffentlich leicht erreichbar für sie sind oder ein langer Fußweg nötig ist oder inwiefern der Eingangsbereich nett gegenüber finster gestaltet ist. Diese Eigenschaften werden dann differenziert für jedes Element beurteilt (Rating).

Auffällig an dieser Methode ist zunächst, dass sie Merkmale und Beurteilungsdimensionen in Form von Unterschiedspaaren erhebt, welches eine wesentliche Charakteristik der Methode ist. Man sieht beim Betrachten der Paare, dass die Unterschiede sehr individuell geprägt sind, d.h. von gängigem Gegensatzdenken abweichen. So ist der Eigenschaft der guten öffentlichen Erreichbarkeit der lange Fußweg entgegengesetzt (nicht etwa „schlechte öffentliche Erreichbarkeit"). Des Weiteren fällt auf, dass es zu einer Eigenschaft (Konstrukt) oft mehrere Gegensätze (Kontraste) gibt, wie ebenfalls an diesem Beispiel ersichtlich. So ist die Notwendigkeit, ein Auto einzusetzen, ebenso ein Kontrast zur guten öffentlichen Erreichbarkeit wie der lange Fußweg.

Da Menschen in allen Lebensbereichen Konstrukte bzw. Konstruktsysteme bilden, können ebenso viele Repertory Grids gebildet werden, wie es Lebens- und Erfahrungsbereiche gibt. Durch Fokussierung auf ein Thema und bedeutungsrelevante Wahl der Elemente ist es möglich, die Methode auf Themenstellungen anzuwenden, die im menschlichen Dasein auftreten.

In Bild 2.2 werden wesentliche Motivatoren, die Repertory-Grid-Technik einzusetzen, zusammengefasst.

...ht dieselben leute die Punkte vergeben wie die welche
...strukte - Matrix erstellen

Wieso entscheiden sich unsere Kunden für unser Produkt?

Ich glaube, Emil tickt einfach anders als ich!

Wieso erledige ich meine Aufgaben so, wie ich sie erledige?

Unsere Manager arbeiten immer mit Extremwerten, vielleicht liegt die Wahrheit dazwischen.

Die zentrale Frage lautet doch: Anhand welcher konkreten Eigenschaften sollen wir unser neues Produkt positionieren?

Bild 2.2 Motivatoren für den Einsatz der Repertory-Grid-Technik

■ 2.3 Umsetzung

Die Detailliertheit und Adäquatheit der Ergebnisse der Methode ist stark von der Planung und Moderation des Erhebungsprozesses und damit auch von der Moderationsfähigkeit der interviewenden Person abhängig.

Die wichtigste Voraussetzung für die korrekte Durchführung der Methode ist die Einhaltung der Regeln optimaler Interviewführung (Grundlagen dazu gehen auf Carl R. Rogers zurück). Für die interviewende Person bedeutet dies, möglichst echt und unverfälscht (kongruent) zu kommunizieren und der befragten Person Wertschätzung und Empathie entgegenzubringen. Die interviewende Person sollte sich folglich auf die Inhalte der befragten Person offen einlassen und das Gegenüber als eigenständige Persönlichkeit mit eigenen individuellen mentalen Modellen akzeptieren und insofern durch diese Haltung individuelle Antworten ermöglichen, die nicht nur die mentalen Modelle des Interviewers bestätigen, sondern diesen auch widersprechen oder diese ergänzen können.

Das Sichhineinversetzen (Empathie) in das Gegenüber erfordert Offenheit und ein gewisses Maß an ehrlicher Neugier auf die andere Person. Das Herstellen einer empathischen Gesprächsbeziehung fördert die Gesprächsbereitschaft und das tatsächliche Erheben verborgener Wissensinhalte. Des Weiteren sind die Wahl der richtigen Fragestellung (keine Suggestivfragen, wie etwa „Sind Sie nicht auch der Meinung, dass grau schöner als schwarz ist?"), die Klärung von Zweck und Vorgehensweise vor dem tatsächlichen Interview und die Schaffung angenehmer räumlicher und zeitlicher Rahmenbedingungen Voraussetzung für eine erfolgreiche Gesprächsführung.

Erhält die befragte Person genügend Zeit zum Nachdenken, lassen sich mit der Repertory-Grid-Methode auch ansonsten schwer erfassbare Konstrukte wie beispielsweise Unwohlfühlen bei Betreten eines Geschäftslokals abbilden. Bei diesen Konstrukten handelt es sich um Gefühle und Eindrücke, welche zumeist nicht leicht in ein Wort oder einen Satz gefasst werden können. Hier empfiehlt sich schrittweises Nachfragen (Laddering im Sinne von „Was genau ist es, was die beiden Shops ähnlich macht? Woran erkennt man das? Was hat diese Ähnlichkeit mit dem Thema der Befragung zu tun?"), bis das implizite Konstrukt beschrieben werden kann. Erst die Einhaltung dieser Grundhaltungen und Überlegungen ermöglicht ein ertragreiches Interview.

Implizites Wissen ist vor allem kontext- und situationsabhängig. Bei der Erhebung sollte vor allem auf erlebte Situationen der Befragten Bezug genommen werden, welche die befragten Personen möglichst unmittelbar vor dem Interview erfahren haben. Dann fällt die Erinnerung leichter. So sollte im Falle der Shop-Attraktivität vor dem geistigen Auge der Befragten ein stattgefundener Einkauf ablaufen, wenn sie die Eigenschaften benennen.

Im organisationalen Kontext sollte nicht außer Acht gelassen werden, dass arbeitserfahrene oder routinierte Personen in einem bestimmten Tätigkeitsbereich unter Umständen keine Motivation daran haben, ihr bislang nicht expliziertes Wissen mit anderen zu teilen, da genau dieses Wissen sie von anderen Personen in einer Organisation abhebt oder sie eventuell sogar unentbehrlich macht. Möglicherweise verweigern sie daher ihre Teilnahme an der Durchführung der Repertory Grids oder sind nicht besonders kooperativ. Gut vorbereitete Informationsveranstaltungen und intensive Einzelgespräche im Vorfeld sind daher besonders wichtig. Sie können Befürchtungen vor dem Verlust einer Vormachtstellung zerstreuen und ermöglichen eine Bewusstseinsschaffung für das Potenzial der Methode.

2.3.1 Wer ist beteiligt?

Beim Einsatz der Repertory-Grid-Technik sind mehrere Rollen zu unterscheiden. Sie werden in der Folge besprochen und anhand des Beispiels attraktiver Shop-Gestaltung exemplifiziert:

- **Durchführende Person**

  Für die Repertory-Grid-Technik wird nur eine Person zur tatsächlichen Durchführung benötigt. Sie hat folgende Aufgaben: Im ersten Schritt klärt sie als Interviewerin oder auch Moderatorin gemeinsam mit der oder den befragten Personen Sinn und Zweck der Erhebung und erklärt die weitere Vorgehensweise. Die durchführende Person sorgt für ein angenehmes Raumklima und vergewissert sich, dass die zeitlichen Rahmenbedingungen eingehalten werden. Danach startet das eigentliche Interview mit der Auswahl der Elemente, wobei die durchführende Person verantwortlich dafür ist, dass die Elemente den Themenbereich des Interviews adäquat repräsentieren und in der persönlichen Erfahrung der befragten Person verankert sind.

Als Interviewerin führt die durchführende Person anschließend die Konstrukterhebung mit der befragten Person durch, d. h. das Fragen nach Ähnlichkeiten und Unterschieden zwischen den gewählten Elementen. Sie betreut im nächsten Schritt die befragte Person bei der Bewertung der Konstrukte auf der Rating-Skala, die sie im Vorhinein für die Erhebung festgelegt hat. Eine entsprechende Nach- und Vorbereitung gehört ebenfalls zu den Aufgaben der durchführenden Person.

Im Beispiel der Bekleidungskette kann die Durchführung entweder von einschlägigen externen Methodenexperten oder von methodisch geschulten Kundenbetreuungsfachkräften verantwortet werden, da auch Letztere zum einen über die Fähigkeit verfügen, Außenkontakte wahrzunehmen, und zum anderen das erforderliche Hintergrundwissen zum Nachfragen besitzen.

- **Teilnehmende Person**

  Die teilnehmende (bzw. befragte) Person wird schrittweise von der durchführenden Person durch die Methode geleitet und muss selber nur die gestellten Fragen beantworten. Es nimmt in der Regel nur ein Teilnehmer auf einmal an der Methode teil. Bei mehreren Teilnehmern findet die Befragung üblicherweise hintereinander statt. In Fällen, in denen das kollektive Wissen von natürlichen Gruppen (z. B. Teams) erhoben werden soll, kann eine Gruppenbefragung mittels Grids angezeigt sein. Eine Gruppenbefragung erhebt allerdings nicht individuelle mentale Modelle, sondern kollektive und braucht viel Erfahrung und Fingerspitzengefühl seitens der durchführenden Person in der Arbeit mit Gruppen und im Moderieren von unterschiedlichen Ansichten. Empfohlen wird primär der Einsatz im Zweiergespräch.

  Im Fall der Bekleidungskette sind die teilnehmenden Personen Kundinnen, welche als Zielgruppe angesprochen werden sollen.

- **Hilfskraft**

  Vor allem bei der begleitenden Eingabe der erhobenen Informationen in ein Computerprogramm, welches der späteren Auswertung oder der Darstellung des Formblattes dient, kann die Unterstützung durch eine technische Hilfskraft empfehlenswert sein, welche die durchführende Person bei dieser Aufgabe entlastet.

2.3.2 Ablauf

Wie läuft nun der Einsatz ab? Die Repertory-Grid-Technik unterteilt sich in drei große Teilbereiche: Vorbereitung, Durchführung und Auswertung/Analyse. Diese Teilbereiche haben wiederum mehrere Aufgabengebiete oder Phasen.

Vorbereitung

In der Vorbereitung werden methodische Entscheidungen über die Anpassung der Repertory-Grid-Technik an den konkreten Gegenstandsbereich und die Planung der Durchführung vorgenommen:

- **Festlegung des Gegenstandsbereichs der Untersuchung**

  In der Planungsphase besteht die erste Aufgabe darin, den Gegenstandsbereich, d. h. das Thema der Erhebung festzulegen.

  Die Bekleidungskette benennt seitens des Managements nach einer Planungssitzung das Thema „Attraktivität von Shops" mit der Ausrichtung, die Kundenfrequenz zu erhöhen. Damit ist der Gegenstandsbereich „Shop" festgelegt.

- **Auswahl der Elemente**

  Die konkrete methodische Umsetzung des Themas wird vor allem durch die Elemente im Grid erreicht. Elemente können Erfahrungseinheiten vielfältiger Art sein wie z. B. Personen, Objekte, Tätigkeiten oder Ereignisse. Weil die Elemente sicherstellen, dass Konstrukte zum festgelegten Gegenstandsbereich erhoben werden, müssen sie repräsentativ für diesen Erfahrungsbereich sein, d. h., eine passende Spannweite haben. Im vorliegenden Beispiel sind die Elemente Shops der eigenen Kette, aber auch Konkurrenz-Shops plus ein Ideal-Shop, um die Spannweite herzustellen. Um nachher in der Konstrukterhebung vergleichbar zu sein, müssen die Elemente außerdem homogen, d. h. von vergleichbarer Qualität sein. Im Beispiel sind die Elemente alles Shops und nicht Shops gemischt mit Kleidungsstücken und Verkäuferinnen. Darüber hinaus sollen die Elemente auch diskret, d. h. voneinander klar abgrenzbar sein. Im Beispiel dürfen daher nicht Shops mit Teilen von Shops wie etwa dem Eingangsbereich eines der Shops verglichen werden.

  Für die Elementauswahl können entweder im Vorfeld konkrete Elemente durch die durchführende Person ausgewählt werden. Dabei muss sichergestellt sein, dass diese Elemente den Befragten bekannt sind. Oder es werden im Vorfeld Elementkategorien bestimmt, die erst im konkreten Interview mit jeder befragten Person konkretisiert werden. Elementkategorien geben einen Rahmen für die Auswahl der konkreten Elemente vor. Bezüglich der Anzahl empfiehlt es sich, mit mindestens sechs und nicht mehr 25 Elementen zu arbeiten.

  Für die Durchführung der Elementauswahl im Interview und die anschließende Konstrukterhebung mittels dieser Elemente sollten Moderationskärtchen für das Beschriften mit den konkreten Elementen vorbereitet werden. Die Möglichkeit, die Karten (beschriftet mit den konkreten Elementen) später in der Durchführung anfassen und legen zu können, ist ein wesentlicher Bestandteil der erfolgreichen Erhebung impliziten Wissens mittels Repertory Grids.

  Im Beispiel der Befragung zur Bekleidungskette wurden konkrete Elemente vorgegeben, sowohl verschiedene Shops der eigenen Kette als auch lokal in der Nähe und vom Angebot her in unmittelbarer Konkurrenz befindliche Shops. Möglich wäre auch – ist die Gewissheit, ob bestimmte Shops den befragten Personen vertraut sind, nicht vorhanden –, Elementkategorien festzulegen wie: „ein Shop unserer Bekleidungskette, in dem Sie häufig einkaufen", „ein Shop einer anderen Bekleidungskette, in dem Sie ebenfalls häufig vergleichbare Produkte einkaufen", „ein Shop unserer Bekleidungskette, in dem Sie nur selten einkaufen", „ein Shop, in dem Sie wirklich gern einkaufen", „ein Shop, in den Sie nie reingehen würden", „ein Shop, der seinen Reiz hat, auch wenn nicht alles perfekt ist" usw.

- **Festlegung der Methode zur Konstrukterhebung**

In diesem Schritt muss entschieden werden, ob die Eigenschaften (Konstrukte) vorgegeben oder von den befragten Personen selbst bestimmt werden. Bei vorgegebenen Konstrukten ergibt sich der Vorteil, mehrere Ergebnisse unmittelbar statistisch miteinander vergleichen zu können, allerdings verbunden mit dem immensen Nachteil, individuelle Werteschemata nicht ausreichend berücksichtigen zu können. Durch die Vorgabe von Konstrukten können keine individuellen mentalen Modelle mehr erhoben werden, sondern eher überindividuelle Einschätzungen entlang bekannter Bewertungsdimensionen. Diese Vorgehensweise wird daher für das Erheben von implizitem Wissen nicht empfohlen.

Für die Erhebung der Konstrukte selbst muss die Methode der Konstrukterhebung ausgewählt werden. Folgende Methoden zur Konstrukterhebung stehen zur Auswahl:

- *Triadenmethode:* Drei Elemente werden vorgelegt, und es wird nach der Ähnlichkeit von zwei Elementen und der Unterscheidung zum Dritten gefragt, z. B.: „Nehmen wir diese drei Shops Mariahilf, Sascha's Boutique und Shopping City. Welche zwei der drei Shops sind sich ähnlich und worin unterscheidet sich der dritte von den beiden anderen?" Die Ähnlichkeit ist das Konstrukt (egal ob es positiv oder negativ formuliert ist), der Unterschied der Kontrast.

- *Dyadenvergleich:* Es werden lediglich zwei Elemente vorgegeben und eine Ähnlichkeit oder ein Unterschied erhoben, z. B.: „Sind sich Sascha's Boutique und Shopping City eher ähnlich oder unterscheiden sie sich eher?" Die Antwort ist das Konstrukt. Um den Kontrast zu erheben, wird nach dem Gegenteil bezogen auf alle Elemente gefragt.

- *Freies Sortieren:* Alle Elemente werden nach und nach anhand von Ähnlichkeiten zu verschiedenen Stapeln sortiert.

- *Freies Gespräch:* Konstrukte werden über ein freies Gespräch ermittelt.

- *Leitertechnik (Laddering):* Das Laddering ist eher eine ergänzende Technik, die verwendet wird, um bereits ermittelte Konstrukte zu konkretisieren (laddering-down) oder die Grundannahmen und Werte dahinter aufzudecken (laddering-up), z. B.: „Woran merken Sie, dass ein Shop einen netten Eingangsbereich (Konstrukt) hat?" oder: „Was genau meinen Sie, wenn Sie sagen, Shop Shopping City ist finster (Konstrukt)?" (laddering-down) oder: „Warum ist es für Sie wichtig, dass ein Shop einen netten Eingangsbereich hat?" (laddering-up).

Die Bekleidungskette entscheidet sich für eine offene Erhebung, d. h., sie verzichtet auf eine Vorab-Festlegung von Eigenschaften (Konstrukten). Würde sie dies nicht tun, wären als Konstrukte vermutlich alle seitens der Organisationsleitung wichtigen Daten (Verkaufsfläche, Kosten, Sortiment etc.) ausgewählt worden, die aber kaum ermöglichen, dass neues Wissen erhoben wird. So werden in jedem Interview erst mit den Befragten die für sie jeweils relevanten Eigenschaften erhoben, anhand derer sie die Elemente tatsächlich einschätzen.

Tabelle 2.2 Repertory-Grid-Formblatt

THEMA						
	ELEMENT 1	....	ELEMENT i	....	ELEMENT n	
KONSTRUKTE						KONTRASTE
Konstrukt 1						Kontrast 1
....			Rating j			....
Konstrukt n						Kontrast n

Es empfiehlt sich, ein Formblatt wie in Tabelle 2.2 vorzubereiten, in das neben dem Thema die ausgewählten Elemente sowie Eigenschaften (Konstrukt und Kontrast) mit ihren Ausprägungen pro Element (Rating) Schritt für Schritt im Interview eingetragen werden.

Durchführung

Die geplanten Schritte werden in der Durchführung, d. h. im Grid-Interview praktisch umgesetzt:

- **Klärung des Gegenstandsbereichs**

  Am Beginn des Interviews wird der befragten Person erklärt, was das Thema und Ziel der Befragung ist. Das ist ein wichtiges Mittel, um den Kontext für die Befragung klar zu setzen und Konstrukte zu erheben, die für den Gegenstandsbereich tatsächlich eine Rolle spielen.

  Im Beispiel ist die Erklärung sinnvoll, dass die Bekleidungskette herausfinden will, was die Attraktivität von Shops wie den ihren ausmacht.

- **Auswahl der Elemente**

  Sind die konkreten Elemente (z. B. Shops) vorher bestimmt worden, werden die Elemente im Interview der befragten Person vorgestellt, und es wird sichergestellt, dass die Person diese Elemente tatsächlich kennt. Ist dies im Fall von einzelnen Elementen nicht der Fall, so sollten die unvertrauten Elemente aus der Befragung entfernt und gegebenenfalls spontan Elemente der vergleichbaren Kategorie hinzugefügt werden.

  Wurden in der Vorbereitung Elementkategorien formuliert, so werden diese am Beginn des Interviews mit konkreten Elementen seitens der befragten Person befüllt. Dies bedeutet, in der Befragung wird nicht mit dem Element „ein Shop, in dem das Kaufen wirklich Spaß macht" gearbeitet, sondern mit einem ganz konkreten Shop, auf den diese Beschreibung zutrifft (z. B. Sascha's Boutique).

  Die Elemente werden im Idealfall auf Kärtchen geschrieben (pro Element ein Kärtchen) und in die erste Zeile des vorgefertigten Formblatts eingetragen (siehe Tabelle 2.2).

- **Erhebung der Konstrukte**

  Entsprechend der in der Vorbereitung ausgewählten Konstrukterhebungsmethode werden ausgehend von den Elementen die persönlichen Konstrukte erhoben. Unabhängig davon, ob mittels Triaden, Dyaden oder freiem Sortieren gearbeitet wird, sollen vielfältige Kombinationen von Elementen so lange herangezogen werden, bis über mehrere Kombinationen hinweg keine neuen Konstrukte mehr erhoben werden können. Während der Konstrukterhebung werden – etwa beim Triadenvergleich, der bekanntesten und unserer Erfahrung nach wirkungsvollsten Methode zur Erhebung impliziter Wissensinhalte – jene drei Kärtchen, die miteinander verglichen werden sollen, vor die befragte Person hingelegt, und diese wird aufgefordert, zunächst zu entscheiden, welche zwei der drei sich ähnlich sind.

Die Personen legen dann in der Regel automatisch jene zwei Elemente, die sie ähnlicher empfinden, in räumliche Nähe zueinander. Erst dann wird nach der Benennung der Ähnlichkeit und nach dem Unterschied des dritten Elements gefragt. Das Trennen der Phase des Bestimmens der Ähnlichkeit von ihrer Benennung erleichtert das Erheben von tiefer gehendem Wissen, welches nicht auf den ersten Blick benennbar ist und ohne die Kärtchenmethode möglicherweise nicht erwähnt wird, weil es nicht unmittelbar in Worte zu fassen ist.

Konstrukte im Beispiel der Befragung der Bekleidungskette sind z. B. „glaubwürdiges Personal" gegenüber „nicht stimmig" oder „finster" gegenüber „netter Eingangsbereich".

Die erhobenen Konstrukte werden im Formblatt in die linke Spalte, die Kontraste in die Spalte rechts außen eingetragen (siehe Tabelle 2.2).

- **Einschätzung der Elemente über die Konstrukte (Rating)**

Die befragte Person ordnet nun die Konstrukte und Kontraste den Elementen entsprechend ihrer Ausprägung zu (z. B. bei einer Skala von 1 bis 5 bedeutet 1 „das Konstrukt trifft sehr zu", 5 „der Kontrast trifft sehr zu"). Das Rating wird am besten in fünf- bis siebenstufigen Skalen durchgeführt, um die Beziehungen der Elemente zueinander und die Konstrukte differenziert bewerten zu lassen.

Wenn eine Skala mit einer geraden Anzahl von Stufen gewählt wird, können die befragten Personen gewissermaßen gezwungen werden, sich zu entscheiden, ob eher das Konstrukt oder der Kontrast zutrifft, und kann auf diese Weise eine „Tendenz zur Mitte" vermieden werden. Am Ende des Ratings entsteht ein „Grid", welches per Hand oder computerunterstützt ausgewertet werden kann.

Das Beispiel des Ratings einer Kundin der Bekleidungskette wurde bereits in Tabelle 2.1 dargestellt. Hier reichte die Skala von −3 (Kontrast trifft voll zu) bis +3 (Konstrukt trifft voll zu), wobei 0 im vorliegenden Fall mit der Bedeutung „nicht anwendbar" versehen wurde und deshalb nicht in die rechnerische Analyse eingeht.

Auswertung/Analyse

Die Auswertung soll neue Erkenntnisse über die Sichten und Sichtweisen von Befragten bezogen auf den Gegenstandsbereich bringen. Dabei werden drei Arten von Auswertungen unterschieden: beschreibende Analyse eines Einzelgrids, Analyse der Beziehungen innerhalb eines Grids sowie Analyse und Vergleich von mehr als einem Grid.

In der beschreibenden Analyse werden im Wesentlichen die Erhebungsprozesse beschrieben. Die wichtigsten drei Methoden hierzu sind:

- die Prozessanalyse, die ganz unabhängig von den Grid-Ergebnissen erfolgt und den Erhebungsprozess beschreibt,

- die Eyeball-Analyse, mit der die durchführende Person die Ergebnisse des Grids vom Augenschein her beschreibt, d. h., welche offensichtlichen Besonderheiten sich beim Blick auf das ausgefüllte Grid hinsichtlich der gewählten Elemente und Konstrukte sowie hinsichtlich besonders oder ähnlich bewerteter Elemente und hinsichtlich ähnlich oder sehr verschieden verwendeter Konstrukte zeigen,

- die Charakterisierung der Konstrukte, d. h., wie viele und vor allem welche Art von Konstrukten für die Beschreibung des Gegenstandsbereichs verwendet wurden (allgemeine oder eher spezifische, oberflächliche oder eher tiefgründige Konstrukte, Konstrukte, deren Ausprägungen nur hinsichtlich eines bestimmten Elements variieren, Konstrukte mit verschiedenen Kontrastpolen usw.).

Am Beispiel der Befragung der Bekleidungskette zeigen sich bei der Beispielkundin folgende Besonderheiten bei der Charakterisierung der Konstrukte: Sie verwendet ein Konstrukt „öffentlich leicht erreichbar" mit zwei Kontrastpolen, einmal mit „langer Fußweg" als Gegensatz, einmal mit „brauche Auto". Daraus lässt sich schließen, dass die öffentliche und relativ mühelose Erreichbarkeit wichtig ist. Aus der Art der hier ausgeführten Konstrukte lässt sich außerdem schließen, dass die Kundin ein stimmungsvoll positives, nicht übertriebenes, vor allem authentisches Kauferlebnis erwartet, das sowohl das Ambiente (Eingangsbereich) als auch das Verkaufspersonal (nicht stimmig vs. glaubwürdig) betrifft.

Die Analyse der Beziehung innerhalb eines Grids bezieht sich auf die Analyse der Struktur und der inhaltlichen Zusammenhänge des erhobenen individuellen Wissens. Mittels statistischer Verfahren (vor allem Faktoren- und Clusteranalyse) und grafischer Auswertungen lassen sich die Ergebnisse und Beziehungen zwischen Elementen oder Konstrukten lesbar darstellen. Dies kann mithilfe von Software erfolgen, entweder klassischer Statistiksoftware oder spezieller Grid-Software wie GridSuite, Enquire Within oder WebGrid bzw. RepGrid.

Die Analyse von mehr als einem Grid lässt sich nur dann statistisch unterstützen, wenn es sich um standardisierte Grids handelt. Vergleiche zwischen Grids mit verschiedenen Elementen und Konstrukten lassen sich qualitativ durchführen, indem man auswertet, welche semantisch ähnlichen Konstrukte von allen oder den meisten Befragten verwendet werden, welche Elemente eher positiv, welche eher negativ von allen oder mehreren Befragten bewertet werden, welche Konstrukte nur für eine bestimmte Personengruppe bedeutsam zu sein scheinen, welche grundlegenden Dimensionen in den Eigenschaften sich beim Blick auf alle erhobenen Konstrukte von allen Befragten (z. B. Atmosphäre, Erreichbarkeit, Qualität der Produkte oder Ähnliches) ergeben. Diese Art der Auswertung kann gemeinsam mit den Befragten im Rahmen von Workshops oder von der durchführenden Person alleine durchgeführt werden.

Die Art der Auswertung sollte davon abhängen, warum und mit welcher Fragestellung ein Repertory Grid erstellt wird. In der Folge werden mögliche Ergebnisse einer Grid-Befragung dargestellt.

2.3.3 Ergebnisse

Als Ergebnis der Methode liegt bei korrekter Durchführung der Methode das ausgefüllte Formblatt in Tabellenform mit den definierten Elementen, Konstrukten und Kontrasten inklusive ausgefüllten Ratings in Papierform oder elektronisch vor. Das Rating zeigt die Beziehungen der Elemente und Konstrukte untereinander an. Es gibt eine überschaubare Anzahl an Programmen, welche sich der Erhebung und Auswertung eines Repertory Grids mit Computerunterstützung widmen.

Von der computergestützten Erhebung der Konstrukte selbst raten wir ab, wenn es wirklich um die Erhebung neuen und impliziten Wissens geht. Hierfür sind das Gespräch, das Nachfragen und das Hantieren mit den Kärtchen erheblich wichtig. Die Eingabe der Elemente und Konstrukte in ein Computerprogramm während der Erhebung kann aber durch die Hilfskraft erfolgen. Das Rating selbst am Ende der Konstrukterhebung kann auch direkt durch die befragte Person oder die durchführende Person am Computer erfolgen.

Vorteil einer solchen Kombination aus computergestützter und persönlicher Erhebung ist, dass am Ende des Gesprächs auf Knopfdruck die Auswertung und grafische Darstellung des erhobenen Wissens erfolgt, wodurch diese Darstellung noch gemeinsam mit der befragten Person besprochen und dadurch auch in ihrer Gültigkeit validiert werden kann.

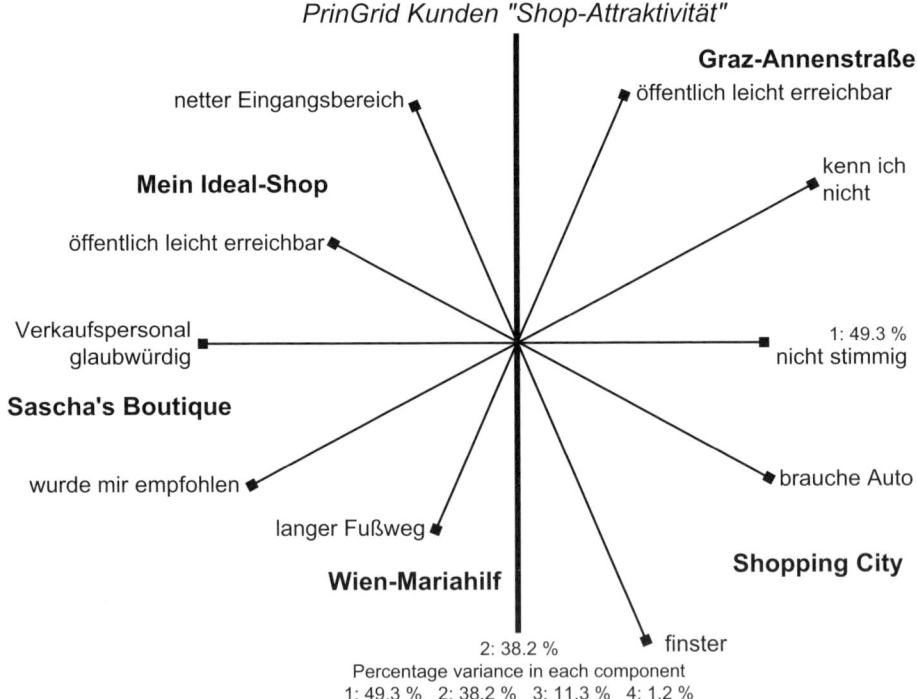

Bild 2.3 Grafische Auswertung des Grids einer Kundin zum Thema Shop-Attraktivität (Faktorenanalyse, ausgewertet mittels WebGrid 5, http://gigi.cpsc.ucalgary.ca:2000/)

Die Auswertung des Grids der Kundin der Bekleidungskette aus Tabelle 2.1 bringt neue Erkenntnisse über die Sichtweise der Befragten, wie beispielsweise über den Einfluss der Glaubwürdigkeit der Belegschaft auf die Kundenfrequenz. Insbesondere zeigt sich bei der computergestützten Auswertung in Bild 2.3, dass der ideale Shop der Kundin in einem Quadranten liegt, der bislang weder durch einen Shop der eigenen Bekleidungskette noch durch einen Konkurrenz-Shop abgedeckt wird. Hier liegt also viel Innovationspotenzial. Der ideale Shop ist nicht nur leicht öffentlich erreichbar, sondern hat einen netten Eingangsbereich und glaubwürdiges Verkaufspersonal. Elemente und Konstrukte, die nah (gemessen am Winkel) beieinanderliegen, sind sich ähnlich. Jene, die sich gegenüberliegen, sind gegensätzlich.

■ 2.4 Aufwand

Als wesentliche Faktoren für den Aufwand, welchen die Methode des Repertory Grids bei der Durchführung und Anwendung verursacht, werden in der Folge Zeit, Kosten und Hilfsmittel behandelt.

Eine Repertory-Grid-Erhebung dauert in der Regel zwischen einer und eineinhalb Stunden. Abhängig von der Anzahl der Elemente und Konstrukte und von der Ausdrucksfähigkeit der befragten Person kann allerdings wesentlich mehr oder auch wesentlich weniger Zeit nötig sein. Unter Umständen, beispielsweise bei Auftreten von Notfällen, kann die Befragung auch unterbrochen werden. Das Ausfüllen des Formblatts können viele Befragte auch selber vornehmen. Die Auswertung ist vom verwendeten Auswertungsverfahren abhängig und kann wenige Sekunden („auf Knopfdruck") bis mehrere Stunden (qualitativer Vergleich) in Anspruch nehmen. Computergestützte Auswertungen können hier viel Zeit einsparen.

Es fallen keine direkten Kosten bei der Anwendung der Repertory-Grid-Technik an. Jedoch sind Zeit- und Personalkosten für alle Teilnehmer, welche eine Rolle bei der Methode innehaben, inklusive der Zeit, welche die Vor- und Nachbereitung braucht, zu berücksichtigen. Die Hilfsmittel können alle unentgeltlich selber erstellt werden:

- *Formblatt*

  Nach Möglichkeit sollte ein vorgefertigtes Formblatt verwendet werden (Tabelle 2.2 unter Vorbereitung). Dies führt dazu, dass die Methode übersichtlich durchgeführt werden kann.

- *Computergestützte Erhebung*

  Es gibt eine überschaubare Anzahl an Programmen, welche sich der Erhebung eines Repertory Grids mit Computerunterstützung widmen (GridSuite, Enquire Within, RepGrid, WebGrid). Diese sind entweder als Kauf- oder Probeversionen im Internet erhältlich. Sie bieten vor allem für die Auswertung einiges an Komfort. GridSuite ist besonders weit entwickelt und daher besonders für den Einsatz im Rahmen des Wissensmanagements geeignet.

In Bild 2.4 sind zusammenfassend wesentliche Herausforderungen und Tipps für den praktischen Einsatz der Repertory-Grid-Technik gezeigt.

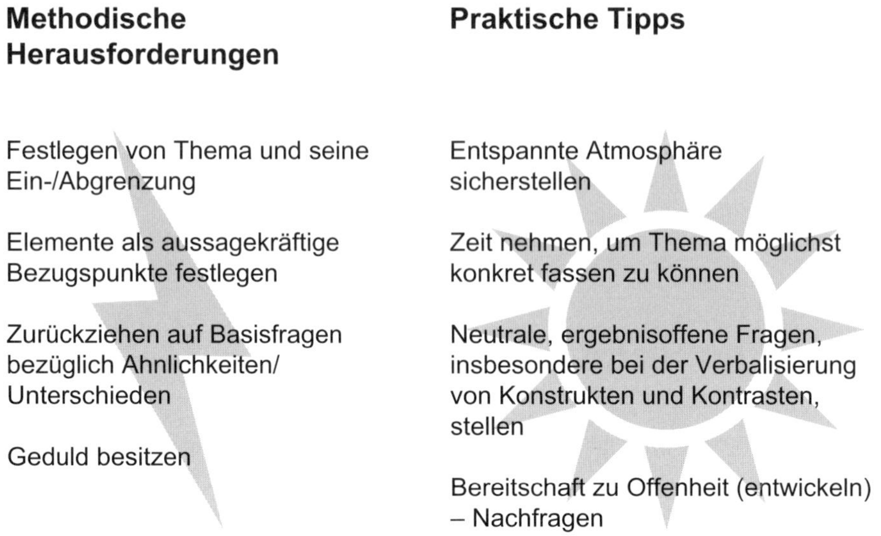

Methodische Herausforderungen	Praktische Tipps
Festlegen von Thema und seine Ein-/Abgrenzung	Entspannte Atmosphäre sicherstellen
Elemente als aussagekräftige Bezugspunkte festlegen	Zeit nehmen, um Thema möglichst konkret fassen zu können
Zurückziehen auf Basisfragen bezüglich Ahnlichkeiten/ Unterschieden	Neutrale, ergebnisoffene Fragen, insbesondere bei der Verbalisierung von Konstrukten und Kontrasten, stellen
Geduld besitzen	Bereitschaft zu Offenheit (entwickeln) – Nachfragen

Bild 2.4 Methodische Herausforderungen und Tipps für den praktischen Einsatz der Repertory-Grid-Technik

■ 2.5 Einsatzbeispiel

Die Kunden eines Dienstleisters im Bereich interaktive Web-Systeme äußern vermehrt Unzufriedenheit mit bestehenden Strukturen und Angeboten, etwa um Zielgruppen zu erreichen. Die Geschäftsführung des Unternehmens entscheidet infolgedessen, die Kundenbetreuung neu zu gestalten. Die verantwortlichen Abteilungsleiter können mit den bestehenden Instrumenten (Kundenfragebogen, Online-Survey) und Ansätzen (Pfadanalysen, Sitzungsprotokolle) kein diesbezügliches Änderungspotenzial erkennen, sodass der Einsatz der Repertory-Grid-Technik beschlossen wurde.

2.5.1 Vorbereitung

Gemäß Vorgehensbeschreibung besteht die erste Aufgabe darin, den Gegenstandsbereich der Untersuchung festzulegen. Dies geschieht in einem Planungsmeeting der Geschäftsleitung mit den Abteilungsleitern. Das Thema der Erhebung wird mit „Kundenkontakte" bestimmt. Es lässt ausreichend Raum für Struktur- und Methodenüberlegungen sowie die Berücksichtigung unterschiedlicher Szenarien mit Kundenkontakt.

Durch die Ausrichtung des Projekts, nämlich Erhöhung der Kundenzufriedenheit, ist der Gegenstandsbereich der Untersuchung „Customer Service" bestimmt.

Im nächsten Schritt der Vorbereitung sind die Elemente auszuwählen. Repräsentative Elemente im Kontext von Customer Service sind Personen (Kunden, Kundenberater, CRM-Spezialisten), Produkte, Akquise- und Beratungssituationen. Sie müssen klar voneinander abgrenzbar sein. Die Kundenbetreuer werden zu diesem Thema befragt und listen als Kandidaten für Elemente folgende Kundenkategorien auf:

- Durchschnittskunde,
- idealer Kunde,
- schwieriger Kunde, weil unverlässlich (Zahlungsbereitschaft, kurzfristige Bestellungsänderungen),
- schwieriger Kunde, weil unfreundlich oder ungeduldig,
- guter Kunde, weil Zusammenarbeit funktioniert,
- guter Kunde, weil intensiver Nutzer.

Im nächsten Schritt werden exemplarisch Kundenkontakte erläutert und Elementmerkmale wie beispielsweise Zahlungsmoral, Einhalten von Terminen oder Freundlichkeit erarbeitet, an denen diese Kontakte greifbar gemacht und im Rahmen der Erhebung bearbeitet werden können.

Als konkrete Elemente werden ausgewählt:

- Durchschnittskunde,
- idealer Kunde,
- schwieriger Kunde,
- guter Kunde.

Im Rahmen des Workshops wird sichergestellt, dass diese Elemente den Befragten bekannt sind und im Interview mit den befragten Personen konkretisiert werden können.

Anschließend werden die entsprechenden Moderationskärtchen beschriftet und für die Konstrukt-/Kontrasterhebung vorbereitet.

Bezüglich der Festlegung der Methode zur Konstrukterhebung (dritter Vorbereitungsschritt) wird entschieden, die Eigenschaften (Konstrukte) nicht vorzugeben, sondern von den befragten Personen bestimmen zu lassen, um individuelle Werteschemata ausreichend berücksichtigen zu können. In die Umgestaltung sollen möglichst viele individuelle mentale Modelle einfließen, und nicht kollektiv bekannte Einschätzungen.

Für die Erhebung der Konstrukte wird der Dyadenvergleich ausgewählt. Es werden immer zwei Elemente ausgewählt und deren Ähnlichkeit bzw. deren Unterschied wird erhoben. Die Frage bezüglich zweier Kundenkategorien ist typischerweise: „Sind sich Kundenkategorie 1 (z. B. idealer Kunde) und Kundenkategorie 2 (z. B. guter Kunde) eher ähnlich oder unterscheiden sie sich eher?" Die Antworteigenschaft ergibt das Konstrukt. Um den Kontrast zu erheben, ist nach dem Gegenteil, bezogen auf alle anderen Kundenkategorien, zu fragen.

Darüber hinaus besteht die Möglichkeit, nachzufragen, und zwar, um möglichst konkrete Eigenschaften, welche den Kundenkontakt bestimmen, zu erhalten (ladderingdown). Eine typische Frage in diesem Kontext ist: „Was genau bedeutet für Sie, Kunde formuliert brauchbare Anfrage (Konstrukt)?"

2.5.2 Durchführung

Die Befragung wird mit allen acht Kundenberatern der Organisation durchgeführt. Jedem Berater werden zu Beginn das Thema „Kundenkontakte" und das Ziel der Erhebung (Erhöhung der Kundenzufriedenheit) erläutert. Dann werden die Elemente, in diesem Fall Kundenkategorien, vorgestellt, und deren Bezug zum jeweiligen Kontext des Kundenberaters wird hergestellt.

Im Rahmen des Dyadenvergleichs werden von einem Kundenbetreuer im Rahmen der Erhebung die in Tabelle 2.3 dargestellten Konstrukte und Kontraste genannt.

Tabelle 2.3 Beispiel eines Grids für Kundenkontakt

+3	Durchschnitts-kunde	Schwieriger Kunde	Guter Kunde	Idealer Kunde	− 3
Schwierig für neue Produkte zu motivieren	+ 3	− 3	+ 1	+ 1	Kauft stets das gleiche Sortiment an Produkten
Zahlt verlässlich wie vereinbart	+ 1	− 3	+ 2	+ 3	Sorgt sich nicht um die vereinbarten Zahlungstermine
Kommuniziert unfreundlich und ungeduldig	− 1	+ 3	− 2	− 3	Ist freundlich, besonnen und kommuniziert sehr positiv
Ist pedantisch	+ 2	+ 3	− 1	− 2	Ist entspannt
Kann die richtigen Fragen zum Produkt stellen	− 1	− 3	+ 2	+ 3	Nicht erkennbar, ob die Produktinformation „ankommt"

+3	Durchschnitts-kunde	Schwieriger Kunde	Guter Kunde	Idealer Kunde	−3
Hat stets Ausreden für missglückte bzw. schwierige Zusammenarbeit	+1	+3	−2	−3	Gibt eigene Fehler bzw. Versäumnisse zu, jedoch ohne Entschuldigung
Ist pedantisch bei allen Terminen	+2	+3	−2	+1	Lässt alles eine Zeit lang liegen und entschuldigt sich dann
Erfahren bei der Auswahl der Produkte	−2	−3	+1	+2	Produktbestellung mit weniger Erfahrung
Plant Marktspitzen (z. B. Weihnachtsgeschäft) ein bzw. weiß im Vorfeld, wie viel wann benötigt wird	−1	−3	+2	+1	Kauft spontan, ist nicht besonders weitsichtig bei der Vorausplanung des eigenen Bedarfs

Die befragten Kundenberater ordnen Konstrukte und Kontraste den Elementen entsprechend ihrer Ausprägung zu. Bei der gewählten Skala von +3 bis −3 bedeutet +3 „das Konstrukt trifft sehr zu" und −3 „der Kontrast trifft sehr zu". Es wird eine Skala mit einer geraden Anzahl von Stufen gewählt, um die befragten Personen anzuleiten, das Zutreffen eher des Konstrukts oder des Kontrasts zu explizieren.

Bei jedem der Kundenberater wird im Rahmen der Erhebung nachgefragt (ladderingdown), und im Rahmen der jeweiligen Befragungsrunden werden Zusatzinformationen erfasst. Diese erleichtern die Interpretation und Abstimmung der Ergebnisse.

2.5.3 Auswertung/Analyse

Die Auswertung der acht Einzelgrids soll neue Erkenntnisse über die Sichten und Sichtweisen von Kundenbetreuern bezogen auf die Neugestaltung von Kundenkontakten bringen. Es werden beschreibende Analysen der Einzelgrids durchgeführt. Schließlich werden die Grids insgesamt betrachtet, um gegebenenfalls Gemeinsamkeiten und Abweichungen erkennen zu können.

Die beschreibenden Analysen werden mittels Eyeball-Methode durchgeführt. Diese wird von der durchführenden Person erstellt, indem die Ergebnisse jedes Grids vom Augenschein her beschrieben werden. So lassen sich beispielsweise aus dem Grid in Tabelle 2.3 offensichtliche Besonderheiten hinsichtlich der gewählten Konstrukte bzw. Kontraste und des Ratings erkennen:

- Die Konstrukt-Kontrast-Paare sind bezüglich Kundeneigenschaften und -verhalten aufschlussreich und kaum mit klassischen Gegensätzen belegt.
- In mehreren Konstrukten/Kontrasten wird die Zuverlässigkeit von Kunden thematisiert.
- Der ideale Kunde ist kein klassischer „Musterschüler" im Sinne hoher Risikofreude und Spontaneität.

Die Analyse aller Grids lässt folgende Gemeinsamkeiten erkennen:

- Ähnliche Konstrukte/Kontraste, und zwar zu sozialem Auftreten und zu Offenheit bezüglich neuer Produkte, werden von allen oder den meisten Befragten verwendet.
- Gutes soziales Klima zu Kunden wird von der Mehrheit der Befragten als wichtig erkannt und scheint das Engagement der Kundenberater zu beeinflussen – je besser der soziale Kontakt zu einem Kunden, desto intensiver die Betreuungsleistung durch den Kundenberater.

Die Auswertungen werden gemeinsam mit den Befragten im Rahmen eines Workshops besprochen und führen zu folgendem Maßnahmenbündel zur Erhöhung der Kundenzufriedenheit:

- Termintreue wird versucht, mit einem elektronischen Reminder-System zu unterstützen – drei Tage vor dem vereinbarten Termin wird eine Erinnerungsmail an die betroffenen Kunden versandt.
- Bei der Kommunikation mit Kunden wird das Anliegen verpflichtend seitens der Kundenberater im Sinne aktiven Zuhörens rephrasiert, um gegenseitiges Verstehen sicherzustellen.
- Die Kundenberater können jedes Produktfeature aus drei verschiedenen Perspektiven – aufgabenspezifisch, marktsegmentspezifisch und technisch – erklären.

Zur Umsetzung der Maßnahmen wird ein Meilensteinplan erstellt, der einen strukturierten Übergang ermöglicht.

■ 2.6 Potenzial und Grenzen

In Bild 2.5 finden sich weitere Erfahrungssplitter aus dem praktischen Einsatz der Repertory-Grid-Technik.

Mithilfe der Repertory-Grid-Technik lässt sich eine Vielzahl von Potenzialen im Wissensmanagement erschließen. Der Einsatz der Methode ist jedoch in manchen Fällen herausfordernd und stößt an bestimmte Grenzen. In der Folge fassen wir den möglichen

Nutzen und mögliche Herausforderungen für den praktischen Einsatz auf der Basis bestehender Belege zusammen.

Nur weil ein paar Kunden dies so sehen?!

Jetzt ist klar, wo das Produkt bei den Kunden seinen Platz findet. Diese Nische hat noch niemand besetzt!

Ach, das war's also, was uns im Weg stand – das Gegenteil von weiß ist nicht immer schwarz.

Ziemlich bunter Mix an Eigenschaften, hätte ich so nicht gesehen!

Ob wir diese Ansprüche erfüllen können?

Bild 2.5 Erfahrungen vom Einsatz der Repertory-Grid-Technik

Als wesentlicher Vorteil der Methode wurde erkannt, dass sich mit der Repertory-Grid-Technik sonst schlecht verbalisierbares Wissen (implizites Wissen) sehr gut explizieren lässt, besonders wenn die Methode richtig angewandt wird und den Befragten genug Zeit zur Explikation gegeben wird.

Weitere Vorteile der Methode sind ihre Subjektzentriertheit, Strukturerfassung und Inhaltssensibilität, da das Verfahren die individuelle Sicht einer Person wiedergibt (Subjektzentriertheit), und zwar unter Berücksichtigung ihrer kognitiven Struktur (Strukturerfassung), ohne die kognitiven Inhalte der Person zu verfälschen (Inhaltssensibilität).

Werden verwendete mentale Modelle bewusst gemacht und zugrunde liegende Muster von Entscheidungsfindungen aufgedeckt, kann die Repertory-Grid-Technik auch helfen, falsche Annahmen über Wirkungszusammenhänge oder Missverständnisse aus dem Weg zu räumen. Insofern ist die Methode eine sehr klärende. Im Falle der Bekleidungskette liegt die Ursache der Kundenfrequenz weniger in den Produkten als in den Betreuungsfaktoren und der Shop-Gestaltung.

Der Einsatz der Repertory-Grid-Technik gestaltet sich allerdings nicht immer einfach, wie einige Praxiserfahrungen zeigen. Bei dem vorgesehenen Vorgehen mit individuell verschiedenen Elementen und Konstrukten ist die quantitative Vergleichbarkeit verschiedener Grids nicht möglich, sondern muss ein zeitintensiver qualitativer Vergleich erfolgen, der durch die Interpretation der durchführenden Person verzerrt werden kann.

Das Grid bringt zwar die individuelle Sichtweise der befragten Person zum Ausdruck, ist aber aufgrund seiner idiosynkratischen Natur zunächst nur für die befragte Person und die unmittelbar in die Durchführung involvierten Personen durchgängig verständlich. Es bedarf somit weiterer Maßnahmen, um die individuellen Konstrukte und Beziehungen auch anderen verständlich zu machen. Dadurch nimmt allerdings die Gefahr der Einflussnahme Dritter zu. Dieses Dilemma zwischen Standardisierung auf der einen Seite und dem Wunsch, individuelle Konstrukte möglichst adäquat abzubilden, auf der anderen Seite ist jedoch vielen Methoden der Wissenserhebung gemeinsam.

Da die Interviewerhebung überwiegend dialogisch verläuft und die Konstrukterhebung durch die Interaktion von durchführender und befragter Person entsteht, ist die Gefahr suggestiver Einflussnahme durch die durchführende Person groß („Suggestionseffekt"). Besonders wenn die durchführende Person selbst die Konstrukte auf das Formblatt schreibt, sollte sie immer nachfragen, ob die befragte Person mit der Formulierung einverstanden ist, oder aber direkt die befragte Person die entsprechenden Konstrukte notieren lassen.

Sollten die Befragten keine Motivation besitzen, ihr implizites Wissen mit anderen zu teilen, können Befürchtungen vor dem Verlust einer Vormachtstellung selbst durch Informationsveranstaltungen und Zusicherungen nicht immer der Methode zum Durchbruch verhelfen.

Literatur

Fransella, F.; Bell, R.; Bannister, D. (2004): *A Manual for Repertory Grid Technique* (2. Auflage). Chichester, West Sussex: John Wiley & Sons

Fromm, M. (1995): *Repertory-Grid-Methodik: Ein Lehrbuch*. Weinheim: Deutscher Studien-Verlag

Hemmecke, J.; Stary, C. (2004): „A Framework for the Externalization of Tacit Knowledge Embedding Repertory Grids". In: *Proceedings of the 5th European Conference on Organizational Knowledge, Learning, and Capabilities*, 2 – 3 April 2004, Innsbruck, Österreich. *http://www.hemmecke.de/jeannette/material/Paper_OKLC2004_HemmeckeStary.pdf*. Zugriff am 08.03.2012

Hemmecke, J.; Stary, C. (2007): „The Tacit Dimension of User-Tasks: Elicitation and Contextual Representation". In: *Proceedings TAMODIA'06, 5th International Workshop on Task Models and Diagrams for User Interface Design* (Bd. 4385). Berlin, Heidelberg: Springer-Verlag, S. 308 – 323

Jankowicz, D. (2004): *The Easy Guide to Repertory Grids*. Chichester, West Sussex: John Wiley & Sons

Kelly, G. A. (1991): *The Psychology of Personal Constructs: A Theory of Personality* (Bd. 1). London: Routledge (Originalausgabe 1955)

Riemann, R. (1991): *Repertory-grid-Technik: Handanweisung*. Göttingen: Verlag für Psychologie

Rogers, C. R. (1995): *On Becoming a Person*. New York: Houghton Mifflin (Originalausgabe 1961)

Scheer, J.; Catina, A. (Hrsg.) (1993): *Einführung in die Repertory Grid-Technik, Bd. 1: Grundlagen und Methoden*. Bern: Verlag Hans Huber

3 Critical-Incident-Technik (CIT)

Die Critical-Incident-Technik erlaubt die Erhebung von beobachtetem Verhalten, das zu besonderem Erfolg oder auch Misserfolg (dieses Verhalten wird daher in der Folge als „kritisch" bezeichnet) bei der Durchführung einer bestimmten Tätigkeit führte. Kritische Ereignisse werden mittels Fragebogen oder Interview entweder mit den Durchführenden der erfolgreichen oder missglückten Aufgabe selbst oder mit Beobachtern der Durchführung von Aufgaben erhoben.

Die Methode berücksichtigt insbesondere die Umstände, die zu diesem Ereignis geführt haben, dies sind Tätigkeiten und Faktoren, welche eben dieses Ereignis erfolgreich oder eben erfolglos machten. Sie führt damit zu spezifischen Verhaltensbeschreibungen.

Das Sammeln kritischer Ereignisse einer Tätigkeit schärft das Bewusstsein über gesetzte Handlungen. In manchen Fällen wird den befragten Personen das Vorhandensein dieser Ereignisse erst im Rahmen der Erhebung bewusst, da sie sich vorab noch nicht oder nur zum Teil damit auseinandergesetzt haben.

Die Methode lässt sich folglich dem Bereich der **Wissenserhebung** zuordnen, da sie durch die Befragungen implizites Wissen auf organisationaler Ebene wirksam macht. Wissen, das schwer artikulierbar ist, wird expliziert. Vorhandenes, explizites Wissen wird durch die Critical-Incident-Technik strukturiert dokumentierbar und damit transparent. Somit eignet sich die Methode auch zur **Wissensdarstellung.**

Durch die Anwendung der Methode kann neues **Wissen generiert** werden, da durch die Befragungen die gewonnenen Informationen in handlungsrelevantes Wissen übergeführt werden können. Im Rahmen der Auswertung werden die erhaltenen Aussagen zu kritischen Erlebnissen transkribiert, klassifiziert und strukturiert, meist mithilfe der Inhaltsanalyse, um die erhobenen Daten dann zu objektivieren, valide auszuwerten und weiterzugeben. So können neue Handlungen zur Verbesserung konkreter Verhaltensweisen in der untersuchten Situation generiert werden. Die Methode ist daher auch der **Wissensverarbeitung** und -**auswertung** zuordenbar. Bild 3.1 gibt eine Übersicht über die Zuordnung zu den wesentlichen Komponenten des Wissensmanagements.

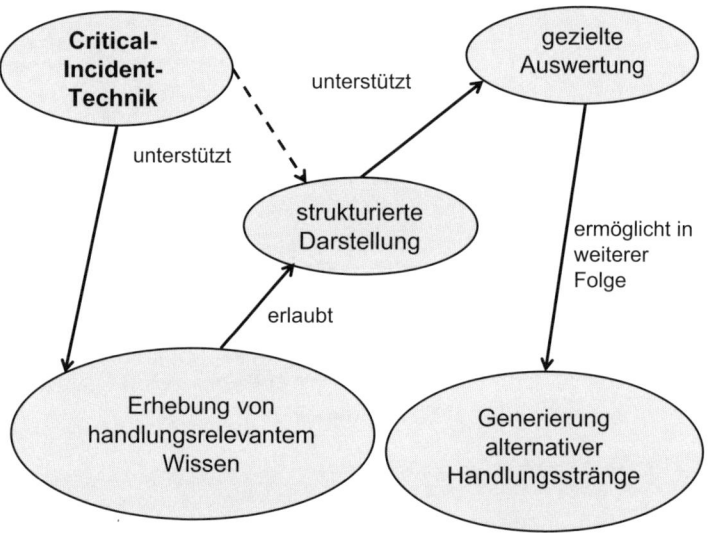

Bild 3.1 Critical-Incident-Technik im Kontext von wesentlichen Wissensmanagementaktivitäten

■ 3.1 Herkunft und Hintergrund

Der Ursprung der Critical-Incident-Technik geht auf Sir Francis Galton zurück, der bereits Ende des 19. Jahrhunderts Studien in diese Richtung durchführte. In weiterer Folge wurden kontrollierte Beobachtungstests entwickelt sowie Studien zu Erholungstätigkeiten durchgeführt und anekdotische Aufzeichnungen geführt. Der Grundstein der Critical-Incident-Technik zu ihrer heutigen Form wurde erst Mitte des Zweiten Weltkriegs gesetzt. Im Sommer 1941 führte John Flanagan Studien im Rahmen eines Flugpsychologieprogramms der US-Luftwaffe durch. Zweck des Programms war es, ein Verfahren zur Auswahl und Klassifikation von Besatzungen zu entwickeln.

Die Critical-Incident-Technik hat sich seither stetig weiterentwickelt und wird mittlerweile in einer Vielzahl anderer Bereiche verwendet.

■ 3.2 Zielsetzungen und Einsatzmöglichkeiten

Die Critical-Incident-Technik zielt darauf ab, außergewöhnlich erfolgreiches oder auch erfolgloses Arbeitsverhalten durch kritische Ereignisse zu erfassen. Da das zugrunde liegende Verhalten analysiert wird, soll damit implizites (Experten-)Wissen erfasst und erhoben werden.

Die Critical-Incident-Technik will Arbeitsabläufe verbessern und erlebte Fehler zukünftig vermeiden helfen. Ihre Anwendung soll es Arbeitnehmern bzw. den Durchführenden von Arbeitstätigkeiten in Zukunft erleichtern, ihre Aufgaben effektiver oder leichter zu bewältigen.

Die Methode kann des Weiteren Verantwortliche bei ihrer Entscheidungsfindung in vielen Bereichen unterstützen, beispielsweise bei der Einstellung von neuen Mitarbeitern. Typische Fragestellungen, bei welchen die Critical-Incident-Technik hilfreich einsetzbar ist, sind:

- Welche Voraussetzungen sollen neue Mitarbeiter mitbringen?
- Wie kann ich die Motivation und Produktivität meiner Mitarbeiter steigern?
- Wie können häufig gemachte Fehler in Zukunft vermieden werden?

Auf Basis beobachteter Sachverhalte hilft die Technik, schlüssige Antworten auf derartige Fragen zu gewinnen und so Handlungsoptionen zu erschließen.

Die Critical-Incident-Technik eignet sich besonders für Erhebungen, in denen eine strukturierte, verhaltensnahe Methode gewünscht wird, um Wissen zu heben bzw. explizites Wissen in strukturierter Form transparent und damit für einen neuen Benutzerkreis zugänglich zu machen.

Die Technik wurde bereits erfolgreich in folgenden Gebieten eingesetzt:

- *Militär:* Die Methode wurde während des Zweiten Weltkriegs von John Flanagan eingeführt, um kritische Situationen in der Luftfahrt zu erkennen und zu bearbeiten. Konkrete Ereignisse von effektivem und ineffektivem Verhalten in der Luftfahrt während des Krieges sollten gefunden werden. Er befragte hierzu Kriegsveteranen nach Ereignissen, die für sie besonders wichtig, hilfreich bzw. unzulänglich waren, um die ihnen aufgetragenen Missionen zu erfüllen. Eine Frage zur Gewinnung dieser Verhaltensbeschreibungen war beispielsweise: „Beschreibe die Handlung des Offiziers. Was hat er genau getan?"

- *Polizei:* In diesem Kontext wurde die Methode zur Analyse der Tätigkeiten von Polizisten in bestimmten Arbeitssituationen eingesetzt. Die Relation zwischen belastenden Umständen und bestimmten Verhaltensmustern konnte mithilfe dieser Technik erforscht werden.

- *Verkauf:* Analog zur Polizei wurden Arbeitssituationen untersucht, welche sich zum einen durch bestimmte Kunden-Produkt-Konstellationen und zum anderen durch bestimmte Verhaltensmuster auszeichneten.

- *(Software-)Entwicklung:* Im Rahmen dieses Einsatzes stand die Aufgabenkoordinierung zwischen Managern und Angestellten im Zentrum des Interesses.

- *Customer Service:* Hierbei wurden Serviceleistungen aus der Sicht der Konsumenten im Detail analysiert.

- *Hausarbeit:* In diesem Kontext wurde die Methode eingesetzt, um Konflikte, die bei der Aufteilung der Hausarbeit bei Ehepaaren mit beruflichen Karrieren auftreten, zu analysieren.

- *Ausbildung – Konzeptbildung:* In diesem Bereich diente die Methode zur Entwicklung von Festlegungen (Definitionen) und Theorien zu Führung und Professionalität der Vermittlung von Wissen.

Flanagan (1954) selbst zeigte eine Reihe weiterer Einsatzbereiche auf:

- *Messung von typischen Leistungskriterien:* In diesem Zusammenhang wurde mittels der Critical-Incident-Technik eine Beobachtungsprotokollliste, die alle wichtigen Handlungsweisen für eine Tätigkeit einschließt, erstellt. Mithilfe dieser Liste kann anschließend die Leistung einer Person objektiv bewertet werden.

- *Messung von Fähigkeiten/Kenntnissen (Standardproben):* Hierbei wurden mithilfe von Standardproben jene Kenntnisse von Personen bewertet, die wichtige Aspekte ihrer Tätigkeiten betreffen. Diese Form wird häufig am Ende von Ausbildungskursen verwendet, um zu erheben, ob die Kursteilnehmer das vermittelte Wissen behalten haben bzw. richtig anwenden können.

- *Lehre:* Viele Anwendungen der Critical-Incident-Technik zu Problemen in der Ausbildung sind für spezielle Situationen beim Militär entwickelt worden. Dabei soll die Technik helfen, bessere Voraussetzungen für die Lehre zu schaffen, indem beispielsweise motivierende didaktische Momente verstärkt werden.

- *Job-Design:* Lange Zeit wurde dem Job-Design unzureichende Aufmerksamkeit geschenkt, obwohl es wesentlich ist, um die Leistungsbereitschaft von Personen zu fördern. Durch die Critical-Incident-Technik wird in diesem Bereich versucht, die Anzahl der kritischen Job-Elemente von Beschäftigten auf zwei bis drei kritische Elemente zu beschränken. Dadurch soll die Wirksamkeit der Leistung in Bezug auf jeden der verschiedenen Typen von Aufgaben maximiert werden.

- *Betriebsverfahren:* Eine andere Anwendung der Methode ist die Studie von Betriebsverfahren. Die Methode hilft dabei, ausführliche, sachliche Daten aufgrund von Erfolgen bzw. Misserfolgen, welche systematisch analysiert werden können, effizient zu sammeln. Diese stellen eine wesentliche Voraussetzung zur Verbesserung der Wirksamkeit und Leistungsfähigkeit von Betriebsverfahren dar.

▪ *Equipment-Design:* Hierbei soll durch die Sammlung von kritischen Ereignissen im Umgang mit Betriebsmitteln und Werkzeugen das Design von Ausrüstungen bzw. Ausstattungen verbessert werden. Berichte „aus dem Feld" stellen die Basis für Verbesserungen dar. Die Critical-Incident-Technik erleichtert dabei die Sammlung und Verarbeitung von Informationen zur Verbesserung von Betriebsmitteln und Werkzeugen.

▪ *Motivation und Führung:* Die Critical-Incident-Technik wurde in diesem Kontext eingesetzt, um Daten bezüglich spezifischer Handlungen zu sammeln, die getroffene Entscheidungen und gewählte Optionen einschließen. Aus ihnen konnten Wirkungszusammenhänge zwischen Arbeitshandlungen und Führungstätigkeiten abgeleitet werden.

▪ *Psychotherapie:* Auch in diesem Bereich findet die Methode ihre Anwendung. Sie dient als Hilfestellung bei der Sammlung von fachlich-kritischen Ereignissen, wobei dem Zusammenhang von Faktoren besonderes Augenmerk gilt.

Die Critical-Incident-Technik kann folglich aufgrund ihrer inhaltlichen Offenheit in vielen wirtschaftlichen und sozialen Bereichen eingesetzt werden.

▪ 3.2 Umsetzung

Der Einsatz der Critical-Incident-Technik verläuft entlang unterschiedlicher Phasen, wie in der Folge beschrieben. Laut Flanagan kann die Definition eines kritischen Ereignisses durch die Critical-Incident-Technik allerdings nur dann gültig und umfassend betrachtet werden,

▪ wenn die Beobachtungen repräsentativ sind,

▪ wenn die Durchführenden der Beobachtungen ausreichend qualifiziert sind,

▪ wenn die Typen der Beurteilungen passend sind,

▪ wenn die verwendeten Schritte dazu geeignet sind, genaue Berichte zu erzeugen.

Entscheidend für die Qualität der Befragungen und somit der Ergebnisse ist, wie das Interview geführt wird bzw. wie die Fragen entwickelt werden. Somit ist eine der wichtigsten Voraussetzungen für die korrekte Durchführung der Methode (wie auch bei den Methoden „Repertory Grid" und „Narrative Storytelling") die Einhaltung der Regeln optimaler Interviewführung seitens der Interviewer. Dies verlangt vom Interviewer, sowohl sich offen auf die Inhalte einzulassen, welche die Gesprächspartner kommunizieren, als auch die Interviewpartner als jene Personen zu akzeptieren, die sie darstellen.

Für den erfolgreichen Einsatz der Critical-Incident-Technik sind zwei Aspekte von besonderer Bedeutung:

1. **Fragen:** Sie sind der entscheidende Aspekt für die Datenerfassung. Mehrere Studien haben gezeigt, dass eine geringe Änderung in der Formulierung von Fragen eine wesentliche Änderung in den Ergebnissen nach sich zieht. So wurde etwa die gleiche Frage auf zwei verschiedene Arten gestellt. Da die Befragten Fragestellungen unter-

schiedlich empfinden bzw. interpretieren, können somit unterschiedliche Antworten erwartet werden. Aus diesem Grund sollten Fragen zunächst an eine kleinere Gruppe von zu Befragenden gestellt werden, bevor sie im endgültigen Umfang zum Einsatz kommen. Es können Missverständnisse von Anfang an vermieden werden, indem festgestellt wird, ob die Fragen zielgerichtet formuliert wurden und relevante Antworten zu erwarten sind. Erhalten die Interviewer nicht die gewünschte Qualität an Antworten, gilt es die Fragen noch einmal zu überarbeiten, damit bei der endgültigen Durchführung der Befragung diese Probleme nicht mehr auftreten. Die Interviewten sollen alle dasselbe unter der Frage verstehen. Darüber hinaus sollte darauf geachtet werden, dass die Befragten die Ereignisse bzw. das Verhalten in einer klar abgegrenzten Situation beschreiben und nicht (unter Umständen ausschweifende) Erklärungen abgeben, die vom Thema der Untersuchung abweichen.

2. **Interviewführung:** Wichtig ist, dass sich die Interviewer neutral verhalten. Sobald die Befragten eine Antwort gegeben haben, sollten sie nicht durch unangemessenes Nachfragen verwirrt werden, beispielsweise durch Anmerkungen wie: „Ach kommen Sie, ist das wirklich Ihre Meinung? War das nicht ganz anders?" Dadurch könnten Befragte ob ihrer Antwort verunsichert werden und die erhaltenen Ergebnisse würden an Qualität und Spontaneität verlieren. Die Befragten sollten die meiste Zeit während der Befragung am Wort sein, die Interviewer hingegen überwiegend zuhören und nur eventuelle Verständnisprobleme bei Antworten bzw. Fragestellungen klären. Günstig ist es, wenn die Befragten nicht unterbrochen werden. Ihnen ist vielmehr das Gefühl zu vermitteln, dass ihre Meinung als Experten uneingeschränkt akzeptiert wird. Gewinnen die Interviewer den Eindruck, dass Antworten nicht vollständig sind, dann haben sie die Befragten aufzufordern, die jeweilige Antwort zu verfeinern, d. h. zu erweitern, allerdings nicht zu korrigieren. Dadurch werden die Befragten motiviert, möglichst viele Details zu erwähnen.

3.2.1 Wer ist beteiligt?

An der Durchführung einer Critical-Incident-Analyse sind zwei Gruppen von Personen beteiligt. Die erste Gruppe von Personen, die Durchführenden der Methode, sind die Interviewer. Die zweite Gruppe von Personen, die Teilnehmenden, sind die Befragten oder Interviewten:

- **Durchführende**

  Hierbei sollte es sich um qualifizierte Personen im Bereich der Critical-Incident-Technik handeln. Nur ausreichend versierte Personen sind in der Lage, diese Methode anzuwenden und aussagekräftige Ergebnisse zu produzieren. Diese Personen können, müssen jedoch nicht unbedingt in jener Organisation, in der die Methode eingesetzt wird, beschäftigt sein.

- **Teilnehmende**

  Die Teilnehmenden können sowohl Personen sein, deren Beruf oder Tätigkeit unmittelbar von der Erhebung betroffen ist, als auch Vorgesetzte dieser Personen. Darüber hinaus können Teilnehmende auch jene sein, die häufig mit diesen Personen zu tun haben, beispielsweise Kunden von betroffenen Sachbearbeitern.

Bild 3.2 fasst die wesentlichen Motivatoren für den Einsatz der Critical-Incident-Technik zusammen.

Warum hören wir immer nur die Fehler und dass wir aus ihnen lernen müssen?

Wie kommen wir am besten zu einer neuen Organisation unserer Arbeit?

Geschichten, Geschichten und wieder Geschichten! Mag schon sein, dass sie alle wichtig sind. Aber irgendwie müssen wir doch Ordnung hineinbringen!

Erfolgsfaktoren? Erfolgskritisch sind unsere täglichen Abläufe und wie sie beim Kunden ankommen!

Bild 3.2 Wesentliche Motivatoren für den Einsatz der Critical-Incident-Technik

3.2.2 Ablauf

Der Einsatz der Critical-Incident-Technik verläuft entlang der Phasen Vorbereitung, Durchführung sowie Analyse und Auswertung:

- Vorbereitung
  - Bestimmen der allgemeinen Ziele
  - Spezifizierung
- Durchführung
  - Sammeln der Daten
  - Ereignisse in Aussagen umwandeln
  - Geeignete Ereignisse auswählen
  - Ordnen der Aussagen
- Analyse und Auswertung
  - Interpretation und Bericht
  - Rückkoppelung

Die Phasen bauen aufeinander auf. Dies bedeutet, dass beispielsweise die Analyse und Auswertung erst begonnen werden darf, nachdem die Durchführung abgeschlossen ist. So müssen alle Daten erhoben worden sein, ehe deren Interpretation erfolgen kann.

3.2.2.1 Vorbereitung

Schritt 1: Bestimmen der allgemeinen Ziele

Zu Beginn sind die allgemeinen Ziele des Verhaltens, das mithilfe der CIT untersucht werden soll, festzulegen. Welche Ziele ein bestimmtes Verhalten verfolgt, hängt unter Umständen von den befragten Individuen ab. Daher empfiehlt es sich, die jeweiligen Experten oder Betroffenen danach zu fragen, was ihrer Meinung nach die Zielsetzung einer speziellen Tätigkeit bestimmt.

Eine mögliche Befragung zur Bestimmung der allgemeinen Ziele kann wie folgt gestaltet sein:

1. Einleitende Worte

Wir, {Name der Organisationseinheit oder Organisation}, beabsichtigen, eine Erhebung zu(r) {Tätigkeit} durchzuführen. Wir denken, dass Sie eine diesbezüglich qualifizierte Person sind, und dürfen Sie ersuchen, uns über diese Tätigkeit mehr zu erzählen.

2. Frage nach allgemeinen Zielen

Was ist Ihrer Meinung nach der primäre Zweck dieser Tätigkeit?

3. Frage nach Zusammenfassung

Bitte schildern Sie in kurzen Worten zusammenfassend die allgemeinen Ziele oder das übergeordnete Ziel dieser Tätigkeit?

Schritt 2: Spezifizierung

Hierfür ist es notwendig, genau anzugeben, (a) welche Situationen untersucht werden, (b) welche Relevanz diese für den primären Zweck einer Tätigkeit besitzen, (c) wie diese sich auf die allgemeinen Ziele auswirken und (d) welche Personen für die Beobachtungen ausgewählt werden sollen:

- **Untersuchte Situationen**

  Die erste Festlegung stellt die Abgrenzung der zu untersuchenden Situation(en) dar. Diese Spezifikation sollte Informationen über den Ort, die Personen, die Aktivitäten und die Bedingungen beinhalten. Diese Spezifizierung stellt in den meisten Fällen kein Problem dar. Die Personen können beispielsweise Lehrende sein. Der Ort wäre dann eine Weiterbildungseinrichtung. Bedingungen in diesem Zusammenhang könnten z.B. daraus resultieren, dass diese Lehrenden in einer berufsbegleitenden Einrichtung oder weiterführenden Bildungsinstitution tätig sind. Zu ihren Tätigkeiten zählt die Vermittlung von Wissen an Lernende im Rahmen von Unterrichtseinheiten. Eine typische Situation, die hier untersucht werden könnte, wäre beispielsweise der Einfluss der didaktischen Aufbereitung von Lerninhalten durch die Lehrenden auf die Organisation des Lernprozesses seitens der Lernenden.

- **Relevanz hinsichtlich der vorherbestimmten Ziele**

Nachdem eine passende Situation als Beobachtungsgegenstand für die Erhebung festgelegt wurde, ist zu spezifizieren, ob ein bestimmtes Verhalten Relevanz für die Erreichung der allgemeinen Ziele der Tätigkeit besitzt. Nehmen wir beispielsweise an, ein allgemeines Ziel besteht darin, möglichst große Mengen eines Produktes in einer möglichst hohen Qualität zu erzeugen. Es ist nun zu spezifizieren, ob ein bestimmtes Verhalten in der untersuchten Situation überhaupt relevant für die Erreichung des Ziels ist oder nicht.

- **Auswirkung auf die allgemeinen Ziele**

Dabei ist seitens der Erhebenden zu entscheiden, in welchem Ausmaß ein Ereignis die Erreichung der allgemeinen Ziele beeinflusst bzw. beeinflussen kann. Es sollte zunächst festgehalten werden, in welchem Ausmaß das Ereignis positive Beiträge zur allgemeinen Zielerreichung liefert bzw. liefern kann. Dasselbe sollte auch für negative Beiträge, die dieses Ereignis liefert, durchgeführt werden. Ein Ereignis gilt dann als kritisch, wenn es einen bedeutend positiven bzw. negativen Beitrag zur allgemeinen Zielerreichung der Tätigkeit leistet.

Ob es sich um einen bedeutenden oder unbedeutenden Beitrag handelt, hängt nun davon ab, in welchem Bereich die Erhebung durchgeführt wird. Als Beispiel kann die Produktionsabteilung eines Unternehmens herangezogen werden, deren allgemeines Ziel es ist, so viel wie möglich zu produzieren. Wenn nun durch ein Ereignis der Output stark erhöht werden konnte, dann kann mit Sicherheit davon gesprochen werden, dass dieses Ereignis einen bedeutend positiven Beitrag zur allgemeinen Zielerreichung geleistet hat und somit „kritisch", also für den Einsatz der Critical-Incident-Technik relevant ist.

- **Auswahl der Durchführenden**

Welche Personen sollen die Beobachtungen durchführen und welche Qualifikationen sollen sie mitbringen? Es sind in erster Linie Personen geeignet, die selbst bereits mit der untersuchten Tätigkeit zu tun hatten. Darüber hinaus sind Personen geeignet, die bereits früher Erhebungen in diesem Tätigkeitsbereich durchgeführt haben. Der Einsatz der Critical-Incident-Technik hat jedoch auch gezeigt, dass je nach zu untersuchender Tätigkeit Vorgesetzte und Kunden ebenfalls derartige Erhebungen durchführen können.

In der Folge werden die erforderlichen Festlegungen in dieser Phase der Erhebung zusammengefasst.

1. Durchführende Personen der Beobachtung

- Wissen betreffend der Tätigkeit,
- Beziehung zu den Beobachteten,
- vorausgesetzte Qualifikation.

2. Zu beobachtende Gruppe

▪ Allgemeine Beschreibung,

▪ Ort,

▪ Personen,

▪ Zeit,

▪ Bedingungen.

3. Zu beobachtendes Verhalten

▪ Allgemeine Art der Tätigkeit,

▪ spezifisches Verhalten,

▪ Relevanz für allgemeines Ziel,

▪ Wichtigkeit für allgemeines Ziel (kritische Punkte).

Nachdem in dieser Phase alle wesentlichen Parameter bestimmt wurden, kann die Durchführung beginnen.

3.2.2.2 Durchführung

Im Rahmen der Durchführung sind neben der Sammlung der Daten einige Strukturmaßnahmen zu setzen. Diese ermöglichen schließlich eine aussagekräftige Auswertung der erhobenen Daten.

Schritt 3: Sammeln der Daten

Zu Beginn wird die Zielgruppe nach jenen Ereignissen befragt, welche von ihnen als kritisch für die Durchführung ihrer Tätigkeit empfunden werden. Die beiden Methoden, die hier angewendet werden können, um die kritischen Ereignisse zu identifizieren, sind zum einen das Interview und zum anderen der Fragebogen:

▪ **Interview**

   Entscheidet man sich für das Interview, muss mit den infrage kommenden Personen ein Termin für die Durchführung der Befragung angesetzt werden. Ein gut strukturiertes Interview führt im Regelfall zur Steigerung der Qualität der Befragung. Daher sollte dieses gut vorbereitet sein.

▪ **Fragebogen**

   Wird zur Datensammlung ein Fragebogen verwendet, sollte darauf geachtet werden, dass genügend Platz auf dem Fragebogen zur Verfügung steht, damit die Befragten die kritischen Ereignisse ausführlich beschreiben können.

Sowohl beim Fragebogen als auch beim Interview sollten die Befragten darauf hingewiesen werden, dass ihre Antworten anonym und mit größter Sorgfalt behandelt werden. Des Weiteren sollte festgehalten werden, ob es sich um Tätigkeiten des Befragten selbst handelt, oder ob die Person sein Vorgesetzter ist. Es können auch Personen in die Befragung aufgenommen werden, welche mit der Zielgruppe häufig zu tun haben. Ein Beispiel hierfür wären Kunden, die bewerten sollen, welche Eigenschaften einen guten Verkäufer auszeichnen.

Ein Fragebogen oder Interview zur Ermittlung der kritischen Ereignisse kann beispielsweise die folgenden Elemente umfassen:

- Denken Sie an eine Situation, in der Ihr Vorgesetzter etwas getan hat, was Ihnen und Ihren Kollegen dabei geholfen hat, Ihre Aufgaben leichter oder schneller zu erledigen. (In einem Interview sollte dem Befragten zu diesem Zeitpunkt eine Denkpause gegeben werden, bis er sich an eine solche Situation erinnern kann.)
- Wurde durch diese Handlung die Produktivität Ihrer Gruppe über einen längeren oder kürzeren Zeitraum gesteigert?
- Beschreiben Sie mir so detailliert wie möglich, was diese Person getan hat? Was war derart hilfreich daran?
- Warum wurde durch dieses Ereignis die Erfüllung der Aufgaben Ihrer Gruppe erleichtert?
- Wann passierte dieses Ereignis?
- Was war der Beruf dieser Person?
- Wie lange war diese Person bereits in diesem Beruf tätig?
- Wie alt ist diese Person?

Die Fragen versuchen, Beobachtungen geeignet zu strukturieren, um daraus handlungsrelevante Optionen zu erkennen und reflektieren zu können.

Schritt 4: Ereignisse in Aussagen umwandeln

Die Ereignisse, die nach den vorher genannten Kriterien wertvolle Kontextinformationen beinhalten, werden in Form der erhobenen Aussagen zusammengefasst, um sie dann weiter analysieren zu können. Die Befragten werden die Ereignisse nicht objektivieren können, da diese sie unmittelbar betroffen haben. Daher ist es wichtig, die Ereignisse noch einmal von einer objektiveren Seite zu betrachten. Dies wird durch die Umformulierung der Aussagen in folgender Art erreicht: „Bei folgenden gegebenen Umständen handelte der Befragte folgendermaßen. Dies führte zu folgendem Ergebnis." Durch diese Umformulierung soll erreicht werden, dass die getätigten Aussagen später objektiv und im gegebenen Kontext kritisch betrachtet werden können.

Schritt 5: Geeignete Ereignisse auswählen

Die durch die Critical-Incident-Technik erhobenen Beschreibungen von Ereignissen variieren üblicherweise stark in Bezug auf ihre Relevanz für die Auswertung. Dies ist auch darauf zurückzuführen, dass die Ergebnisse der Befragungen dem Gedächtnis der Befragten unterworfen sind. Es kommt also durchaus vor, dass die Befragten einem Ereignis zunächst eine hohe Wichtigkeit einräumen, später jedoch eine geringere. Daher ist es wichtig, solche Ereignisse genauer zu analysieren, um Aussagen darüber zu treffen, wie kritisch sie für ein Ereignis tatsächlich sind.

Dazu werden die befragten Personen gebeten, ihre Aussagen nach ihrer Wirksamkeit und Wichtigkeit zu bewerten. Bevor die Bewertung durchgeführt werden kann, sollten alle gesammelten Aussagen aufgeschrieben werden. Dabei ist zu beachten, dass sie jedoch nicht gruppiert werden, um die Bewertung nicht in eine bestimmte Richtung zu lenken. Anschließend können die Aussagen auf einer Skala von beispielsweise 1 bis 5, 1 bis 7 oder 1 bis 9 bewertet werden, wobei 1 „nicht wichtig für die Erfüllung der Tätigkeit" und die höchste Zahl „sehr wichtig für die Erfüllung der Tätigkeit" bedeutet. Wenn nun beispielsweise eine Skala von 1 bis 9 verwendet wird, werden anschließend jene Ereignisse, welche eine Bewertung von über 5 haben, weiter analysiert.

Schritt 6: Ordnen der Aussagen

Dieser Schritt beinhaltet drei Teilschritte. Zuerst ist ein passender Referenzrahmen für die Ereignisse zu bestimmen. Soll es sich beispielsweise dabei um einen Tätigkeitsbericht für den Vorgesetzten handeln, wie die Person die analysierte Tätigkeit erledigen soll, oder um eine schriftliche Unterstützung für die Person, die die Tätigkeit tatsächlich ausführt?

Daran anschließend gilt es mehrere Überschriften zu finden, um die Ereignisse zu klassifizieren. Dies erfolgt in der Regel induktiv. Dabei gruppieren die Durchführenden zuerst ähnliche Ereignisse. Sie könnten auch die Befragten bitten, die Aussagen selbst zu gruppieren. Die entstandenen Gruppen sollten anschließend aufgrund ihrer ähnlichen Eigenschaften wieder zu größeren Gruppen zusammengefasst werden. Dieser Vorgang ist so lange zu wiederholen, bis eine für das Ziel der Erhebung repräsentative Strukturierung der Aussagen erreicht wurde.

3.2.2.3 Analyse und Auswertung

Es wird in der Praxis nie möglich sein, eine ideale Lösung für jedes Problem zu erhalten. Daher ist es wichtig, die Daten, die in den vorangegangenen Phasen erhoben wurden, angemessen zu interpretieren. Entscheidende Fehler bei der Durchführung der Critical-Incident-Technik entstehen zumeist nicht bei der Sammlung und Analyse der Daten, sondern bei ihrer Interpretation. So sollte im Bericht festgehalten werden, welche Gruppe von Personen interviewt wurde. Dies ist in weiterer Folge für die Vertrauenswürdigkeit der Ergebnisse wichtig. Wurden beispielsweise die Vorgesetzten der betroffenen Personen interviewt, wird die Erhebung zu anderen Ergebnissen führen, als wenn die Gruppe der betroffenen Personen selbst interviewt wurde.

Das Ziel der Erhebung ist üblicherweise nicht eine genaue Funktionsbeschreibung einer Tätigkeit, sondern vielmehr die Sammlung von Aussagen zu kritischen Tätigkeiten. So sollten die Annahmen, die bei der Sammlung der Daten und bei der Analyse getroffen wurden, noch einmal sorgfältig überdacht werden. Dies ist vor allem wichtig, um einen möglichst hohen Grad an Vertrauenswürdigkeit in Bezug auf die Ergebnisse zu erreichen.

Die Critical-Incident-Technik soll fokussiert den Umgang mit erfolgskritischen Situationen reflektieren und gestalten helfen. In Bild 3.3 fassen wir die wichtigsten Herausforderungen beim Einsatz der Methode sowie Tipps zusammen.

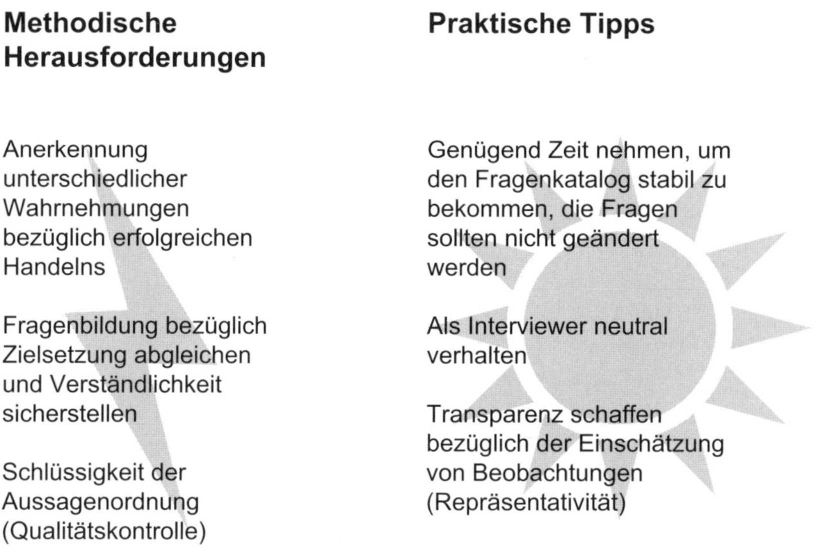

Methodische Herausforderungen	Praktische Tipps
Anerkennung unterschiedlicher Wahrnehmungen bezüglich erfolgreichen Handelns	Genügend Zeit nehmen, um den Fragenkatalog stabil zu bekommen, die Fragen sollten nicht geändert werden
Fragenbildung bezüglich Zielsetzung abgleichen und Verständlichkeit sicherstellen	Als Interviewer neutral verhalten
Schlüssigkeit der Aussagenordnung (Qualitätskontrolle)	Transparenz schaffen bezüglich der Einschätzung von Beobachtungen (Repräsentativität)

Bild 3.3 Wichtiges für den Einsatz der Critical-Incident-Technik im Wissensmanagement

3.2.3 Ergebnisse

Am Ende der Durchführung der Critical-Incident-Technik liegt eine Situations- und Verhaltensbeschreibung vor. Beobachtetes Verhalten, das zu besonderem Erfolg oder Misserfolg einer bestimmten Aufgabe geführt hat, wird sichtbar. Die so erhaltene Situations- oder Verhaltensbeschreibung, also expliziertes Erfahrungswissen, bietet die Grundlage zu Entscheidungsfindungen und erlaubt Betroffenen, sich in bestimmten Situationen gemäß den vorhandenen Erfahrungen zu verhalten. Werden die Voraussetzungen für die Durchführung der Methode beachtet, ist das Ergebnis weitgehend objektiv.

Wir fassen die wichtigsten Fragen, die bezüglich der Erreichung valider Ergebnisse zu stellen sind, zusammen:

- Wurden die richtigen Fragen gestellt?
- Wurden die richtigen Personen für die Befragung ausgewählt?
- Wurden die Interviewten während der Befragung beeinflusst?
- Wurden die Regeln richtig angewendet?
- Wurden die Ergebnisse richtig und sinnvoll interpretiert?
- Wurden nur kritische Ereignisse identifiziert oder lag das Hauptaugenmerk eher auf unwirksamen und unkritischen Ereignissen?

Sollten in einer der Fragen Abweichungen zum vorgesehenen methodischen Vorgehen aufgetreten sein, also etwa Interviewte während der Befragung durch suggestives Nachfragen beeinflusst worden sein, dann sind eine Bereinigung der Daten sowie eine Wiederholung einzelner Befragungen erforderlich.

■ 3.3 Aufwand

In der Folge differenzieren wir den Aufwand nach Zeit, Kosten, Raum und Hilfsmitteln.

Der benötigte Zeitaufwand hängt stark davon ab, in welcher Form die Methode eingesetzt wird. Werden die Befragungen einzeln mittels Interviews durchgeführt, entsteht höherer Zeitaufwand im Vergleich zu Befragungen in Gruppen. Es ist pro Person bei einzelnen Befragungen mit dem Aufwand von etwa einer Stunde zu rechnen. Es sollten zumindest zu einer Themenstellung acht Personen befragt werden. Zur Vorbereitung ist bis zu einem Ausmaß eines Tages ein Workshop mit Projektverantwortlichen aus der Organisation einzuplanen.

Der Zeitaufwand hängt auch von der Erfahrung der Durchführenden im Umgang mit der Methode ab. Haben die Personen bereits häufiger solche Studien durchgeführt, wird die Erhebung und Auswertung der Daten rascher als im Fall einer Erstdurchführung erfolgen können.

Die Auswertung wird im Wesentlichen durch die Güte der vorliegenden Daten bestimmt. Gelingt die Gruppierung und inhaltliche Schwerpunktbildung der Aussagen, wird die Auswertung und Berichtslegung wenige Tage in Anspruch nehmen.

Für die Kosten kann allgemein nur eine Schätzung vorgenommen werden, da diese von einer Reihe von Faktoren abhängen. Kosten entstehen beispielsweise durch die Beschaffung der benötigten Hilfsmittel. Verfügt man über keine geeigneten Räumlichkeiten, ist die Miete als Aufwand zu berücksichtigen. Sowohl die Durchführenden als auch die befragten Personen sind unter Umständen für die investierte Zeit auch finanziell zu entschädigen. Handelt es sich bei den Durchführenden der Methode um entsprechend qualifizierte Personen außerhalb der betroffenen Organisation, werden sich die Kosten dementsprechend erhöhen.

Wird die Befragung einzeln durchgeführt, sollte ein kleiner Raum ausreichend sein. Bei Gruppeninterviews sollte ein ausreichend großer Raum, von der Anzahl der zu befragenden Personen abhängig, eingeplant werden, damit sich die Befragten nicht eingeengt fühlen. Außerdem sollte der Raum Platz für die nachstehend genannten Hilfsmittel bieten. Bei einer schriftlichen Befragung sollte eine ausreichende Anzahl an Tischen und Stühlen zur Verfügung stehen.

Wird die Befragung mittels Fragebogen durchgeführt, werden hauptsächlich Schreibutensilien und Papier benötigt. Wird ein Interview durchgeführt, werden ebenfalls Schreibutensilien gebraucht sowie ausreichend Papier, um die Antworten der Befragten festzuhalten. Alternativ dazu können auch Computersysteme oder Aufnahmegeräte verwendet werden. Wird die Befragung in der Gruppe durchgeführt, können zusätzlich eine Tafel (inklusive Kreide), ein Flipchart (inklusive Stifte) oder ein Overhead-Projektor (inklusive Folien und geeigneter Stifte für Folien) hilfreich sein.

■ 3.4 Einsatzbeispiel

Das nun folgende Beispiel zeigt exemplarisch eine Erhebung aus dem Dienstleistungs-sektor, und zwar dem Customer Service für elektronische Produkte bei einer Handels-kette. In der Folge werden entsprechend dem phasenorientierten Vorgehen beispielhaft Inhalte angeführt und gegebenenfalls kommentiert. Die Kommentare wurden zur Erleichterung der Lesbarkeit bei den methodischen Inhalten in Klammern gesetzt.

Die Erhebung erfolgte im Rahmen eines Customer-Service-Projekts. Dieses Projekt wurde seitens der Organisationsführung initiiert, nachdem eine Kunden- und Mitarbei-terbefragung zur Erkenntnis geführt hat, dass die Kundenunzufriedenheit vor allem bei nicht technologieaffinen Kunden hoch ist, und zwar wegen deren mangelnden Hinter-grundwissens und deren hoher Ansprüche an die Gebrauchstauglichkeit von Geräten, die neu auf den Markt kommen. Der Umgang mit dieser Kundengruppe stellt für die operativen Mitarbeiter eine besondere Situation dar, da sie zum einen jung und selbst zumeist technologieaffin sind, und zum anderen wenig Handlungsspielraum bei Erklä-rungen und in sozialen Spannungsfeldern besitzen. Das Projekt verfolgte also das Ziel, aufgrund der vorliegenden Erkenntnisse einen positiven Wissenstransfer zur Bewälti-gung einer derart anspruchsvollen Kundensituation in Gang zu setzen. Im Rahmen eines Projektplanungsworkshops wurde der Einsatz der Critical-Incident-Technik fest-gelegt. Sein Einsatz wird in der Folge entlang der vorgesehenen Phasen beschrieben.

3.4.1 Vorbereitung

Schritt 1: Bestimmen der allgemeinen Ziele

Im Rahmen der Bestimmung der allgemeinen Ziele wurden sechs Betroffene (operative Mitarbeiter) und zwei Verantwortliche (Gruppenleiter) befragt.

1. Einleitende Worte

Wie Sie vielleicht schon erfahren haben, sind wir am Umgang mit nicht technologieaffinen Kunden interessiert. Wir wollen Verhaltensmuster im Customer Service ergründen. Da Sie in diesem Bereich tätig sind, erlau-ben wir uns, Sie über diese Tätigkeit zu befragen.

2. Frage nach allgemeinen Zielen

Was ist Ihrer Meinung nach der primäre Zweck der Beratung nicht techno-logieaffiner Kunden?

Antwort 1 (Verantwortlicher): Customer Service dient der Zufriedenheit des Kunden mit dem gewählten Produkt, der Vermittlung weiterer Produkte an den Kunden und der Schadloshaltung des eigenen Unternehmens bei Ansprüchen des Kunden.

Antwort 2 (operative Kraft 1): Sie sollen das Produkt kaufen, und das in kürzester Zeit, wie im Übrigen alle anderen auch.

Antwort 3 (operative Kraft 2): Die Kunden sollten das Gefühl besitzen, bei Erwerb dem Produkt gewachsen zu sein. Ist dies nicht der Fall, stehen unzufriedene Kunden postwendend in der Türe.

3. Frage nach Zusammenfassung

In ein paar kurzen Worten: Was würden Sie zusammenfassend sagen, ist das allgemeine Ziel dieser Tätigkeit?

Antwort 1 (Verantwortlicher): Die Bindung des Kunden an das Unternehmen.

Antwort 2 (operative Kraft 1): Erhöhung von Umsatz.

Antwort 3 (operative Kraft 2): Hohe Kundenzufriedenheit mit dem Produkt.

Schritt 2: Spezifizierung

Die Eingrenzung der Situation besitzt in diesem Kontext besondere Bedeutung, da Kunden zunächst ohne Produktbezug oder aber mit Produktbezug Fragen haben können. Sie können diese Fragen vor oder nach der Kaufhandlung stellen. Schließlich könnten sie das Produkt in Stellvertretung für einen nicht technologieaffinen Anwender erwerben wollen.

Untersuchte Situationen

Diese Festlegung grenzt die Situation dahingehend ab, als ein Kunde selbst ein Produkt in der Hand haltend oder klar darauf verweisend mit einer Verkaufskraft zusammentrifft.

Ort: Verkaufsraum.

Personen: Kunde, operative Verkaufskraft.

Aktivitäten:

- Fragen werden entgegenkommen.
- Kunde bekommt Antworten auf Fragen.

Bedingungen:

- Gespräch findet im Verkaufsraum „offen" statt, d. h. dort, wo Kunde und Verkaufskraft zusammentreffen.
- Schwache Technologieaffinität wird im Gespräch seitens der Verkaufskraft erkannt, sei es anhand der Fragen oder Reaktionen des Kunden.

Relevanz hinsichtlich der vorherbestimmten Ziele

- Nachdem sowohl ökonomische als auch organisatorische und kundenspezifische Ziele genannt wurden, ist in diesem Fall eine hohe Zieldiversifizität gegeben. Sämtliche Vorgänge in der Beratungssituation sind in der untersuchten Situation für die Erreichung des Ziels relevant.
- Die erkannte Technologieinaffinität kann sich auf die Kundenbindung auswirken, etwa wenn der Kunde nicht mehr zur Beratung kommt, da er das Gefühl vermittelt bekommt, technologieinaffine Kunden haben im Shop nichts zu suchen.
- Der Umsatz kann erhöht werden, sobald technologieinaffine Kunden auch weniger gebrauchstaugliche Neuprodukte annehmen und kaufen.
- Die Kundenzufriedenheit kann erhöht werden bzw. hoch bleiben, wenn die Nicht-Affinität zu Technik von Kunden kein Hindernis für den Kaufentscheid darstellt.
- Schließlich kann hohe Kundenzufriedenheit positiv zur nachhaltigen Kundenbindung beitragen.

Auswirkung auf die allgemeinen Ziele

- Die Erhebenden befanden, dass sowohl das Verhalten des Kunden als auch der Verkaufskraft die Erreichung der allgemeinen Ziele entscheidend beeinflussen kann. Typische Verhaltensmuster beim Erkennen der Technologieinaffinität sind von Erstaunen, Zurückweisen sowie Annähern und Verständnis geprägt.
- Wir geben zunächst exemplarisch an, in welchem Ausmaß das Ereignis positive Beiträge zur allgemeinen Zielerreichung liefern kann:
  - Die Verkaufskraft kann auf die Situation zielgerichtet eingehen, da sie über eine entsprechende Qualifikation und Ausbildung verfügt.
  - Der Kunde kann ungehindert Fragen stellen und braucht auf seine fehlenden Kenntnisse bzw. Erfahrungen aufgrund seiner Nicht-Affinität zu Technologie keine Rücksicht nehmen. Somit kann das Beratungsgespräch effektiver und effizienter ablaufen.
- Nun geben wir an, in welchem Ausmaß das Ereignis negative Beiträge liefern kann:
  - Das Gespräch stockt.
  - Persönliche und fachliche Inhalte werden vermengt.
  - Der Kunde muss sich für seine Einstellung zu Technologien rechtfertigen und dies vielleicht vor einer an Jahren jüngeren, aber an diesbezüglicher Erfahrung reicheren Person.
  - Die Verkaufskraft weiß mit dieser Situation nicht umzugehen und erklärt weiterhin Produktfeatures, als ob sie eine technologieaffine Person vor sich hätte.

Ein Ereignis gilt dann als kritisch, wenn es einen bedeutend positiven bzw. negativen Beitrag zur allgemeinen Zielerreichung der Tätigkeit leistet. Dies ist hier klar der Fall, da beide skizzierten Varianten bei Erkennen von Nicht-Technologieaffinität auftreten können: Im positiven Fall sind Kunde und Verkaufskraft zufrieden mit dem Verlauf des Gesprächs und dem Ergebnis, da der Kunde eine positive Kaufentscheidung trifft. Im negativen Fall findet die Verkaufskraft keinen konstruktiven Zugang zur Einstellung des Kunden, und ihr Verhalten zeigt, dass sie mit der Nicht-Affinität von Kunden zu Technologie nicht konstruktiv umgehen kann. Der Kunde trifft, da er damit auch keinen Zugang zum Produkt bekommt, keine positive Kaufentscheidung. Zwischen diesen Polen sind sämtliche Kombinationen von Verhaltensmustern vorstellbar.

Nun war zu entscheiden, welche Personen die Beobachtungen durchführen und welche Qualifikationen sie benötigen. Da in erster Linie Personen geeignet sind, die selbst bereits mit der untersuchten Tätigkeit zu tun haben bzw. hatten, fiel die Wahl auf sechs operative und zwei verantwortliche Kräfte.

Die Erhebungssituation konnte, wie in der Folge beschrieben, festgelegt werden:

1. Durchführende Personen der Beobachtung

- Wissen betreffend der Tätigkeit: Customer Service, insbesondere direkter Umgang mit Kunden, und Produkt-Know-how.
- Beziehung zu den Beobachteten: Unmittelbare oder mittelbare Beziehung (unmittelbare Beziehung, da Gespräch mit Kunden entscheidend für Umgang mit kritischem Ereignis; mittelbar, da Umgang mit kritischem Ereignis vertraut sein sollte, um die Qualität der erhobenen Daten sicherzustellen).
- Vorausgesetzte Qualifikation: Handelskaufmann.

2. Zu beobachtende Gruppe

- Allgemeine Beschreibung: Kunde mit Produkt in der Hand oder vor dem Produkt stehend bzw. auf das Produkt verweisend im Gespräch mit Verkaufskraft über das Produkt; eine Kaufentscheidung ist noch nicht gefallen.
- Ort: Verkaufsraum.
- Personen: ein Kunde, eine Verkaufskraft.
- Zeit: während der Geschäftszeit des Handelsunternehmens.

3. Zu beobachtendes Verhalten

- Allgemeine Art der Tätigkeit: Beratungsgespräch.
- Spezifisches Verhalten: Kunde stellt sich als nicht technologieaffin heraus. Er äußert dies bei Fragen bzw. es zeigen dies seine Reaktionen auf die Auskünfte der Verkaufskraft.

- Relevanz für allgemeines Ziel: Kundenzufriedenheit, Kundenbindung und Umsatz gefährdet.
- Wichtigkeit für allgemeines Ziel (kritische Punkte): Nicht-Technologie-affinität des Kunden kann bei konstruktivem Umgang zu positivem Kaufentscheid, sonst eher zu negativem Kaufentscheid führen.

Somit wurden alle wesentlichen Parameter für die Durchführung bestimmt.

3.4.2 Durchführung

Die Durchführung erstreckte sich über eine Woche, da die Interviewpartner nicht zeitgleich aufgrund ihrer Diensteinteilung zur Verfügung standen und somit die Sammlung der Daten auf mehrere Tage verteilt war.

Schritt 3: Sammeln der Daten

Zu Beginn wurden die sechs operativen und zwei verantwortlichen Kräfte aus dem Customer Service nach jenen Ereignissen befragt, welche von ihnen als kritisch für die Durchführung der Kundenberatung empfunden wurden. Die Erhebenden entschieden sich für ein strukturiertes Interview, um die kritischen Ereignisse zu identifizieren. Bei den Tätigkeiten der jeweilig Befragten wurde festgehalten, ob die Person selbst handelte oder ob die Person eine verantwortliche Rolle einnahm. Beide Personengruppen hatten mit Kunden häufig zu tun.

Das strukturierte Interview zur Ermittlung der kritischen Ereignisse wurde auf Basis des folgenden Item-Katalogs geführt:

- Denken Sie an eine Situation, in der einer Ihrer Mitarbeiter oder Ihr unmittelbar Vorgesetzter etwas getan hat, was Ihnen und Ihren Kollegen dabei geholfen hat, mit Anfragen nicht technologieaffiner Kunden leichter oder schneller umzugehen. (Im Rahmen der Befragung wurden die angedachten Situationen abgeglichen, um möglichst idente Szenarien als Ausgangssituation zu haben.)
- Wurde durch diese Handlung Ihre Produktivität bzw. die Qualität des Customer Service über einen längeren oder kürzeren Zeitraum gesteigert?
- Beschreiben Sie bitte so detailliert wie Ihnen möglich, was diese Person getan hat? Was war derart hilfreich daran?
- Warum wurde durch dieses Ereignis die Erfüllung der Aufgaben in der Kundenbetreuung erleichtert?
- Wann passierte dieses Ereignis?

- Was war der Beruf dieser Person?
- Wie lange war diese Person bereits in diesem Beruf tätig?
- Wie alt ist diese Person?

Hier exemplarische Antworten, die aus Anschauungsgründen in dieses Kapitel aufgenommen wurden. Wir geben zunächst die Antworten eines Verantwortlichen wieder und danach die Antworten einer operativen Kraft. Sämtliche Namen wurden geändert.

 Verantwortlicher Albert – er nimmt diese Position seit etwa zwei Jahren ein und ist selbst 45 Jahre alt

Einstieg: Denken Sie an eine Situation, in der einer Ihrer Mitarbeiter oder Ihr unmittelbar Vorgesetzter etwas getan hat, was Ihnen und Ihren Kollegen dabei geholfen hat, mit Anfragen nicht technologieaffiner Kunden leichter oder schneller umzugehen.

Antwort: Ich erinnere mich, als Gustav diesen Mann mit den Augen so fixiert hatte, als ob er ihn gleich anschreien würde... Aber einige Zeit später waren die beiden plötzlich in ein Gespräch vertieft, als ob sie die besten Freunde wären.

Frage: Wurde durch diese Handlung Ihre Produktivität bzw. die Qualität des Customer Service über einen längeren oder kürzeren Zeitraum gesteigert?

Antwort: Ja, denn das Gespräch dauerte vielleicht fünf Minuten, und dann ging der Mann weg, nachdem er sich artig für die Auskunft bedankt hatte ...

Frage: Beschreiben Sie bitte so detailliert wie Ihnen möglich, was diese Person getan hat? Was war derart hilfreich daran?

Antwort: ... Gustav gab seinem Staunen Ausdruck, als der Kunde ihm richtig die Kamera zurück in die Hand drückte, als wolle er sie auf keinen Fall kaufen. Aber Gustav redete nicht darüber. Er tat in weiterer Folge so, als wäre er in einer Beratungssituation wie auch bei „Techno-Fuzzis". Das könnte ich so nicht ... Gustav aber verriet sich weder äußerlich noch durch seinen Umgangston im Rahmen der Beratung.

Frage: Warum wurde durch dieses Ereignis die Erfüllung der Aufgaben in der Kundenbetreuung erleichtert?

Antwort: ... Gustav hat bewiesen, dass das Überspielen von Erstaunen bei Kunden, die eigentlich Technik ablehnen, nicht zwangsläufig dazu führt, dass die Kunden unzufrieden das Geschäft verlassen ...

Frage: Wann passierte dieses Ereignis?

Antwort: Vor etwa drei Wochen.

Frage: Was war der Beruf dieser Person?

Antwort: Gustav ist eigentlich angelernter Verkäufer. Er kommt aus der Feinmontage und hatte dort sehr viel mit anspruchsvollen Wünschen von Kunden zu tun. Ich glaube, er ist ausgebildeter Elektroingenieur.

Frage: Wie lange war diese Person bereits in diesem Beruf tätig?

Antwort: Gustav ist erst seit wenigen Monaten bei uns im Customer Service tätig.

Frage: Wie alt ist diese Person?

Antwort: Ich schätze, Gustav wird um die 40 sein.

Operative Kraft Martin – 26 Jahre alt, seit fünf Jahren im Customer Service in diesem Unternehmen

Einstieg: Denken Sie an eine Situation, in der einer Ihrer Mitarbeiter oder Ihr unmittelbar Vorgesetzter etwas getan hat, was Ihnen und Ihren Kollegen dabei geholfen hat, mit Anfragen nicht technologieaffiner Kunden leichter oder schneller umzugehen.

Antwort: Ja, ich habe einmal Üzmir, unseren Lehrling, beobachtet, wie er zwei Pensionisten betreute. Einer der beiden wollte einen Fotoapparat kaufen und lehnte aber eine Digitalkamera schon in der Einleitung ab. Ich glaube, er sagte: „Habt ihr nichts Moderneres als die kleinen Dinger da?" Die Konstellation des Gesprächs hat mich einfach neugierig gemacht, weil da ja Generationen aufeinandergetroffen sind.

Frage: Wurde durch diese Handlung Ihre Produktivität bzw. die Qualität des Customer Service über einen längeren oder kürzeren Zeitraum gesteigert?

Antwort: Es hat schon etwas gedauert, bis ich begriff, was da eigentlich abging. Mir hat es zunächst zu lange gedauert, so viel kann keiner über diese Kamera erzählen... Aber dann war mir klar, dass ich einiges aus dem Gespräch mitnehmen konnte...

Frage: Beschreiben Sie bitte so detailliert wie Ihnen möglich, was diese Person getan hat? Was war derart hilfreich daran?

Antwort: Zu Beginn ließ Üzmir die Kunden erzählen, da er anscheinend nicht gewusst hat, wie man Menschen, die eigentlich so digitales Neuzeug nicht wollen, mit einer Kamera glücklich machen könnte... Und dann hat er von seinem Großvater erzählt und wie dieser von den gestochen scharfen Bildern um den Preis einer kleinen Kamera strahlende Augen bekommen hat ... Und Sie werden es nicht glauben, aber jeder der beiden Pensionisten hat sich schließlich eine Kamera gekauft, obwohl nur einer eine wollte ... Dabei hat Üzmir doch nur eine, eigentlich seine eigene Geschichte erzählt.

Frage: Warum wurde durch dieses Ereignis die Erfüllung der Aufgaben in der Kundenbetreuung erleichtert?

Antwort: Die Pensionisten haben sich offensichtlich in der Rolle des Großvaters wiedergefunden. Plötzlich waren die Funktionen der Kamera, die die beiden eigentlich ablehnten, kein Thema mehr... Der Effekt, so gestochen scharfe Bilder um den angebotenen Preis zu bekommen, war offenbar entscheidend.

Frage: Wann passierte dieses Ereignis?

Antwort: Gestern.

Frage: Was war der Beruf dieser Person?

Antwort: Lehrling (Handelskaufmann).

Frage: Wie lange war diese Person bereits in diesem Beruf tätig?

Antwort: Üzmir ist im zweiten Lehrjahr und erst seit wenigen Tagen bei uns im Customer Service dabei. Er ist aber nicht schüchtern und traut sich, gleich Menschen anzusprechen, auch ältere.

Frage: Wie alt ist diese Person?

Antwort: 17 Jahre.

Die Fragen waren folglich geeignet, die seitens der Befragten getätigten Beobachtungen so zu strukturieren, dass Arbeitshandlungen zu erkennen waren, die in weiterer Folge reflektiert werden konnten.

Schritt 4: Ereignisse in Aussagen umwandeln

Nun wurden erhobene Aussagen zusammengefasst, um sie in weiterer Folge analysieren zu können.

Aussagen, die sich aus der Durchführung mit Bezug zu folgenden Auszügen ergaben, waren:

Aussage 1: Sobald der Mitarbeiter die negative Technologieaffinität erkannt hatte, war dies ein Parameter, der zwar das Beratungsgespräch mitbestimmte, aber der Produktberatung keinerlei Abbruch tat. (Bezieht sich auf die Aussagen des Verantwortlichen.)

Aussage 2: Im Zweifelsfall erzählen lassen. Jede Aussage eines Kunden ermöglicht mehr Handlungsoptionen, um auch Kunden, die Technologie an sich ablehnen, für ein Produkt gewinnen zu können. (Bezieht sich auf die Aussagen der operativen Kraft.)

Aussage 3: Der Befragte war zwar jünger und konnte daher kaum Bezug zur Lebenswirklichkeit der Kunden haben. Dennoch konnte er anhand seiner eigenen Erlebnisse mit der Kundengruppe punkten. Nicht nur der interessierte Kunde, sondern auch seine Begleitung kaufte eine Digitalkamera. (Bezieht sich auf die Aussagen der operativen Kraft.)

Durch diese Umformulierungen konnte erreicht werden, dass die getätigten Aussagen als Handlungsoptionen für nicht beteiligte Personen im gegebenen Kontext betrachtet werden können.

Schritt 5: Geeignete Ereignisse auswählen

Die erhobenen Ereignisse in den Interviews variierten nicht so stark in Bezug auf ihre Relevanz für die Auswertung, als sie nicht die Bedeutung der Handlungen, nämlich das Zurückweisen des Produktes, erkennen ließen. Die Befragten waren alle in der Lage, die kritischen Ereignisse klar zu schildern, auch wenn dem Auftreten nicht unmittelbar hohe Wichtigkeit eingeräumt wurde (siehe Aussage des Verantwortlichen im Gegensatz zum Lehrling).

Die befragten Personen wurden gebeten, die Aussagen nach ihrer Wirksamkeit und Wichtigkeit zu bewerten. Alle gesammelten Aussagen wurden ohne bestimmte Reihenfolge und Kategorisierungsabsicht dokumentiert und den Befragten zugänglich gemacht. Folgende Gruppen, die in Bezug zu den angeführten Aussagen stehen, wurden gebildet, wobei die Reihung bereits Präferenzen erkennen lässt. Die Aussagen wurden zur besseren Verständlichkeit den Gruppen in obiger Form zugeordnet:

Gruppe „Über die Features den Zugang zur Technologie finden": Dazu zählt die Aussage 1 – „Sobald der Mitarbeiter die negative Technologieaffinität erkannt hatte, war dies ein Parameter, der zwar das Beratungsgespräch mitbestimmte, aber der Produktberatung keinerlei Abbruch tat."

Gruppe „Über persönliche Geschichten Zugang zum Kunden finden": Dazu zählt die Aussage 2 – „Im Zweifelsfall erzählen lassen. Jede Aussage eines Kunden ermöglicht mehr Handlungsoptionen, um auch Kunden, die Technologie an sich ablehnen, für ein Produkt gewinnen zu können." Sowie die Aussage 3 – „Der Befragte war zwar jünger und konnte daher kaum Bezug zur Lebenswirklichkeit der Kunden haben. Dennoch konnte er anhand seiner eigenen Erlebnisse mit der Kundengruppe punkten. Nicht nur der interessierte Kunde, sondern auch seine Begleitung kaufte eine Digitalkamera."

Die Aussagen wurden anschließend auf einer Skala von beispielsweise 1 bis 5 bewertet, wobei 1 „nicht wichtig für Customer Service" und 5 „sehr wichtig für Customer Service" bedeutete. Die mehrheitliche Bewertung durch die acht Befragten ergab für

- Aussage 1: 2 („nicht besonders wichtig"),
- Aussage 2: 3 („mäßig wichtig"),
- Aussage 3: 5 („sehr wichtig").

Anschließend wurden jene Ereignisse, welche eine Bewertung von über 2 hatten, weiter analysiert. Diese waren Aussage 2 und 3. Während die Aussage 2 als unspezifisch für konkrete Maßnahmen erachtet wurde, wurde für Aussage 3 die Qualifikation der Mitarbeiter in Narrative Storytelling angedacht.

Schritt 6: Ordnen der Aussagen

Entsprechend dem Vorgehen bei der Critical-Incident-Technik ist im ersten Schritt ein passender Referenzrahmen für die Ereignisse zu bestimmen. Da es sich sowohl um einen Bericht an Verantwortliche als auch an operative Kräfte handeln sollte, wurde als

Referenzrahmen und Titel „Unser Umgang mit technologieinaffinen Kunden" gewählt. Die Überschrift wurde deshalb so breit gewählt, um keine Verhaltensmuster oder kritischen Ereignisse auszuschließen. Damit können langfristig auch jene Aufnahme finden, die noch nicht im Rahmen der Erhebung genannt wurden.

Die Struktur folgte den bereits vorgenommenen Gruppierungen. Es entstand eine relativ flache Hierarchie, die allerdings nach Verhaltungsmustern gegliedert war. In Bild 3.4 ist die Einordnung der genannten Aussagen ersichtlich. Insgesamt wurden das Erkennungsereignis sowie die effektive Reaktion darauf als kritisch eingestuft und danach wurde auch der Umgang strukturiert.

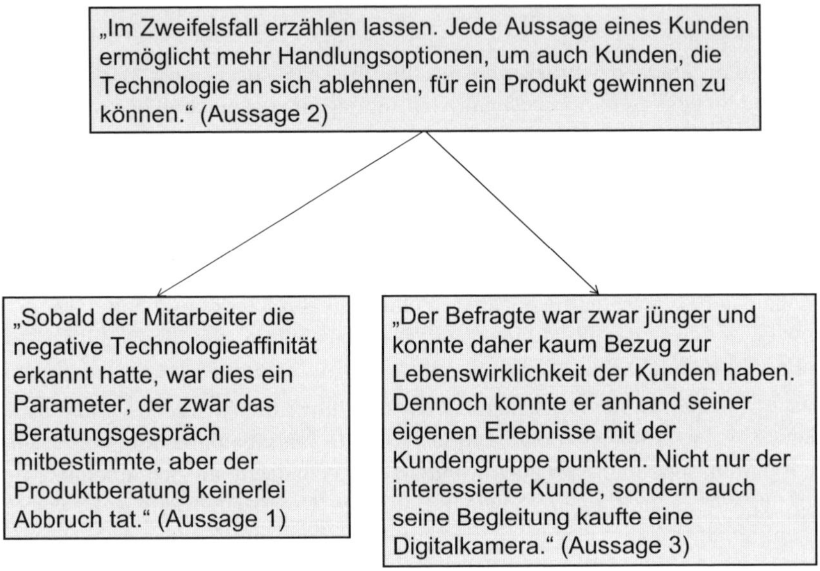

> „Im Zweifelsfall erzählen lassen. Jede Aussage eines Kunden ermöglicht mehr Handlungsoptionen, um auch Kunden, die Technologie an sich ablehnen, für ein Produkt gewinnen zu können." (Aussage 2)

> „Sobald der Mitarbeiter die negative Technologieaffinität erkannt hatte, war dies ein Parameter, der zwar das Beratungsgespräch mitbestimmte, aber der Produktberatung keinerlei Abbruch tat." (Aussage 1)

> „Der Befragte war zwar jünger und konnte daher kaum Bezug zur Lebenswirklichkeit der Kunden haben. Dennoch konnte er anhand seiner eigenen Erlebnisse mit der Kundengruppe punkten. Nicht nur der interessierte Kunde, sondern auch seine Begleitung kaufte eine Digitalkamera." (Aussage 3)

Bild 3.4 Hierarchische Anordnung der Aussagen 1 bis 3

3.4.3 Analyse und Auswertung

In dieser Phase wurde die Interpretation vorgenommen und ein Bericht gelegt. Die Angemessenheit der Interpretation lässt sich daran erkennen, dass die Trainingsmaßnahmen und Qualifikationen der Befragten mit berücksichtigt wurden. So konnte beispielsweise aus den Aussagen herausgelesen werden, dass die Mehrzahl der Verkaufskräfte mit den erlernten Verhaltensmustern die Bewältigung besonderer Situationen versuchte. Ebenso konnten auf Basis der Daten jene Verhaltensmuster identifiziert werden, welche in weitere Ausbildungsmaßnahmen einfließen, da sie als relevant für die Bewältigung derartiger Situationen erachtet wurden.

Unter Bezugnahme auf die exemplarisch genannten Aussagen wurde im Bericht festgehalten, Schulungen zu Narrative Storytelling anzubieten und mittelfristig die Wirkung beim Einsatz im Customer Service zu evaluieren. So könnte Storytelling den Umgang mit technologieinaffinen Kunden entlasten, indem Verkaufskräfte Kunden nach Geschichten oder Zusammenhängen aktiv fragen bzw. selbst authentische Geschichten entwickeln, welche die Kaufentscheidung von Kunden beeinflussen.

■ 3.5 Potenzial und Grenzen

Wie an den Einsatzbeispielen gezeigt, machen Organisationen unterschiedliche Erfahrungen mit der Critical-Incident-Technik. Bild 3.5 fasst wesentliche Aussagen zum Erfahrungsschatz zusammen.

Ich wusste nicht, wie aufwendig dies für alle Beteiligten wird.

Jetzt erkenne ich kritische Punkte beim Kundenkontakt und kann besser abschätzen, was mein Auftreten bewirkt.

So müssen wir weiter kommunizieren, da wir so am meisten voneinander lernen können.

Mein Handlungsspektrum ist nun deutlich größer.

So lernen wir einander wieder wertschätzen.

Bild 3.5 Erfahrungssplitter im Umgang mit der Critical-Incident-Technik

In der Folge fassen wir bereits bekannte Vorteile, potenzielle Schwierigkeiten und Grenzen der Critical-Incident-Technik zusammen. Zunächst die Potenziale:

- Die Methode erlaubt, reale Ereignisse einer Tätigkeit in der menschlichen Erfahrungswelt abzugrenzen und zu detaillieren, daher sind die gesammelten Daten valide und von Bedeutung.
- Das notwendige implizite Wissen zur erfolgreichen Durchführung einer Tätigkeit wird direkt vom Durchführenden (oder einer an der Durchführung beteiligten Person) erhoben.
- Das für eine Tätigkeit erhobene Verhalten wird der Wichtigkeit nach bewertet, um so „kritische" Ereignisse bestimmen zu können.

An potenziellen Schwierigkeiten wurden bislang berichtet:

- Die Ereignisse sind in der Auswertung schwierig aufzubereiten und zu gruppieren. Es gibt dazu keine zuverlässige Methode.

- Die gesammelten Ereignisse sind den Neigungen, Vorlieben bzw. der Genauigkeit der Erinnerung seitens der Befragten unterworfen. Jede Person bewertet eine Situation individuell anders. Was für eine Person ein kritisches Ereignis darstellt, kann von einer anderen Person als unkritisch bzw. unwichtig empfunden werden. Wesentliche Handlungen können daher möglicherweise bei der Analyse nicht identifiziert werden.

- Es besteht die Möglichkeit, dass in der Auswertung von den identifizierten Ereignissen jenen Ereignissen, welche trivial sind, zu viel Wichtigkeit zukommt und umgekehrt, und so wirklich „kritische" Ereignisse nicht ausreichend identifiziert werden.

Die Grenzen der Methode liegen im Bereich der Antwortraten und der Anwendungsfelder:

- Geringe Antwortraten der Befragten beeinflussen die Repräsentativität der Daten und damit verbunden die Auswertung.

- Die Methode eignet sich in erster Linie für Tätigkeitsanalysen, für andere Lebensbereiche ist sie entsprechend zu adaptieren.

Literatur

Flanagan, J. (1954): „The Critical Incident Technique". *Psychological Bulletin*, Vol. 51, No. 4

Militello, L.; Crandall, B. (1999): „Critical Incident/Critical Decision Method". In: Tessmer, M.; Jonassen, D.; Hannum, W. (Hrsg.): *Task Analysis Methods for Instructional Design*. New Jersey: Lawrence Erlbaum Associates, Publishers, S. 181–192

4 Narrative Storytelling

Geschichten erzählen und Wissensmanagement? Ja, eine Erfolgsgeschichte. Beim Erzählen von Geschichten nutzen wir etwas, was Menschen schon von Anbeginn an tun, die in einer gemeinsamen Lebenswelt mit ähnlichen Problemen konfrontiert sind: Sie geben strukturiert und doch zusammenhängend Erfahrenes weiter und lernen durch aktives Zuhören dazu. Geschichten erzählen unterstützt die Bildung kollektiver Erfahrungsräume. Diese helfen, Handlungsmöglichkeiten abzustecken und zu entwickeln. Die daran Beteiligten definieren dabei auch einen Prozess, der es ihnen erlaubt, in ihrer Gemeinschaft gültige Lösungsmöglichkeiten zu generieren, zu reflektieren und zu verbreiten.

Narrative Storytelling erlaubt, (Erfahrungs-)Wissen von Mitarbeitern nicht nur über prägende Ereignisse für eine Organisation, wie beispielsweise eine Fusion, zu erfassen und zu vermitteln. Wesentlich dabei ist, dass die Ereignisse aus unterschiedlichen Perspektiven erfasst, ausgewertet und in Form einer gemeinsamen Erfahrungsgeschichte aufbereitet werden. Nur so können erlebte Erfahrungen authentisch dokumentiert und für unterschiedliche Bereiche einer Organisation nutzbar gemacht werden.

Narrative Storytelling als die ursprüngliche Erzählform trägt mehrfach zu Wissensmanagement bei:

- **Wissensgenerierung:** Der Narrative-Storytelling-Prozess hilft, Wissen über Vorkommnisse zu generieren. Zusätzlich entsteht (Hintergrund-)Wissen, das über Daten und Faktenwissen hinausgeht. Dieses kann Innovationsprozesse anstoßen. Des Weiteren kann Narrative Storytelling helfen, die eigenen und die Handlungen anderer besser zu verstehen.

- **Wissenserhebung:** Narrative Storytelling erleichtert im Rahmen der Wissenserhebung, implizit vorhandenes Wissen zu heben (explizieren) und auf Ebene der Organisation wirksam werden zu lassen. Die Narrative-Storytelling-Methode umfasst die Erhebung implizit vorhandenen Wissens von Mitarbeitern in Interviews und darauf aufbauend die Gestaltung von Erfahrungsgeschichten, die anderen Organisationsmitgliedern zur Verfügung gestellt werden.

- **Wissensdarstellung:** Erfahrungsgeschichten, die mithilfe der Narrative-Storytelling-Methode erstellt werden, eignen sich gut, um explizites Wissen in Form von themenspezifischen Beiträgen darzustellen und somit Inhalte für Mitarbeiter begreifbar zu machen.

- **Wissensverteilung:** Erfahrungsgeschichten stellen Dokumente dar, die in Informationsbeständen von Organisationen, wie etwa organisationalen Gedächtnissen, gespeichert werden können. Mit einer auf Metadaten basierten Suche können sie ermittelt und die Inhalte zielgerichtet rezipiert werden. Narrative Storytelling ermöglicht somit auch, die strukturierte Wissensverteilung in Organisationen zu unterstützen.

Bild 4.1 zeigt die Einbettung von Narrative Storytelling in Wissensmanagement.

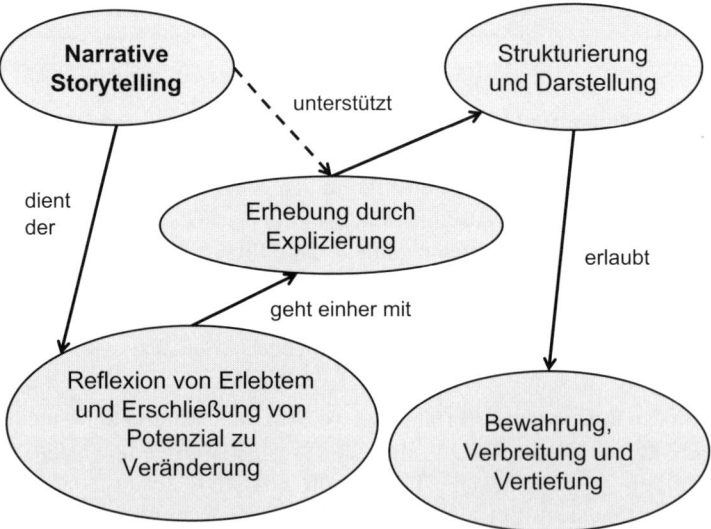

Bild 4.1 Einbettung von Narrative Storytelling in die Aktivitätsbündel von Wissensmanagement

■ 4.1 Herkunft und Hintergrund

Narrative Storytelling wurde am Massachusetts Institute of Technology (MIT) entwickelt. Mitte der 90er-Jahre stellte sich dort eine Gruppe von Forschern, Managern und Journalisten im Rahmen eines Forschungsprojekts folgende Frage: „Wie können kollektive Erfahrungen von Mitarbeitern aus der Vergangenheit in Organisationen so genutzt werden, dass es in der Zukunft nicht zu Wiederholungsfehlern kommt und Prozesse effektiver durchgeführt werden können?"

Es sollte eine Methode geschaffen werden, die es ermöglicht, Erfahrungen und Wissen über relevante Ereignisse in Organisationen aus verschiedenen Blickwinkeln zu erfassen und aufzubereiten. Dabei fanden die Mitwirkenden im Zuge ihrer Forschungen heraus, dass das gewünschte Ergebnis am besten über eine gemeinsam erzählte Geschichte erreicht wird – die Erfahrungsgeschichte.

Als Basis für die Methodenentwicklung dienten Methoden der Sozialwissenschaften und andere bewährte Theorien bzw. Techniken. So wurden Anregungen aus der Ethnografie eingearbeitet und die Methode der teilnehmenden Beobachtung sowie narrative Interviewtechniken übernommen. Weitere für das Narrative Storytelling bedeutende methodische Ansätze kamen aus der Aktionsforschung. Schließlich wurden Techniken aus dem Journalismus und das Wissen über Prozesse zur Entscheidungsfindung in streng hierarchischen Organisationen genutzt.

Aufbauend auf den Arbeiten am MIT wurde in Deutschland ab 1999 begonnen, im Rahmen mehrerer Forschungsprojekte an der Ludwig-Maximilians-Universität München, am Fraunhofer-Institut für Arbeitswirtschaft und Organisation in Stuttgart und an der Universität Augsburg mit der Narrative-Storytelling-Methode zu arbeiten. Dabei wurde die Methode für den deutschsprachigen Raum adaptiert und hinsichtlich Effizienz und Praxistauglichkeit verbessert.

■ 4.2 Zielsetzungen und Einsatzmöglichkeiten

Das Ziel von Narrative Storytelling ist, erlebte Erfahrungen sowie damit zusammenhängende Handlungsoptionen im Arbeitshandeln inklusive Tipps und Tricks zur Aufgabenbewältigung zu dokumentieren und damit für eine Organisation nutzbar zu gestalten.

Das Erstellen einer Erfahrungsgeschichte an sich ist also nicht das eigentliche Ziel der Narrative-Storytelling-Methode. Vielmehr geht es um die ablaufenden Prozesse in einer bestimmten Organisation, die sich während des Verfassens der Geschichte abspielen: Gruppendiskussionen, Erkenntnisgewinn, Ableitung von Verbesserungsideen, Reflexion von Ereignissen, Übertragung erlebter Erfahrungen auf zukünftige Handlungen. Dadurch lassen sich auch neue, innovative Lösungsansätze zu bestehenden Problemen kreieren und kostspielige Wiederholungsfehler vermeiden. Durch den Einsatz von Narrative Storytelling kann folglich ein vielfacher Lernprozess in Gang gesetzt werden, der über die individuelle Ebene hinausreicht: Organisationen können mithilfe von Narrative Storytelling zu lernenden Organisationen werden.

Narrative Storytelling lässt sich in vielen Bereichen einsetzen, insbesondere:

- **Informations- und Wissensmanagement**

  Verwendet eine Organisation bereits ein Wissensmanagementinstrument, so kann dieses durch Einsatz von Narrative Storytelling fakten- und kontextorientiert mit Erfahrungen, Tipps und Tricks etc. angereichert werden.

- **Dokumentation von Projekten**

  Da Erfahrungen von Projektbeteiligten in Form gemeinsamer Erfahrungsgeschichten festgehalten werden können, lassen sich bestehende Daten und Ergebnisse von Projekten um dokumentierte Praxiserfahrungen erweitern. In zukünftigen, ähnlich gelagerten Projekten kann dann auf diese Erfahrungsgeschichten zurückgegriffen werden. Es können somit Erfolgsstrategien übernommen sowie Wiederholungsfehler vermieden werden.

- **Projekt-Debriefing**

  Damit ist die Erfassung des Erfahrungswissens über sämtliche Projekte und nicht nur ausgewählte Projekte in standardisierter Form angesprochen. Bei entsprechender Aufbereitung können so die dokumentierten Erfahrungen und Tipps von zukünftigen Projektteams genutzt werden.

- **Qualitätsmanagement**

  Regelmäßiges Narrative Storytelling in Projekten, in welchen neue Abläufe eingeführt wurden oder Prozesse besonders reibungslos oder mit Arbeitshindernissen abliefen, dient der Erfassung ablaufspezifischer Information, welche die Qualität von Prozessen oder Produkten betrifft und die gesamte Organisation beeinflussen kann. Narrative Storytelling kann in diesem Zusammenhang helfen, einerseits Schwachstellen aufzuzeigen, andererseits Ansätze zur Prozessverbesserung abzuleiten.

- **Veränderungsprozesse**

  Narrative Storytelling lässt sich als begleitende Maßnahme im Rahmen von strukturellen wie inhaltlichen Veränderungsprozessen (Change Management) einsetzen. Ziel hier ist die Entwicklung einer gemeinsam von Mitarbeitern und Geschäftsleitung getragenen Vision der Organisation. Damit kann Mitarbeitern Orientierung gegeben und zusätzlich Transparenz bei Entscheidungsfindungen geschaffen werden.

- **Kooperationen**

  Besonders gut kann Narrative Storytelling zu Beginn von Kooperationsprozessen eingesetzt werden. Narrative Storytelling kann auch als fixer Bestandteil in einer Kooperation verankert werden. Der Einsatz von Narrative Storytelling zielt hier darauf ab, unterschiedliche Organisationskulturen, Ziele, Erwartungen und Erfahrungen offenzulegen und zu diskutieren, um so gegenseitiges Vertrauen zu schaffen. Für die Dauer der Kooperation stellt die Erfahrungsgeschichte ein Sprachrohr für die jeweiligen Partner dar, um Anliegen mit dieser Methode besser kommunizieren zu können.

- **Leaving Experts**

  In Organisationen mit hoher Mitarbeiterfluktuation ist der Einsatz von Narrative Storytelling oft der einzige Weg, Wissen in der Organisation zu bewahren. Darüber hinaus ist er bei Generationsübergängen zielführend, da er dem Erzähler die Freiheit gibt, sich zunächst entsprechend seiner Expertise auszudrücken. Die Methode hilft folglich auch, Erfahrungen ausscheidender Mitarbeiter zu sichern und zu dokumentieren, und zwar unter Berücksichtigung des jeweiligen Kontexts.

- **Betriebliches Verbesserungswesen**

  Um die quantitative und qualitative Rate an Verbesserungen zu erhöhen, kann Narrative Storytelling bei dringend verbesserungsbedürftigen oder bei besonders nachahmenswerten Prozessen eingesetzt werden.

Wie die angeführten Einsatzfelder zeigen, ist Narrative Storytelling vielseitig einsetzbar und damit in unterschiedlichsten Wissensmanagementprojekten im Einsatz. Bild 4.2 fasst die wesentlichen Motivatoren für den Einsatz der Methode zusammen.

Alle wollen uns erzählen, wie es besser geht. Vielleicht wissen wir es selbst und haben nur nicht die Form dazu gefunden?

Wie war das noch mal genau?

Da fehlt mir der Zusammenhang!

Hört mir denn keiner zu? Ich erzähle keine Geschichten, ich erzähle die Geschichte, die über unseren Markenauftritt entscheidet!

Vielleicht können Senior Managers gar nicht anders, als Geschichten zu erzählen?!?

Bild 4.2 Wesentliche Motivatoren für den Einsatz von Narrative Storytelling

■ 4.3 Umsetzung

Eine brauchbare Erfahrungsgeschichte kann nur dann entstehen, wenn personelle und vor allem zeitliche Ressourcen in ausreichendem Maße vorhanden sind. Daher sollten zusätzlich zu den internen Organisationsmitgliedern auch (externe) Experten hinzugezogen werden. Sie sollten den Narrative-Storytelling-Prozess leiten und mit ihrer Expertise begleiten.

Bezogen auf die Organisationskultur ist es von Vorteil, wenn das soziale Teilen von Wissen bereits Anerkennung genießt und auch tatsächlich im Organisationsalltag praktiziert wird. Weitere Voraussetzungen bei den Teilnehmern sind Offenheit, Mut und ein gewisses Maß an Unsicherheitstoleranz.

Besonders wichtig für den erfolgreichen Einsatz von Narrative Storytelling ist das Einhalten der narrativen Interviewführungstechnik (siehe dazu auch Repertory Grid oder auch Critical-Incident-Methode). Im Vordergrund steht hier nicht das strikte Einhalten des vorher angefertigten Interviewleitfadens, sondern das Zulassen des freien, narrativen Erzählens des/der Interviewten. Nur so kann gewährleistet werden, dass die relevanten Erlebnisse berichtet und dann in eine Geschichte eingebettet werden können (siehe auch Interviewphasen der Methode).

Die durch den Einsatz der Methode erhaltenen Daten (Erfahrungsgeschichte) müssen keine besonderen Voraussetzungen erfüllen, da es zur Auswertung keiner formalen Verfahren bedarf.

Dem tatsächlichen Schreiben der Erfahrungsgeschichte kommt besondere Bedeutung zu, denn die Qualität der Geschichte bestimmt letztlich, ob diese dann gelesen und zur Erweiterung des eigenen Handlungsspektrums von Mitarbeitern genutzt wird. Die Geschichte sollte also möglichst spannend erzählt werden.

4.3.1 Wer ist beteiligt?

Neben den Durchführenden sind verschiedene Personen bzw. unterschiedliche Rollen an Narrative Storytelling beteiligt:

- **Durchführende**

  Für die Durchführung der Narrative-Storytelling-Methode wird ein Team gebildet. Das Team besteht aus internen Organisationsmitgliedern und externen Experten. Die Mitglieder dieses Teams werden als Kommentatoren oder „Erfahrungshistoriker" bezeichnet. Sie sind die Geschichtenschreiber.

- **Teilnehmende**

  Teilnehmer sind direkt Beteiligte des gewählten Ereignisses sowie indirekt Betroffene (z. B. Praktikanten, Sekretäre, Kunden, Lieferanten). Sie werden vom durchführenden Team einzeln befragt und liefern den Inhalt der Erfahrungsgeschichte. Die Gruppengröße der Teilnehmenden (Befragten) variiert je nach Umfang des Projekts, allerdings gibt es unterschiedliche Richtwerte: Thier (2006) gibt als Gruppengröße zwischen fünf und 25 Personen an, wohingegen Reinmann-Rothmeier, Erlach und Neubauer (2000) eine Gruppengröße zwischen zehn und 30 bis zu maximal 200 Personen nennen.

4.3.2 Ablauf

Narrative Storytelling läuft entlang der Phasen Vorbereitung, Durchführung und Analyse/Evaluierung ab:

- Vorbereitung
  - Zielsetzung abklären
  - Zielgruppen festlegen
  - Ereignis bestimmen
- Durchführung
  - Interview führen
  - Information extrahieren
  - Geschichte verfassen
- Analyse/Evaluierung
  - Validieren
  - Verbreiten

Die Phasen bauen aufeinander auf. Dies bedeutet, dass beispielsweise die Durchführung erst begonnen werden darf, nachdem die Vorbereitung abgeschlossen ist. So müssen die Zielsetzung und das bestimmende Ereignis geklärt sein, ehe die entsprechende Information erhoben werden kann.

4.3.2.1 Vorbereitung

Ziel der Planungsphase ist es, die groben Rahmenbedingungen für den Methodeneinsatz festzulegen:

Schritt 1: Zielsetzung abklären

Welche Zielsetzung wird mit dem zu erstellenden Erfahrungsdokument verfolgt?

Schritt 2: Zielgruppen festlegen

Welche Zielgruppen sollen später einmal von der erstellten Erfahrungsgeschichte profitieren?

Schritt 3: Ereignis bestimmen

Finden eines herausragenden Ereignisses in Bezug auf die Organisation, anhand dessen die Geschichte erstellt werden soll.

Der Planungsphase kommt besondere Bedeutung zu, da dabei durch das Festlegen des herausragenden Ereignisses die inhaltliche Richtung der Erfahrungsgeschichte bestimmt wird.

4.3.2.2 Durchführung

Die Durchführung wird zum einen durch die Interviewführung geprägt und zum anderen durch Strukturmaßnahmen, welche die Erstellung einer Geschichte ermöglichen.

Schritt 4: Interview führen

Zu dem gewählten Ereignis werden nun direkt Beteiligte und indirekt Betroffene befragt. Wichtig ist hierbei vor allem, möglichst viele unterschiedliche Perspektiven auf das Ereignis zu erfassen und den narrativen Aspekt des Interviews nicht zu vernachlässigen. Die Befragten sollten immer wieder zum freien Erzählen aufgefordert werden.

Die Befragung selbst setzt sich aus einem halb strukturierten Leitfaden und einem narrativen Interview zusammen. Der Leitfaden besteht aus konkreten Fragen, die die verfolgte Zielsetzung betreffen. Der narrative Teil bietet die Möglichkeit, persönliche Anmerkungen der Beteiligten aufzuzeichnen. Um das zu analysierende Erlebnis aus der Sicht des Interviewten auch richtig erfassen zu können, kommt dem Teil der narrativen Interviewführung ein besonders großer Stellenwert zu.

Ziel ist ja, die ganz persönliche Sicht der Interviewten/Beteiligten zu erfassen und sie daher zu einer möglichst detaillierten Erzählung anzuregen. Folgende Fragen sind dazu beispielsweise hilfreich: „Wenn Sie sich an die Anfänge des Projekts erinnern, was haben Sie da erlebt?" oder: „Wenn Sie das Projekt im Kopf Revue passieren lassen, was hat Sie am meisten gefreut bzw. am meisten geärgert und wann war das genau?"

Die Interviewer sollten sich während der Phase des narrativen Interviews bewusst zurückhalten und nur dann eingreifen, wenn die Befragten vom Thema abschweifen.

Damit die Beteiligten sicherstellen können, dass ihre Perspektive angemessen und fair erfasst wurde, werden die festgehaltenen Interviews am Ende von den Befragten gegengelesen.

In der Praxis findet keine strikte Trennung zwischen der Planungs- und der Interviewphase statt, vielmehr handelt es sich um einen fließenden Übergang.

Schritt 5: Information extrahieren

In dieser Phase werden zunächst alle Aussagen in den Interviews gesichtet, falls notwendig in eine gut lesbare Form gebracht und anschließend geordnet.

Dabei geht es darum, die entscheidenden Aussagen zu extrahieren und zu zentralen Themengruppen zusammenzufügen. Erzählungen und Ereignisse, welche immer wieder in den Interviews aufgegriffen wurden und somit eine große Bedeutung für die Befragten haben, sind als thematische Schwerpunkte anzusehen.

Schritt 6: Geschichte verfassen

In diesem Schritt entsteht die eigentliche Erfahrungsgeschichte. Die beim Extrahieren erarbeiteten Themen werden zu einer emotionsbetonten, beweiskräftigen Geschichte verflochten. Erzählt wird die Geschichte von den Befragten und den Schreibern gemeinsam.

Die Erfahrungsgeschichte setzt sich meistens aus Kurzgeschichten zusammen, hat einen spaltenförmigen Aufbau und enthält neben den Äußerungen der Beteiligten zusätzlich noch Anmerkungen der Schreiber und Hintergrundinformationen.

Dem Schreiben der Erfahrungsgeschichte kommt eine große Bedeutung zu, denn die Qualität der Geschichte bestimmt letztlich, ob diese auch wirklich gelesen und genutzt wird.

4.3.2.3 Analyse/Evaluierung

Diese Phase besteht aus der Validierung und der Verbreitung der validierten Geschichte.

Schritt 7: Validieren

Um den Interviewten die Möglichkeit zu geben, ihre Äußerungen noch einmal zu überprüfen und Änderungen oder Ergänzungen machen zu können, geht der erste Entwurf des Erfahrungsdokumentes an sie zurück. Zusätzlich können Validierungsworkshops mit Schlüsselpersonen durchgeführt werden.

Diese Phase soll Akzeptanz für die Geschichte schaffen sowie Diskussionen über das betrachtete Ereignis in Gang setzen.

Schritt 8: Verbreiten

Eine Erfahrungsgeschichte zielt immer darauf ab, Diskussionen innerhalb der Organisation auszulösen, Lehren und Erkenntnisse übertragbar zu machen und zu reflektieren sowie einen die gesamte Organisation umfassenden Lernprozess auszulösen.

Die Geschichte sollte in speziell geplanten Workshops in der Organisation verbreitet werden und hierbei als Diskussionsgrundlage dienen. Keinesfalls sollte sie also irgendwo im Schrank verschwinden.

4.3.3 Ergebnisse

Am Ende des Narrative-Storytelling-Prozesses steht die fertige, möglichst spannende Erfahrungsgeschichte. Die Geschichte ist dabei eine in Schriftform dokumentierte Nacherzählung bedeutender Ereignisse, die in der jüngeren Vergangenheit der Organisation stattfanden.

Das Dokument ist spaltenförmig aufgebaut und weist im Schnitt einen Umfang von ca. 20 bis 100 Seiten auf. Es besteht meistens aus mehreren Kurzgeschichten, die einem Themenschwerpunkt zugeordnet sind.

Narrative Storytelling soll Ergebnisse liefern, die Bestehendes in einer konstruktiven Form infrage stellen. In Bild 4.3 fassen wir die wichtigsten Herausforderungen beim Einsatz der Methode sowie Tipps zusammen.

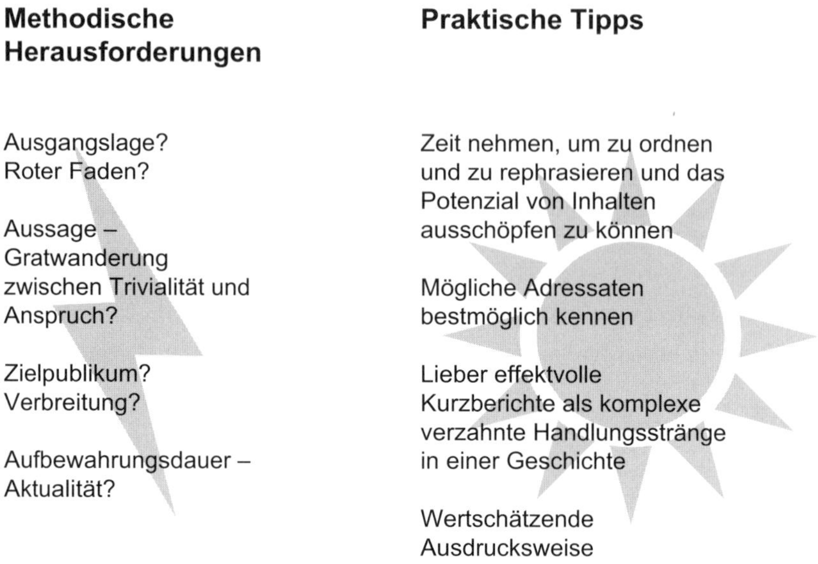

Methodische Herausforderungen	Praktische Tipps
Ausgangslage? Roter Faden?	Zeit nehmen, um zu ordnen und zu rephrasieren und das Potenzial von Inhalten ausschöpfen zu können
Aussage – Gratwanderung zwischen Trivialität und Anspruch?	Mögliche Adressaten bestmöglich kennen
Zielpublikum? Verbreitung?	Lieber effektvolle Kurzberichte als komplexe verzahnte Handlungsstränge in einer Geschichte
Aufbewahrungsdauer – Aktualität?	Wertschätzende Ausdrucksweise

Bild 4.3 Wichtiges für den Einsatz von Narrative Storytelling im Wissensmanagement

■ 4.4 Aufwand

Die erforderliche Durchführungs- und Auswertungszeit hängt stark von der Art und Weise der Datenerhebung und ihrer anschließenden Verwendung ab. Insgesamt ist der (Zeit-)Aufwand zu narrativem Storytelling sehr hoch. Da bei der Erstellung einer Erfahrungsgeschichte die Geschichten mehrerer Personen vereint werden sollen, kann sich der Vorgang durchaus über mehrere Monate erstrecken. Des Weiteren werden für die anschließende Auswertung der unterschiedlichen Geschichten mehrere Personen benötigt. Soll Narrative Storytelling nur der Kommunikation von Werten und Normen innerhalb einer Organisation dienen, verringert sich der Aufwand dementsprechend. Auch lassen sich in der Literatur Zeitangaben für diese Verfahrensweise finden (vgl. Müller, Herbig 2004).

Als Kosten für die Organisation sind die Personalkosten sowie Kosten für externe Berater zu nennen. Die Räumlichkeiten betreffend ist ein eigener Raum für die Durchführung der Interviews notwendig. Darüber hinaus wird gegebenenfalls ein Raum benötigt, falls am Ende des Prozesses von Narrative Storytelling Workshops stattfinden sollen.

■ 4.5 Einsatzbeispiele

4.5.1 „Mein erster Newsletter"

Anhand dieses Beispiels soll ein typischer Einsatz von Erfahrungsgeschichten gezeigt werden, der mit einer organisationalen Veränderung einhergeht. Wir stellen den Fall entsprechend den Phasen beim Narrative Storytelling strukturiert vor.

4.5.1.1 Vorbereitung

Die groben Rahmenbedingungen wurden vorgesehen und entlang der folgenden Schritte gesetzt:

Schritt 1: Zielsetzung abklären

Welche Zielsetzung wird mit dem zu erstellenden Erfahrungsdokument verfolgt?

Das Ziel in diesem Projekt war zum einen, Mitarbeitern Scheu vor Veränderungen zu nehmen, und zum anderen, den Umgang mit neuen Werkzeugen zu forcieren.

Schritt 2: Zielgruppen festlegen

Welche Zielgruppen sollen später einmal von der erstellten Erfahrungsgeschichte profitieren?

Mitarbeiter, welche vor einer neuen Herausforderung stehen und sich im Zuge dieser mit neuartigen Werkzeugen auseinandersetzen müssen, sollen oder wollen.

Schritt 3: Ereignis bestimmen

Anhand welches herausragenden Ereignisses in der Organisation soll die Geschichte erstellt werden?

Das Ereignis ist der Anlass einer Veränderung, wie sie etwa bei Restrukturierungsprozessen auftritt. Damit verbunden ist meist die Veränderung von Aufgabenprofilen (Job Enrichment, Job Enlargement) der Mitarbeiter.

Mit diesen Festlegungen konnte die Planungsphase abgeschlossen werden. Das herausragende Ereignis, welches die inhaltliche Richtung der Erfahrungsgeschichte bestimmte, betraf die Erkenntnis, dass es zu Veränderungen der eigenen Arbeitssituation kommt.

4.5.1.2 Durchführung

Schritt 4: Interview führen

Zu dem Anlass einer Veränderung wurden sowohl direkt Beteiligte als auch indirekt Betroffene befragt. Der halb strukturierte Leitfaden bestand aus folgenden Fragen, die sich auf den Anlass von Veränderung bezogen. Sie wurden in der Vorbereitungsphase konzipiert und im Laufe der Durchführung verfeinert:

▪ Welche Änderungen an Ihrem Arbeitsplatz konnten Sie in den letzten Monaten feststellen?

- Wählen Sie jene aus, welche Ihnen spontan am auffälligsten erscheint, etwa weil sich langfristig Ihr gesamtes Job-Profil ändert.
- Hatten Sie Gelegenheit, sich mit Kollegen, Vorgesetzten oder anderen Beschäftigten diesbezüglich auszutauschen?
- Wie hoch schätzen Sie Ihren Anteil an Eigeninitiative im Umgang mit dieser Veränderung?
- Wie gingen Sie schließlich mit dem Anlass um?

Im narrativen Teil wurde den Teilnehmern die Möglichkeit gegeben, zu den strukturiert erfassten Informationen persönliche Anmerkungen hinzuzufügen. Aufforderungscharakter hatten dabei folgende Fragen:

- Sie haben uns bisher viel über Ihren Umgang mit der Veränderung erzählt. Wie ging es Ihnen eigentlich am ersten Abend, nachdem Sie von der Veränderung erfahren haben?
- Vielleicht hat der Anlass bei Ihnen Betroffenheit ausgelöst. Bestimmt hat dieser Anlass bei Ihnen Gefühle hervorgerufen. Welche waren das? Was haben Sie empfunden? Wie hat sich dieses Gefühl auf Ihr Handeln ausgewirkt?
- Wie denken Sie, wurde Ihre Reaktion von den Kollegen und Vorgesetzten aufgenommen?
- Wer stand Ihnen unterstützend zur Seite?

Sämtliche erhobenen Daten wurden transkribiert und von den Befragten gegengelesen.

Schritt 5: Information extrahieren

Nachdem sämtliche Interviews zu Ende geführt waren und die Transkriptionen vorlagen, konnten die Aussagen geordnet werden. Einige Aussagen wurden extrahiert und zu folgenden Themengruppen zusammengefügt:

- Bei Veränderung dominiert zunächst große Unsicherheit.
- Der Austausch in der Peer Group bringt zwar Sicherheit, aber nicht unbedingt eine Lösung, vor allem wenn (scheinbar) nicht eine Gruppe von Mitarbeitern von der Veränderung betroffen ist.
- Genügend Zeit zum Nachdenken und Besinnen auf eigene Fähigkeiten erlaubt es, zunächst über Lösungen nachzudenken und schließlich eigene Herangehensweisen zu entwickeln.

Schritt 6: Geschichte verfassen

Die eigentliche Erfahrungsgeschichte versuchte, sowohl die mit dem Anlass verbundenen Emotionen als auch die persönliche Entwicklung, die zu einem eigenen Lösungsansatz führt, zu integrieren. Ausgewählt wurde der Fall einer befragten Mitarbeiterin im Content Management, die schließlich mit den Schreibern gemeinsam die Dokumentation verfasste. Die entstandene Erfahrungsgeschichte stellt eine in sich geschlossene Kurzgeschichte dar und gestattet es, die Äußerungen der Beteiligten direkt mit den Anmerkungen der Schreiber und Hintergrundinformationen zu integrieren. Hier nun die Erfahrungsgeschichte:

Mein Weg zum ersten Newsletter

Anspruchsvolle Newsletter werden bekanntlich gerne mit anspruchsvollen Werkzeugen erstellt. Obwohl ich meine bisherigen Berichte schon als anspruchsvoll bezeichnen wollte, musste ich bei der Übernahme der Erstellung unseres Newsletters für die Kunden neue Wege gehen. Für mich war klar, dass ich es zumindest mit DeskNews als Alternative zu gängigen Werkzeugen versuchen wollte.

Doch gleich zu Beginn wurde mir klar, dass einschneidende Veränderungen auf mich zukamen: Die Arbeit mit DeskNews gleicht eher der Programmierung als klassischem Editieren, wo wir unmittelbar sehen, woran wir arbeiten und welches Aussehen nach Freigabe der editierte Inhalt besitzt.

Also dann ran an die Programmierung. Nach dem ersten Stück Code wollte ich etwas sehen und war positiv überrascht, dass sich der DeskNews-Code mit unterschiedlichen Werkzeugen zu PDF transformieren lässt – ich musste nur den „Compile"-Knopf finden. Zum Glück konnte ich mit unserer mittlerweile auch für Mitarbeiter freigeschalteten Suchmaschine für Content Management Tutorials zu DeskNews ausfindig machen. Die haben mir in der ersten Phase, mit dem neuartigen Ansatz umzugehen, sehr geholfen.

Vor der Erstellung meines ersten Newsletters testete ich mein Können im Umgang mit DeskNews. In einem Fall musste ich eine Multimediadokumentation von einem Event erstellen, der als Projektabschluss Reflexion und erreichte Ziele gleichermaßen beinhalten sollte. Ich setzte zur Erstellung des Dokuments DeskNews ein und hatte im Hinterkopf als Notausstieg die Verwendung von MoreThanWord, das mir im Laufe meiner Redaktionszeit ans Herz gewachsen war. Man kann mich in der Nacht aufwecken, im Halbschlaf nach der Zitatfunktion fragen, und ich werde richtig antworten können.

Zu Beginn war es enorm schwierig für mich, und ich verbrachte sehr viel Zeit mit den einfachsten Dingen. Es dauerte locker vier Stunden, bis ich mit dem Aussehen einer Darstellung zufrieden war. Der Vorteil dabei: Wenn man einmal eine Struktur wie ein Ticker-Element sauber definiert hat, dann sehen die Elemente auch in jedem Fall genau gleich aus, was man bei MoreThanWord nicht immer behaupten kann. Auch ist das Einbinden unterschiedlicher Formate – vorausgesetzt, man hat ein gutes Template erstellt – einfach so wie definiert. In Word hatte ich damit oft große Probleme ...

Nachdem ich also Stunden in mein erstes Element und das Beherrschen einer neuen Ablauffolge und Denkweise investiert hatte, wollte ich das Know-how auch für einen internen Rundbrief verwenden. Zu Beginn verbrachte ich dafür wieder ein paar Stunden, welche ich brauchte, um unsere Abteilungsvorlage ihrer Struktur nach abzubilden und schließlich schöner zu gestalten. Die Eingabe der Inhalte anschließend war ein Kinderspiel. Ich brauchte mich um nichts mehr als den eigentlichen Inhalt kümmern. Kein mühsames Suchen von falschen Fonts, kein Chaos in den Arrangements, keine Inkompatibilität von Formaten – die Mühe hatte sich gelohnt!

Und so ging es weiter. Nun ist mein erster Newsletter fertig und die Dokumentation kann sich sehen lassen. Noch habe ich nicht alle Elemente, die ich unterbringen will, von der Struktur her definiert. Kopfzerbrechen bereiten mir die Interviewvideos mit eingeblendeter Gebärdensprache. Aber ich habe eine Idee, wie ich auch das anstellen kann. Beruhigenderweise weiß ich, wo ich nachschlagen kann. Durch Zufall bin ich auf ein Forum im Internet gestoßen, wo es eine Community zu AdvancedNewsDesk gibt. Dort hilft mir sicher jemand. Könnte ich noch einmal zwischen MoreThan-Word und DeskNews entscheiden, ich würde wieder zu DeskNews greifen, selbst wenn mich jemand, gut gemeint, vor dem Aufwand und den ersten Schritten warnt.

4.5.1.3 Analyse/Evaluierung

Schritt 7: Validieren

Nach dem ersten Redigierzyklus des Erstellungsteams bekamen sämtliche Interviewten die Möglichkeit, die Geschichte zu lesen und Änderungen oder Ergänzungen vorzunehmen. Ein eigener Validierungsworkshop war nicht erforderlich, da die Schlüsselbotschaften nicht infrage gestellt wurden. Somit war die Voraussetzung für eine organisationsweite Akzeptanz für diese Geschichte geschaffen, die schließlich Diskussionen über das betrachtete Ereignis in Gang setzen sollte.

Schritt 8: Verbreiten

Zunächst wurde die Erfahrungsgeschichte im wöchentlichen Mitarbeiter-Briefing vorgestellt. Danach wurden die bestehenden Praxisgemeinschaften der Organisation abteilungsweit und -übergreifend ersucht, sich dieser Geschichte anzunehmen und ihre Inhalte zu reflektieren, es war schließlich der erste Versuch, mit Geschichten Diskussionen über Veränderungen der Organisation auszulösen und somit organisationsweite Lernprozesse zu starten.

Danach wurde ein Event zum Thema „Veränderung – Warum mit mir und nicht durch mich?" angeboten. Dabei wurde die Geschichte zunächst von der betroffenen Mitarbeiterin erzählt. Daran anschließend bestand die Möglichkeit des sozialen Austausches. Die Teilnehmer nahmen die Möglichkeit intensiv wahr, da die Geschichte laut ihren Aussagen zum einen zur Reflexion, zum anderen zur Erschließung des eigenen Potenzials anregte.

4.5.2 Einstellungsveränderung durch Storytelling

Anhand dieses Beispiels soll gezeigt werden, in welcher Form durch Narrative Storytelling das Potenzial zu genereller Einstellungsveränderung angesprochen werden kann. Organisationale Veränderungen, wie im vorangegangenen Beispiel, werden sich eher erst nach erfolgter Einstellungsänderung zeigen. Wir stellen auch diesen Fall anhand der Phasen der Methode vor.

4.5.2.1 Vorbereitung

Ziel war es hier, die Rahmenbedingungen zur Reflexion und Entwicklung von Potenzial zu Einstellungsänderungen zu setzen:

Schritt 1: Zielsetzung abklären

Welche Zielsetzung wird mit dem zu erstellenden Erfahrungsdokument verfolgt?

Mit der Erfahrungsgeschichte wurde das Ziel verfolgt, Freiräume zur Hinterfragung von individuellen Prinzipien und Herangehensweisen zu schaffen, um diese zur Weiterentwicklung zu nutzen und gegebenenfalls eine höhere Arbeitszufriedenheit zu erreichen.

Schritt 2: Zielgruppen festlegen

Welche Zielgruppen sollen später einmal von der erstellten Erfahrungsgeschichte profitieren?

Aus dieser Geschichte sollten alle Beschäftigten und Verantwortlichen in der Organisation Nutzen ziehen können.

Schritt 3: Ereignis bestimmen

Anhand welchen Ereignisses soll die Geschichte veranschaulicht werden?

Das herausragende Ereignis sollte signifikante Betroffenheit auslösen, um Werte und Prinzipien ansprechen zu können, die individuelle Arbeitsprozesse prägen. Darüber hinaus sollte dieses Ereignis so beschaffen sein, dass es nicht nur zur Reflexion einer Situation führt, sondern für diese Situation auch keine unmittelbare Lösung aus dem eigenen Handlungsrepertoire verfügbar ist.

Nun konnte in dieser Planungsphase kein herausragendes Ereignis festgelegt werden, das sich unmittelbar aus dem operativen Umfeld der Interviewpartner bestimmen lässt oder bekannte Wirkungsketten (z. B. mangelnde Produktkenntnis führt zu unzufriedenen Kunden bei der Produktberatung) betrifft. Die inhaltliche Richtung der Erfahrungsgeschichte wurde vielmehr auf einer Ebene vorgegeben, die „hinter" operativen Vorgängen in der Organisation liegt, allerdings bestimmend für dieselben ist (vgl. Zwei-Schleifen-Lernen bei organisationalen Lernprozessen).

4.5.2.2 Durchführung

Schritt 4: Interview führen

Es wurden 20 Beschäftigte befragt. Die Befragten wurden von Anbeginn zum freien Erzählen aufgefordert, wobei unterschiedliche Fragen im Sinne eines halb strukturierten Fragebogens als Leitfaden dienten. Es wurde den Befragten unmittelbar die Möglichkeit geboten, im Gegensatz zum Newsletter-Fall, sämtliche persönliche Einsichten und Anmerkungen zu äußern.

- Als Sie bei uns begonnen hatten, welche Zugänge/Motivationen sind Ihnen aufgefallen, die unsere tägliche Arbeit begleiten?
- Wann sind Ihnen denn die „Treiber" unserer Arbeit aufgefallen?
- Wie könnten Sie diese beschreiben?

Die Beteiligten erzählten sehr unterschiedliche Geschichten zu diesen Fragen. Alle Geschichten wurden nach ihrer Transkription bezüglich Verständlichkeit und Inhalten gegengelesen.

Schritt 5: Information extrahieren

In dieser Phase wurden die Aussagen zur Ordnung gesichtet und verdichtet, um eine oder mehrere zentrale Themengruppen zu finden. Dabei fiel auf, dass eine Erkenntnis immer wieder in den Interviews aufgegriffen wurde, und zwar der Umgang mit traditionellen Verhaltensmustern und die Schwierigkeit, diese bewusst zu durchbrechen. Diese Erkenntnis schien im Zusammenhang mit Einstellungen große Bedeutung für die Befragten zu besitzen. Somit wurden der Umgang mit bestehenden Verhaltensweisen und das Explorieren neuer Verhaltensmuster als thematischer Schwerpunkt der Geschichtenbildung ausgewählt.

Schritt 6: Geschichte verfassen

Um allen Beteiligten gleiche Möglichkeiten zur Reflexion und Neuorientierung zu bieten, wurde zunächst versucht, die eigentliche Erfahrungsgeschichte aus den Erzählungen zu extrahieren. Doch die angesprochenen Themen erschienen vorbelastet durch Personen oder andere Ereignisse, um für die Leser zu einer entsprechend beweiskräftigen Geschichte verflochten zu werden.

So entschlossen sich die Schreiber in Abstimmung mit den Befragten zu einem ungewöhnlichen Schritt: Die Erfahrungsgeschichte sollte belletristisch aufbereitet werden und gegebenenfalls mit Äußerungen der Befragten oder Hintergrundinformationen angereichert werden. Die ausgewählte Geschichte sollte jedoch sämtliche Organisationsmitglieder ansprechen können, damit sie auch wirklich gelesen und individuell genutzt werden konnte. Das Redaktionsteam erstellte eine entsprechende Geschichte.

„Ich bin im vergangenen Jahr fast schon zum notorischen Bewahrer beste-hender Werte mutiert", bemerkte ich, und muss schmunzeln, als mich Jeff an unser erstes Treffen vor zwei Jahren in der Empfangshalle erinnert. Damals hatte er unsere Meeting-Kultur zum ersten Mal tiefer gehend an-gesprochen. Und dann war meine Unzufriedenheit ein Thema. Ich musste mir explizit vornehmen, den Maschinenstürmern, Fantasten und ständi-gen Drängern auf Veränderung entgegenzutreten. Vielleicht auch Verbün-dete zu suchen, um gegen die bevorstehende totale Neuorientierung des Informationsmanagements und der von mir befürchteten Aufgabe unserer konstruktiven Umgangsformen aufzutreten.

Es war meiner Ansicht nach ein Zeichen zu setzen, weil die ständigen Veränderungen der letzten Jahre zu permanenter Verunsicherung der Mitarbeiter bei ihrer Aufgabenerfüllung geführt hatten – ein Zustand, der vielen trotz ihrer inhaltlich einwandfreien Arbeit eine Weiterentwicklung nicht möglich machte. Sie fühlten sich in gewissem Sinne um ihre Zukunft betrogen, von einem sich der Veränderung unterwerfenden Management, dem schließlich inhaltliche Argumente weniger wichtig als Strukturver-änderungen waren.

Ich berichtete damals mehrmals, dass auch längst ad acta gelegte Argu-mente, etwa bezüglich nicht adäquat einsetzbarer Technologien, immer wieder in die Diskussion gebracht wurden. Verantwortliche hielten oft so bereits abgearbeitete Themen am Köcheln. Heute kann ich dazu schon bemerken: „Bei der letzten Klausur habe ich mir noch ernsthafte Sorgen um die wirklich wichtigen Anliegen gemacht. Dieses Mal sind sie zum ersten Mal intensiv bearbeitet worden, und zwar gleichberechtigt zu den anderen."

„Wie kam es dazu?", fragte Jeff.

„Ich habe gelernt, mich gut vorzubereiten", antwortete ich, „ich beobach-tete, wie organisierte Argumentationslinien Dinge voranbringen können."

Und dann ergänzte ich: „Natürlich nur, wenn das Anliegen authentisch vorgebracht werden kann."

„Und wenn die ‚anderen' dies auch tun?"

„Dann müssen wir uns auf eine Diskussion der Hintergründe und Auslöser des jeweiligen Anliegens einlassen! Notfalls auch mit harten Fragen wie: Und nur weil unser Mitbewerber diesen Schritt im Outsourcing setzt, müssen wir ihn auch setzen?", erinnerte ich mich an eine jüngst geführte Auseinandersetzung mit der Abteilungsspitze.

Jeff ließ nicht locker: „Und was haben Sie noch bemerkt, als Sie so vorzu-gehen begonnen haben?"

„Viele junge Mitarbeiter, die nach den Meetings bedrückt wirkten, fühlen sich nicht mehr unmittelbar dem verordneten Drang nach ständiger Ver-änderung verpflichtet. Manche sehen durch Innehalten erst die Chance auf

Veränderung. Sie entwickeln vielmehr das Gefühl, das Unternehmen ist ein Territorium, das sie auch mitgestalten können." Das neue Selbstbewusstsein bekommen auch jene zu spüren, die ihnen stets übermächtig erschienen sind: „Früher hatte ich Angst vor der Innenrevision. Wenn sie mich heute nach sinnlosen Auswertungen fragen, frage ich zurück: Warum wollt ihr diese haben?"

Es ist eine Mauer nicht sachlich fundierten Respekts, die zunächst Risse bekommt: durch die ersten Erfolge von Fragen und eingeforderter sachlicher Legitimation. „Die Mauer bricht lange nicht, vor allem, wenn es strukturelle Mechanismen gibt, die Sachargumente oder -fragen abwehren", erklärte ich Jeff, „es braucht eine Welle neuen Mutes, eine Art strukturelles Demokratieexperiment."

Jeff wurde neugierig und beschloss, sich nun bei den anderen zu erkundigen. Er traf Jacqueline. Sie meinte zwar auch, längst keine Angst mehr vor strukturellen Argumenten zugunsten sachlicher Argumentationen zu haben. Doch ihr Resümee vom Leben in der damit verbundenen kontinuierlichen Auseinandersetzung sieht nicht so rosig aus. „Ehrlich gesagt bin ich frustriert", sagt sie. Als Qualitätsbeauftragte stand sie in der Auseinandersetzung um Veränderungen mit dem Management an vorderster Front. Sie war Teil des Stabsstellenkonzepts, mit dem viele Gegensätze überwindbar schienen. Dies galt zwar für interne Anliegen, aber die erforderliche integrative Berücksichtigung von Kundenwünschen und Mitarbeiterbedürfnissen fand bislang nicht statt.

Die Qualitätsbeauftragte ist daher in einer Praxisgemeinschaft aktiv, die bei der Klausur erstmals als solche aufgetreten war. Sie wurde zwar wahrgenommen, aber bei Weitem nicht wie erwartet. Ihr Resümee: „Die Vorschläge und integrativen Ansätze haben noch keinen Bezug zu den eigentlichen Tätigkeiten der Mitarbeiter." Sie blieben bislang Projekte für einige wenige Aufgeschlossene.

Klientelvertreter, und davon sind selbst Produktverantwortliche nicht ausgenommen, hingegen kümmerten sich jahrzehntelang um die Probleme der Menschen am Arbeitsplatz, unterstützten diese mit Rat und materieller Hilfe und gewannen damit ihr Vertrauen. „Allerdings", merkt Jacqueline an, „fehlt ihnen der Blick für das Ganze. Heute sagen sie eine Sache, morgen revidieren sie diese wieder." Daher ist die Qualitätsbeauftragte vorsichtig im Umgang mit Vertretern von Einzelinteressen, auch wenn hier ein Hebel für Veränderung gegeben wäre.

Schließlich trifft Jeff Ryan den pragmatischen Marketingleiter: „Niemand wird mir sagen, dass ich eine bestimmte Strategie verfolgen muss. Sie werden uns nichts vorschreiben. Aber sie werden versuchen, die Organisation in ihrem Sinne zu verändern." Er zeigt sich zuversichtlich, indem er auf die bereits aktiv werdenden Praxisgemeinschaften verweist: „Im Unternehmen gibt es eine hohe Ideenvielfalt. Viele werden nicht einfach zuschauen, wenn neue Strukturen bestehende, gut funktionierende ersetzen sollen. Das werden Auseinandersetzungen werden zwischen Verantwortlichen und Ausführenden. Sobald ich das Gefühl habe, von einseitigen Interessen erdrückt zu werden, muss ich aktiv werden."

„Auch wenn viele bislang gleich gehandelt haben und im Kern gleiche Interessen besitzen, muss dies nicht so bleiben", ergänzt er selbstsicher.

Jeff fragt nach, ob nicht das Management mit dem steten Drang nach Veränderung eher Antworten auf die drängenden Probleme findet als durch Bewahrungsstrategien. Ryan verneint: „Dies dient eher dem Machterhalt."

Inzwischen habe ich mein nächstes Meeting vorbereitet. Ich werde in einer Arbeitsgruppe zu Innovationsmanagement die jüngsten Incentive Schemes, die von externen Beratern vorgeschlagen wurden, mit unseren sozialen Strukturen in Beziehung setzen. Und ich hoffe zu zeigen, dass in den externen Vorschlägen von Annahmen ausgegangen wird, die für unsere Strukturen nicht zutreffen, ja sogar hinderlich dafür sind, die hohen Erwartungen erfüllen zu können, die in uns gesetzt werden. Vor allem sollen ja durch Innovationsmanagement Ideen gehoben werden, die im operativen Geschäft entstehen. Doch gibt es in diesem Konzept weder Freiräume noch Wertschätzung von Reflexionsarbeit der operativen Basis.

„Viele von uns haben zwar neues Selbstvertrauen – sozial verträgliche Veränderung hat es noch nicht gebracht. An diesem Punkt müssen wir noch arbeiten", entließ ich Jeff mit einem hoffnungsfrohen Händedruck, um rechtzeitig in mein Innovationsmeeting zu kommen.

4.5.2.3 Analyse/Evaluierung

Schritt 7: Validieren

Der Text wurde ohne Änderungen oder Ergänzungen nach einem Validierungsworkshop mit allen Befragten übernommen. Die Teilnehmer kamen zum Schluss, dass die Geschichte Diskussionen über Anlässe, die das eigene Wertesystem betreffen, in Gang setzen würde, sodass einer Verbreitung nichts im Weg stand.

Schritt 8: Verbreiten

Die Erfahrungsgeschichte wurde in dem organisationsweiten, monatlichen Newsletter abgedruckt. Dann wurden Lesezirkel zur Reflexion von organisational relevanten Wertesystemen angeboten, die Workshop-Charakter hatten. Das Echo war enorm: Es wurden die intendierten Prozesse in Gang gesetzt, und schließlich wurde Raum für das Explorieren alternativer Handlungsmöglichkeiten auf der Basis geänderter Wertesysteme geschaffen.

■ 4.6 Potenzial und Grenzen

Wie an den Einsatzbeispielen gezeigt, machen Organisationen unterschiedliche Erfahrungen mit diesem Ansatz von Storytelling. Bild 4.4 fasst wesentliche Aussagen zum Erfahrungsschatz zusammen.

Hat es zwar gebracht, aber ein zweites Mal tu ich es mir nicht an!

Muss zwar erst drüber nachdenken, und es wird noch dauern, aber die Geschichte lässt mir keine Ruhe.

Und was kommt als Nächstes – Schauspielern?

Ich hatte das erste Mal seit Langem wieder einmal das Gefühl, wir haben uns wieder etwas zu sagen.

Endlich kenne ich den Zusammenhang.

Bild 4.4 Erfahrungssplitter im Umgang mit Narrative Storytelling

Mit dem Einsatz von Narrative Storytelling kann eine Vielzahl positiver Effekte in der Organisation erzielt werden:

- Dokumentation, Übertragung und Nutzbarmachung von Erfahrungen, Tipps und Tricks,
- Anregung zu Diskussionen und Gesprächen (auch über Tabuthemen),
- Ingangsetzen von organisationalen (und individuellen) Lernprozessen durch die Reflexion bedeutender Ereignisse (Lernen für die Zukunft),
- Einleitung von Veränderungsprozessen,
- Ernstnehmen des kollektiven Wissens,
- Vertrauensbildung in der Organisation und Stärkung des „Wir"-Gefühls,
- Schaffung von neuem Wissen,
- Aufzeigen von Möglichkeiten zur Prozessverbesserung.

Eine Herausforderung ist mit Sicherheit der hohe (Zeit-)Aufwand, der für die Durchführung (und anschließende Auswertung) der Narrative-Storytelling-Methode notwendig ist. Oft stellt die Methode Narrative Storytelling für Organisationen einen Aufwand dar, den sie sich (noch) nicht zu leisten bereit sind. Der Nutzen, der aus der investierten Zeit für das gemeinsame Reflektieren und Überdenken resultiert, wird oft unterschätzt.

Manche Autoren sehen diesen Aufwand dann gerechtfertigt – und halten die Erstellung einer Erfahrungsgeschichte durchaus für sinnvoll –, wenn eine Organisation mit einem außerordentlich bedeutenden Ereignis konfrontiert ist. In so einem Fall ist das Narrative Storytelling anderen Methoden (zur Aufarbeitung schwieriger Ereignisse) vorzuziehen, weil damit Veränderungsprozesse in Organisationen besser angestoßen und beschleunigt werden können. So ist es möglich, tiefer gehende Lernprozesse auf beiden Ebenen – individuell sowie organisational – auszulösen.

Wie ist nun allerdings mit „kleineren" Ereignissen in Organisationen zu verfahren? Prinzipiell erscheint auch hier Narrative Storytelling Erfolg versprechend, jedoch sollte dann der hohe Aufwand gerechtfertigt werden können, etwa der exemplarischen Aussage wegen. Um diesem Problem zu begegnen, ist auch die Entwicklung mehrerer unterschiedlicher Narrative-Storytelling-Varianten möglich. Denkbar ist beispielsweise ein Ansatz, eine Geschichte entlang der wichtigsten Schritte in standardisierter Form zu gliedern. Die Durchführung dieser Narrative-Storytelling-Variante sollte sich, bezogen auf den personellen und zeitlichen Ressourceneinsatz, in einem vertretbaren Rahmen bewegen.

Literatur

Müller, M.; Herbig, B. (2004): *Methoden zur Erhebung und Abbildung impliziten Wissens: Ergebnisse einer Literaturrecherche* (Bericht Nr. 74). München: Technische Universität München, Lehrstuhl für Psychologie

Reinmann-Rothmeier, G.; Erlach, C.; Neubauer, A. (2000): *Erfahrungsgeschichten durch Story-Telling: Eine multifunktionale Wissensmanagement-Methode* (Forschungsbericht Nr. 127). München: Ludwig-Maximilians-Universität, Institut für Pädagogische Psychologie und Empirische Pädagogik

Thier, K. (2006): *Storytelling: Eine narrative Managementmethode*. Heidelberg: Springer Medizin Verlag

5 Springboard Storytelling

Neben dem Narrative Storytelling gibt es die Möglichkeit, Geschichten zur direkten Handlungsaufforderung zu gestalten und in der Organisation zum Einsatz zu bringen. Springboard Storytelling soll nicht nur die Grundidee geplanter Veränderungen in Organisationen vorbereiten, verbreiten und verankern helfen, sondern „konkrete Vorstellung von den zukünftigen Möglichkeiten vermitteln und dabei zum Mitdenken und Mitgestalten einladen" (Frenzel, Müller, Sottong 2004, S. 292).

Als Springboard Stories werden folglich motivierende „Zukunftsgeschichten", die Mut zur Veränderung machen, bezeichnet. Sie sollen dazu anleiten, bisher eingesetzte Arbeitswege zu verlassen. Die Struktur der Geschichte ist an die Dramaturgie einer Abenteuergeschichte angelehnt, um Spannung zu erzeugen.

Eine Springboard Story verfügt immer über eine oder mehrere Hauptpersonen. Es kann sich dabei auch um eine Gruppe oder um eine Organisation, etwa in einem Unternehmensnetzwerk, handeln. Mit der Hauptperson sollte sich der Zuhörer identifizieren können. Wichtigste Voraussetzung hierbei ist, dass diese Figuren Empathie bei den Zuhörern auslösen. „Held" der Geschichte ist immer die Organisation selbst. Bevor allerdings die eigentliche Geschichte erstellt und verbreitet werden kann, ist ein Drehbuch als Struktur- und Ordnungshilfe für die einzelnen Phasen des Veränderungsprozesses zu gestalten. Dieses dient als Vorlage für die spätere, ausformulierte Springboard Story.

Springboard Storytelling unterstützt mehrere Komponenten des Wissensmanagements:

- **Wissensgenerierung:** Durch die Aufbereitung einer handlungsanleitenden Geschichte hilft der Storytelling-Prozess, neues Wissen über einen geplanten Veränderungsprozess zu gewinnen.

- **Wissenserhebung:** Implizit vorhandenes Wissen von Mitarbeitern über notwendige Veränderungsprozesse kann durch die Erstellung des Drehbuchs/der Geschichte erhoben und für andere Organisationsmitglieder nutzbar gemacht werden.

- **Wissensdarstellung:** Das bei der Storytelling-Methode erstellte Drehbuch und die spätere Geschichte eignen sich, um explizites Wissen in einer Form darzustellen, die für Mitarbeiter greifbar ist.

- **Wissensverteilung:** Da sich (generiertes oder erhobenes) Wissen somit in der Form darstellen lässt, die für Mitarbeiter leicht zu fassen und verständlich ist, kann Springboard Storytelling auch zur Wissensverteilung beitragen, insbesondere wenn eine Geschichte im Intranet oder sonstigen verteilten Informationssystemen verfügbar gemacht wird.

Springboard Storytelling unterstützt folglich Wissensmanagement auf vielfältige Weise. Bild 5.1 zeigt die Einbettung von Springboard Storytelling in die Aktivitätslandkarte von Wissensmanagement.

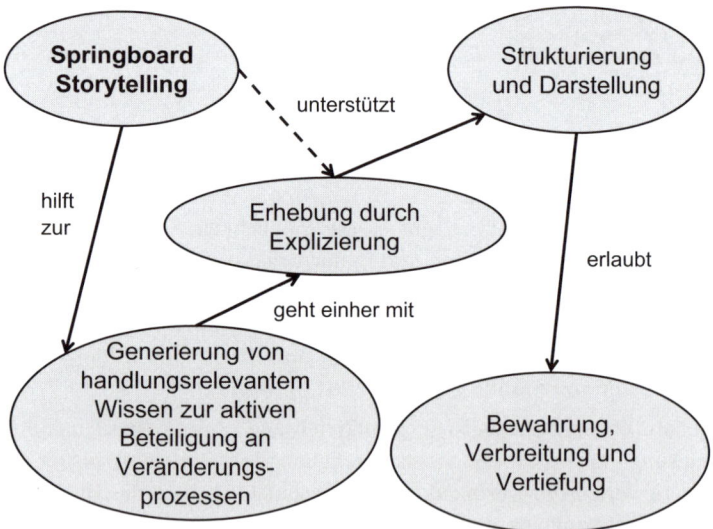

Bild 5.1 Verortung von Springboard Storytelling in die Aktivitätsbündel von Wissensmanagement

■ 5.1 Herkunft und Hintergrund

Springboard Storytelling geht auf den Australier Steven Denning zurück, der Mitte der 90er-Jahre von einer Organisation beauftragt wurde, sich um das Problem interner Informationsflüsse zu kümmern. In diese Problemsituation waren viele verschiedene Abteilungen involviert, sodass es schwierig für ihn war, einen Lösungsweg zu konzipieren. Denning entdeckte die Methode zufällig bei einem Mittagessen, als ein Bekannter ihm eine Geschichte über einen Vorfall in Sambia schilderte. Er erachtete diese Geschichte als gutes Beispiel dafür, um die Möglichkeiten und Vorteile von Knowledge Sharing zu demonstrieren.

In der Folge nutzte Denning diese Geschichte in seinen Vorträgen und stellte fest, dass sich aufgrund dieser Geschichte die Zuhörer intensiver mit seinen Aussagen zu beschäftigen begannen. Schließlich konzipierte er sämtliche Vorträge dahin gehend, dass diese in Geschichten eingebettet wurden. Diese erste Geschichte hatte ihm geholfen, Wissensteilung in einer Form darzustellen, dass er entscheidende Gremien für seine Grundidee gewinnen und dementsprechende Projekte in Organisationen verankern konnte. Mit der Einbettung konkreter Handlungsanleitungen war Springboard Storytelling in die Welt gesetzt.

Zur Gestaltung orientiert sich die Methode an Mythen und Märchen als eine kraftvolle Ausdrucksmöglichkeit der Menschheit in den unterschiedlichsten Kulturen. So wird weitergegeben, wie Menschen über eine Welt nachdenken, wie sie sie erleben – sie stellen Grundmuster des menschlichen Denkens dar. Abenteuergeschichten haben die Menschheit besonders fasziniert. Sie ziehen Zuhörer in ihren Bann, lösen Diskussionen aus und fördern so kollektives Lernen. Angewandt auf Veränderungsprozesse begeben sich Mitarbeiter einer Organisation auf eine neue Abenteuerreise.

■ 5.2 Zielsetzungen und Einsatzmöglichkeiten

Springboard Stories zielen darauf ab, Sprungbretter für die Zukunft zu sein. Die Leser sollten durch die Geschichte von einem Veränderungsprozess motiviert, überzeugt und so für ein innovatives Projekt gewonnen werden. Die Teilnehmer sollten gemeinsam in Teamarbeit eine Geschichte entwickeln, die den Weg von einer Ist-Situation zu einer Vision, also einer Veränderung der Situation, beschreibt. Als ein weiteres Ziel kann daher die Steigerung der Teamfähigkeit der Teilnehmer gesehen werden. Durch das gemeinsame Erarbeiten eines Drehbuches lernen diese das Wissen und die Ideen der anderen kennen und akzeptieren, es wird miteinander diskutiert und abgeglichen. Dies stärkt das Teamverhalten.

Die Methode des Springboard Storytelling wird vorwiegend in Organisationen angewandt, welche eine Veränderung in einer bestehenden Situation erzielen wollen. Mit ihr ist es nicht nur möglich, ein Drehbuch für die Umsetzung zu konstruieren, sondern auch Stakeholder, welche gegen eine Veränderung sind, zu identifizieren. Diese könnten durch Springboard Stories dahin gehend einbezogen und überzeugt werden, dass eine Veränderung, vorausgesetzt, sie wird konstruktiv umgesetzt, eine Win-win-Situation für alle Beteiligten beinhalten kann.

Springboard Storytelling dient generell der Motivation zur Teilnahme an Veränderungsprozessen, wenn auch motiviert durch unterschiedliche Anstöße, die Methode einzusetzen. Bild 5.2 zeigt einen kleinen Überblick über die Motivatoren für den Einsatz von Springboard Storytelling.

Wir sollten vermehrt in Zusammen-hängen denken, sonst kommen wir nicht mehr weiter.

Neue Wege gehen!

Da war doch noch etwas, was uns verbindet!

Das Springboard versteht Marketing gleichermaßen wie die Produktentwicklung.

Ich bin mir sicher, dass wir die Produktentwicklung abholen können, um dieser Markterfordernis gerecht werden zu können.

Bild 5.2 Motivatoren für den Einsatz von Springboard Storytelling im Wissensmanagement

■ 5.3 Umsetzung

Um die Methode einzusetzen, sollten mehrere Faktoren beachtet werden, welche schließlich den Erfolg bestimmen:

- **Mitreißende Inhalte**

  Nur wenn die Geschichte mitreißend geschrieben werden kann und interessanten Erzählcharakter hat, wird die Geschichte gelesen und bleibt im Gedächtnis hängen.

- **Konkrete Zusammenhänge**

  Es ist wichtig, dass die Geschichte konkrete Zusammenhänge aufzeigt, die nachvollziehbar sind.

- **Hohe Identifikation**

  Eine Springboard Story funktioniert nur, wenn eine Identifikationsfigur vorhanden ist. Diese erleichtert die Aufnahme der Geschichte und Idee. Wichtig zu erwähnen ist, dass diese Figur eine Person aus dem Arbeitsalltag sein soll und kein Superheld, damit es gelingt, sich mit dieser Figur zu identifizieren.

- **Schaffen von Möglichkeitsräumen**

  Die eigentliche Geschichte entsteht in den Köpfen der Zuhörer. Die Springboard Story sollte genügend Ansatzpunkte liefern, neue Ideen vorausahnen zu lassen, und so die Zuhörer dazu verleiten, sich in die Geschichte zu vertiefen.

- **Realitätsnähe**

  Die Springboard Story darf nicht zu abstrakt sein, sie sollte auf Konkretes Bezug nehmen. Somit wird sichergestellt, dass die Zuhörer aus der Realität ihre eigenen Gedanken in Richtung Zukunft einbringen. Des Weiteren muss eine nachhaltige Geschichte realistisch sein, um die Zuhörer langfristig zu motivieren.

- **Zum Mitdenken anregen**

  Zukunftsgeschichten müssen zwar eine konkrete Realisierung beinhalten und prägnant sein, sie müssen jedoch auch genügend Freiraum lassen, ein Mitdenken zu ermöglichen. Dies bedeutet, dass Details und Einzelheiten nicht vorgegeben sein dürfen.

In der Folge führen wir nun Springboard Storytelling unter Angabe der beteiligten Akteure entlang seiner Phasen ein.

5.3.1 Wer ist beteiligt?

Grundsätzlich lassen sich zwei verschiedene Rollen zur Durchführung unterscheiden, zum einen Moderatoren, zum anderen eine Arbeitsgruppe bzw. ein Projektteam:

- **Moderatoren**

  Die Moderatoren liefern dem Team zu Beginn theoretischen Input zur Methode und klären es über Sinn und Zweck der Durchführung auf. Sie sollten über genügend Fachwissen verfügen, da sie durch die verschiedenen Phasen der Methode leiten. Sie erstellen mit dem Team ein Drehbuch für die Bearbeitung des Anliegens bzw. Lösung des Problems.

- **Teilnehmende/Projektteam**

  Die Teilnehmer stellen den kreativen Teil beim Einsatz der Methode dar. Sie durchlaufen die verschiedenen Phasen und erzeugen so ein Drehbuch, eine Art Geschichte, wie der Veränderungsprozess vor sich gehen sollte. Die Teilnehmer sollten im Hinblick auf ihre Kreativität möglichst viel Freiraum zur Entwicklung eigener Ansätze erhalten.

5.3.2 Ablauf

Der Einsatz der Methode verläuft entlang der Phasen Vorbereitung, Durchführung, Analyse und Bewertung sowie Verbreitung:

- Vorbereitung
  - Bestimmung der allgemeinen Ziele
  - Teambildung
  - Abklären des Anliegens
- Durchführung
  - Ruf des Abenteuers – Ruf der Veränderung
  - Weigerung
  - Begegnung mit dem Helfer – Hilfe suchen
  - Überschreiten der ersten Schwelle – Projektbeginn
  - Weg der Prüfungen – kleine Schritte und große Probleme
  - Entscheidung
  - Erfolg
  - Weg zurück – Weg zur Nachhaltigkeit
  - Rückkehr über die Schwelle – endgültige Implementierung
- Analyse und Bewertung
  - Rückkoppelung
- Verbreitung

Die Phasen bauen aufeinander auf. Somit ist folgende Reihenfolge einzuhalten: Vorbereitung, Durchführung, Analyse und Bewertung und zuletzt Verbreitung. Ideal ist es, die Springboard Story am Beginn eines Veränderungsprozesses zu schreiben, denn dann kann sie zur weiteren Planung des Prozesses genutzt werden. Es ist auch möglich, die Geschichte während des Veränderungsprozesses zu schreiben und sie so zur Reflexion der bisherigen Schritte und zur Planung des weiteren Vorgehens zu nutzen.

Die Phasen dieser Methode sind an jene zur Erstellung eines Drehbuchs für eine Abenteuergeschichte angelehnt. Das Verfassen eines Drehbuchs dient als Strukturhilfe für das Verfassen und Verbreiten der eigentlichen Geschichte.

5.3.2.1 Vorbereitung

Die Vorbereitungsphase besitzt hohen Stellenwert. Mit ihr steht oder fällt das Gelingen der Methode.

In der Planung ist, am besten im Rahmen von Workshops, das Ziel für den Einsatz der Methode festzulegen. Des Weiteren ist das Team mit den Teilnehmern für den Einsatz zu bestimmen sowie die Methode allen Teilnehmern vorzustellen.

Dabei wird die aktuelle Ist- bzw. Problemsituation, die einen Veränderungsbedarf benötigt, klar kommuniziert. Das Team sollte sich Gedanken darüber machen, in welcher

Form eine neue Situation zu erreichen ist, insbesondere welche Anstrengungen dafür in Kauf genommen werden müssen.

5.3.2.2 Durchführung

Die Phasen des Veränderungsprozesses werden nicht sofort als Geschichte erzählt, sondern es wird zuerst ein Drehbuch für eine später entstehende Abenteuergeschichte der Organisation erstellt. Die Drehbucherstellung kann als Szenariomethode angesehen werden und dient der Strukturierung und knappen Beschreibung dessen, was in jeder einzelnen Phase geschehen soll. Es sollte festgehalten werden, welche Kommunikationsmaßnahmen für die einzelnen Phasen eingesetzt werden. Das Drehbuch ist die Vorlage für die spätere, ausformulierte Springboard Story. Es legt die einzelnen Bausteine der Geschichte fest, die in weiterer Folge bearbeitet werden.

Schritt 1: Ruf des Abenteuers – Ruf der Veränderung

In dieser Phase wird in einer Organisation deutlich, dass eine Veränderung der bisherigen Situation unausweichlich ist. Diese Erkenntnis sollte im Drehbuch und später in der zu schreibenden Geschichte festgehalten werden. In der Literatur finden sich einige hilfreiche Fragestellungen dazu. Sie fokussieren auf den Anlass:

- Wie kam es zum Ruf nach Veränderung?
- Ist der Bedarf an Veränderung auf eine Veränderung des Marktes zurückzuführen oder auf interne Schwierigkeiten oder gar auf eine Fusion?

Das Team sollte gemeinsam diese Fragen beantworten und prüfen, ob Einigkeit über die Einschätzung der Situation und damit über die Ausgangsposition besteht.

Schritt 2: Weigerung

Oftmals wird in einer Organisation von verschiedenen Stellen eine Veränderung als unerwünscht betrachtet, da die derzeitige Situation für diese Stellen keine Nachteile hat und Menschen oft aus Gewohnheit handeln. Sie werfen daher im Kontext von Veränderung die Frage auf: Warum sollen wir ein System, welches bisher gut funktioniert hat, verändern?

Sind nun verschiedene Stellen oder Abteilungen einer Organisation unterschiedlicher Auffassung, ob Veränderungen angedacht werden sollen, kann ein Veränderungsvorhaben rasch zum Stillstand kommen. Der von manchen gewünschte Veränderungsprozess findet nicht statt. Weitere Fragen in diesem Kontext dienen zusätzlicher Klärung:

- Ist jetzt der richtige Zeitpunkt für Veränderung?
- Gab es bereits Versuche, Veränderungen anzustoßen? Wenn ja, mit welchem Ergebnis?
- Falls wir schon gescheitert sind, welche Ergebnisse ergab eine Ursachenfindung?

Die Erkenntnis aus der Bearbeitung dieser Fragen sollte im Drehbuch bzw. der darauffolgenden Geschichte dokumentiert werden.

Schritt 3: Begegnung mit dem Helfer – Hilfe suchen

In dieser Phase wird der Organisation Unterstützung, extern oder intern, zur Seite gestellt. Externe Hilfestellungen haben den Vorteil, nicht in das Geschehen der Organisation eingebunden zu sein, und erleichtern die Objektivierung von Sachlagen. Der „Helfer" sollte genügend Fachwissen mitbringen, um die Organisation auf dem Weg der Veränderung leiten und unterstützen zu können. Im Team sind verschiedene Fragestellungen zu bearbeiten, um zielgerichtet unterstützt zu werden:

- Welche Kompetenzen, welches Wissen benötigen wir, haben sie/es aber nicht zur Verfügung?
- Wer kann uns dieses Wissen zur Verfügung stellen?
- In welchen Projektschritten brauchen wir Unterstützer?
- Welche Mischung aus fachlichem und sozialem Können stellen wir uns vor?

Schritt 4: Überschreiten der ersten Schwelle – Projektbeginn

In den vorhergehenden Phasen wurde Einigkeit über die Veränderung geschaffen. Auch können Helfer bereitgestellt werden, um den Veränderungsprozess in Gang zu setzen. In dieser Phase steht die Organisation zumeist vor der Schwierigkeit des ersten Schritts. Sogenannte Schwellenhüter treten in Aktion und werden in die Erstellung der Springboard Story einbezogen. Schwellenhüter sind Personen, die gegen die Veränderung auftreten.

Es liegt am Team, diese Schwellenhüter zu identifizieren und zu überzeugen, dass die Veränderung für alle Beteiligten einen positiven Effekt haben kann. Auch in dieser Phase gibt es wieder einige Fragen, die es gemeinsam in Teamarbeit zu beantworten gilt:

- Auf welche Weise wird den Mitarbeitern kommuniziert, dass sich die Organisation auf den Weg macht, um sich zu verändern?
- Wie wird das Beschreiten des Wegs beschrieben und mitgeteilt?

Es sollte eine geeignete Kommunikationsstrategie gewählt werden, um alle Mitarbeiter in der Organisation gleichwertig über die Veränderung zu informieren. Wenig bis nicht informierte Abteilungen, Stellen oder Mitarbeiter könnten sich dem Veränderungsprozess verschließen, und die Veränderung würde nicht den gewünschten Effekt erzielen.

Schritt 5: Weg der Prüfungen – kleine Schritte und große Probleme

In dieser Phase, das Drehbuch für die Springboard Story nähert sich seinem Höhepunkt, kann auf die Organisation eine Vielzahl von Herausforderungen zukommen. Rahmenbedingungen können sich ändern oder neue Opponenten der Veränderung treten auf den Plan. Die Organisation sollte nun versuchen, die Probleme gemeinsam zu lösen.

Schritt 6: Entscheidung

In dieser Phase entscheidet sich, ob das Projekt, also die Veränderung, ein Erfolg werden kann. Es ist die Phase, in der die Veränderung allen Mitarbeitern der Organisation vorgestellt wird. Wird die Veränderung von allen Mitarbeitern akzeptiert? Sind alle Abteilungen damit zufrieden? Auch in dieser Phase liegt es am Projektteam, die Organisation bzw. alle betroffenen Stellen davon zu überzeugen, dass die Veränderung letztlich eine positive Fortentwicklung bedeutet.

Schritt 7: Erfolg

Das Team konnte die gesamte Organisation überzeugen, und die Veränderung wird positiv aufgenommen.

Schritt 8: Weg zurück – Weg zur Nachhaltigkeit

Viele Change-Prozesse werden als abgeschlossen betrachtet, sobald das ursprüngliche Ziel erreicht wurde. Eine nachhaltige Verankerung von Veränderungen in der Organisation bedeutet jedoch kontinuierliches Beobachten. Es betrifft die Integration der erreichten Veränderung durch konkrete Maßnahmen in die Organisation. Darüber hinaus ist zu beobachten, ob bewirkte Veränderungen erhalten bleiben (können) oder nicht. Dieses Monitoring hilft, rechtzeitig zu erkennen, ob nicht erneut ein Veränderungsprozess (auch im Sinne eines Weges zurück) eingeleitet werden sollte.

Schritt 9: Rückkehr über die Schwelle – endgültige Implementierung

Sobald die Veränderung erfolgreich von der Organisation übernommen wird, kann das Projekt als abgeschlossen gelten. Auch dies sollte im Drehbuch und später in der Geschichte dokumentiert werden.

Das erstellte Drehbuch sollte vom Projektteam vertraulich behandelt werden. Es sollte so detailliert wie erforderlich geschrieben werden und über bestimmte Rollen (z. B. über Personen, die sich gegen Veränderung stellen) offen diskutiert werden können. Beim späteren Verfassen der Geschichte kann die Ebene der Detaillierung geändert werden, könnten also beispielsweise manche Umstände allgemein gehalten werden.

5.3.2.3 Analyse und Bewertung

Realität und Drehbuch sollten immer wieder abgeglichen werden. Sobald das vorgeschlagene Drehbuch keine Relevanz mehr besitzt, können in der Analysephase einzelne Schritte verändert werden. Dort zeigt sich der Vorteil des Drehbuchs. Als Szenariomethode fördert die Drehbucherstellung zwar die Kreativität, sie ermöglicht aber dennoch einen Planungsprozess, welcher mit der Dynamik einer Organisation mithält.

5.3.2.4 Verbreitung

Nun wird anhand des vorgefertigten Drehbuchs die eigentliche Geschichte zur Verbreitung geschrieben. In der Verbreitungsphase ist festzulegen, in welchem Stil die Geschichte geschrieben werden soll – dieser sollte der Organisationskultur angepasst sein, da die Geschichte gleichermaßen Wegbereiter wie Begleiter der Veränderung für die Organisation werden soll.

Sobald die Springboard Story geschrieben wurde, sollte sie in einer möglichst frühen Phase der geplanten Veränderung in der Organisation verbreitet werden. So kann ihr Potenzial voll genutzt werden. Die Mitarbeiter sollten sich mit der Vision, welche die Geschichte ausstrahlt, identifizieren und sich gleichzeitig orientieren können, in welcher Prozessphase der Veränderung sich die Organisation zurzeit befindet.

5.3.3 Ergebnisse

Das Ergebnis der Methode ist eine Geschichte über einen geplanten Veränderungsprozess, die aus der Form eines Filmdrehbuchs abgeleitet ist. Um Spannung aufzubauen und so im Gedächtnis der Leser zu bleiben, ist sie nach der Dramaturgie einer Abenteuergeschichte aufgebaut. Sie enthält die Ausgangslage, den Grund der notwendigen Veränderung, die wichtigsten Phasen auf dem Weg hin zur Veränderung und schildert, wie sich die Organisation nach dem Wandel verändert haben wird. Die Geschichte ist immer der jeweiligen Organisationskultur und den Zielsetzungen der Organisation angepasst.

Springboard Storytelling erfordert den Abgleich von Bestehendem und Möglichem in einer Organisation. Bild 5.3 fasst die wichtigsten Herausforderungen beim Einsatz der Methode sowie Tipps (Dos and Don'ts) zusammen.

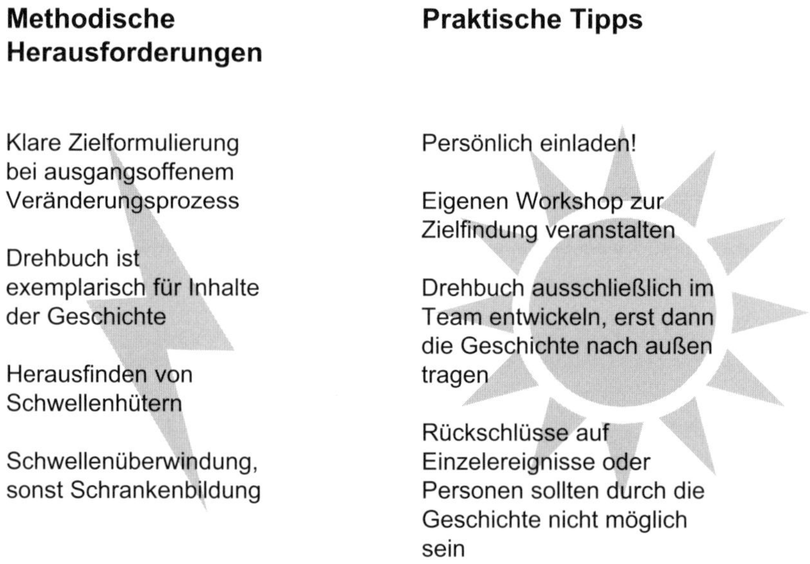

Methodische Herausforderungen	**Praktische Tipps**
Klare Zielformulierung bei ausgangsoffenem Veränderungsprozess	Persönlich einladen!
	Eigenen Workshop zur Zielfindung veranstalten
Drehbuch ist exemplarisch für Inhalte der Geschichte	Drehbuch ausschließlich im Team entwickeln, erst dann die Geschichte nach außen tragen
Herausfinden von Schwellenhütern	
Schwellenüberwindung, sonst Schrankenbildung	Rückschlüsse auf Einzelereignisse oder Personen sollten durch die Geschichte nicht möglich sein

Bild 5.3 Wichtiges für den Einsatz von Springboard Storytelling im Wissensmanagement

■ 5.4 Aufwand

Wie auch bei den anderen Methoden ist der Hauptaufwand monetärer Natur und damit zusammenhängend temporaler und räumlich-logistischer Herkunft. An unmittelbaren Kosten für die Organisation fallen Personalkosten sowie Kosten für externe Berater an.

Ein allgemeingültiger zeitlicher Rahmen für die Durchführung der Methode kann kaum festgelegt werden, weil die Zeitdauer für die Durchführung stark von der Problemstellung abhängig ist und auch durch die Anzahl der Teilnehmer bedingt wird. Die Durchführung kann somit mehrere Monate in Anspruch nehmen.

Bezüglich der räumlichen Aufwendungen ist für den Entwurf des Drehbuches ein ausreichend großer Raum zur Verfügung zu stellen.

■ 5.5 Einsatzbeispiel

Die folgenden Ausführungen betreffen ein Dienstleistungsunternehmen, dessen Mitarbeiter über Informationsüberflutung klagten.

5.5.1 Vorbereitung

In einem Planungsworkshop wurde das Ziel entwickelt, neue Wege im Umgang mit Information und Wissen zu suchen. Es wurde ein Team von acht Personen ausgewählt. Die aktuelle Problemsituation wurde zu Beginn klar dokumentiert und mit der Einladung zum Workshop kommuniziert. Eingeladen wurden Mitarbeiter bzw. Verantwortliche, die sich der Kraftanstrengung zu einem veränderten Umgang mit Information und Wissen bewusst waren.

5.5.2 Durchführung

Bei der Drehbucherstellung wurden typische Szenarien angesprochen, welche der Strukturierung der späteren Geschichte dienen sollten. Für jede Phase der Durchführung wurden Kommunikationsmaßnahmen festgelegt, wie in der Folge angeführt.

Schritt 1: Ruf des Abenteuers – Ruf der Veränderung

Die Erkenntnis zur Notwendigkeit von Veränderung wurde mit einem Aufruf zur Beteiligung erfasst. Die ausgesandten Fragestellungen waren:

Stellen Sie sich vor, der Markt verändert sich über Nacht und Sie können Ihre Kunden nicht mehr mit der gewohnten Qualität an Information versorgen. Im Gegenteil, Besserwisser schicken Ihnen Information, mit der Sie mehr Arbeit haben, als Kunden zufriedenzustellen.

Das Team entschied sich zugunsten dieser scheinbar paradoxen Fragestellung, da sie aufrütteln und den Kern des vermeintlichen Problems ansprechen sollte.

Schritt 2: Weigerung

Jene Organisationsmitglieder, welche Veränderungen als unerwünscht erachten, konnten mit der Fragestellung teilweise angesprochen werden, da sie die derzeitige Situation nur bedingt ansprach. Um Gegenströmungen bei den zu erwartenden Anliegen entgegnen zu können, entschloss sich das Team, bisherige Veränderungsprozesse zu analysieren. Dabei wurde herausgefunden, dass das mittlere Management die meisten Änderungen bei Entscheidungsprozessen und Gestaltungsspielräumen zu erwarten hätte. Aus den Projektberichten wurde allerdings nicht ersichtlich, welche Maßnahmen zum konstruktiven Umgang mit Veränderungsängsten bzw. -verhinderungen zu setzen wären.

Schritt 3: Begegnung mit dem Helfer – Hilfe suchen

Das Team suchte sich folglich Unterstützung von außen, da Helfer nicht in das bisherige Geschehen der Organisation eingebunden sein sollten. Es wurden Informationsmanager eines Netzwerkpartners ersucht, bei Fragen zu Entscheidungsprozessen und Gestaltung von Handlungsspielraum zur Verfügung zu stehen. Sie besaßen genügend Fachwissen, um die Organisation auf dem Weg der Veränderung begleiten und unterstützen zu können. Darüber hinaus waren sie gewohnt, mit unterschiedlichen Fachabteilungen zu kommunizieren, sodass im sozialen Bereich auftretende Spannungen gemildert werden konnten. Ausgewählt wurden erfahrene Führungskräfte.

Schritt 4: Überschreiten der ersten Schwelle – Projektbeginn

Nachdem die Einladungen zur Teilnahme verschickt waren, wurden vermeintliche Schwellenhüter persönlich von Teammitgliedern angesprochen und ausdrücklich um ihre Mitarbeit ersucht. Dies betraf auch, bei der Erstellung der Springboard Story einbezogen zu werden. Unterschiedliche Reaktionen folgten. Sie reichten von passivem Verhalten über Ablehnung bis zu klaren Oppositionsmeldungen.

Schritt 5: Weg der Prüfungen – kleine Schritte und große Probleme

Das Team musste sich folglich darauf einstellen, dass eine Vielzahl von Herausforderungen auf das Projekt zukam. Es wurde ein Weg der kleinen Schritte gewählt, um nicht nur gezielt auf Personen zugehen, sondern auch jeweils die Bewertung einer überschaubaren Menge an Information vornehmen zu können. Da zumindest einige Schwellenhüter auf diesem Weg erreicht werden konnten, war eine Signalwirkung gegeben, welche sich längerfristig auf den so begonnenen Veränderungsprozess auswirkte.

Schritt 6: Entscheidung

Nach etwa zwei Monaten intensiver Kommunikations- und Aufklärungsarbeit war das Team überzeugt, dass das Veränderungsprojekt konkrete Formen annehmen kann und die Chance auf Erfolg besteht. Das Veränderungsprojekt konnte allen Mitarbeitern der Organisation vorgestellt werden. Die Veränderung wurde von allen Mitarbeitern grundsätzlich akzeptiert, da sie ein breites Anliegen betraf. Die Organisationseinheiten hatten unterschiedliche Zugänge zum Informationswesen der Organisation an sich und daher unterschiedliche Veränderungsanliegen. Dennoch kam das Team zum Schluss, dass die Veränderung mehrheitlich Akzeptanz gefunden hatte.

Schritt 7: Erfolg

Im gegenständlichen Fall konnte das Team das Anliegen an die Organisation herantragen und überwiegend positive Rückmeldungen entgegennehmen. Der Weg zur Drehbucherstellung war frei, da sich zur Szenarienbeschreibung mehrere Personen aus der Organisation gemeldet hatten.

Schritt 8: Weg zurück – Weg zur Nachhaltigkeit

Das Team konzipierte einen Monitoring-Prozess für das Projekt, der nach der erreichten Veränderung in die Arbeitsorganisation als Teil des Veränderungsmanagements übernommen wurde. Seine Aufgabe war die Beobachtung organisationaler Vorgänge nach erfolgten Interventionen, wie die gemeinschaftliche Erstellung des Drehbuchs.

Schritt 9: Rückkehr über die Schwelle – endgültige Implementierung

Wie nachfolgend beschrieben gelang es, das Informationswesen auch auf organisationaler Ebene erfolgreich zu verändern, sodass das Initialprojekt nach Verbreitung der Geschichte und entsprechender Nachbearbeitung abgeschlossen werden konnte.

Im Rahmen der Durchführung wurde ein Springboard-Story-Drehbuch verfasst. Es diente der Planung zur Verfassung der eigentlichen Herstellung einer handlungsanimierenden Geschichte. Daher ist es aus inhaltlichen Gründen wichtig und soll helfen, überflüssige Aktivitäten zu vermeiden. Auf folgende Gestaltungselemente legte das Team besonderen Wert:

- Beim Ausformulieren von Anliegen bzw. Ideen ergeben sich oft neue Perspektiven.
- Die schriftliche Fixierung erlaubt, Inhalte „auf den Punkt" zu bringen.

Im Drehbuch wurden zu Ausschnitten der erlebten Wirklichkeit (d. h. Umgang mit Information in der Organisation) im Sinne von Skizzen wichtige Szenen festgehalten. Die handelnden Figuren wurden so festgelegt, ebenso situative Parameter. Platz finden sollten auch Kommentare zum Geschehen, so etwa für nähere Erklärungen des Bildinhaltes oder zum Kontext, welcher für den Gesamtzusammenhang wesentlich erschien.

Die folgende Darstellung soll den Entstehungsprozess eines Drehbuchs nachvollziehbar machen und dabei insbesondere die Bedeutung von Szenarien verdeutlichen. Moderator und Team hatten einen eintägigen Workshop. Die Teammitglieder wurden aufgefordert, ihre Anliegen und Veränderungsideen in einem Drehbuch niederzuschreiben.

Ein Teilnehmer lieferte den folgenden Text ab:

„Ich sehe vor lauter Wald die Bäume nicht. Ich gehe unter in E-Mails. Ich komme mir vor, als würde ich auf einem Berg Postsäcke sitzen. Ich sitze mit weit offenen Augen da und beginne den Berg voller Post hinunterzurutschen. Unten angekommen bricht ein Sturm auf und die Postsäcke geben ihren Inhalt frei. Die Briefe werden vom Wind erfasst und fliegen davon. Ich beginne verzweifelt zu versuchen, die Post in die Säcke zurückzubekommen. Ich hasche nach einzelnen Briefen und stemme mich dem drohenden Verlust der Post entgegen.

Doch vergeblich – der Wind wird stärker, neue Säcke werden auch noch gebracht. Und alle Nachrichten lösen sich im Wind auf. Ich hasche nach einzelnen Poststücken. Sobald ich sie ablege, steigen sie erneut auf und das Spiel beginnt von Neuem.

Ich werde müde und sinke ermattet zu Boden. Leise beginne ich zu schluchzen. Jetzt ist es aus. Da ich meine Post verloren habe, kann ich nicht weitermachen. Doch mit einem Mal wird mir klar, dass der Wind mich auch von all dem Ballast befreit hat, der mir viel Zeit kostete, die relevanten Informationen für meine Arbeit herauszusuchen.

Große Erleichterung überkommt mich in meinem Schmerz. Ich könnte aktiv auf die Suche gehen und mit den Betroffenen in der Abteilung neue, effektivere Formen des Informationsaustausches suchen, um uns allen die Arbeit zu erleichtern. Ehe ich mich's versehe, bin ich schon auf dem Weg zu meinen Kollegen.“

Bei der Besprechung des Drehbuchs stellen die Teilnehmer fest, dass der Inhalt aus mehreren Handlungsschritten besteht. In einem nächsten Schritt wird vorerst der Beginn der Geschichte festgelegt, wobei die Prägnanz der Ereignisse bestimmt wird.

- *Szene 1: Das Ich sitzt auf dem Berg Post*

  Auf die Darstellung von Kontext wird verzichtet, die Geschichte beginnt unmittelbar mit der Situation. Es ist unerheblich, von wem die Post kam, welche Tageszeit ist etc.

- *Szene 2: Das Ich rutscht zu Boden*

  Der Rutsch bringt Bewegung in die Geschichte. Im Sinne eines Absturzes soll das Bild Betroffenheit erzeugen.

- *Szene 3: Sturm kommt auf*

  Erneute Bestürzung. Es entsteht eine dramatische Situation. Die Säcke bewegen sich, die Briefe beginnen zu fliegen. Das Entsetzen über das Abrutschen ist dem Ich noch ins Gesicht geschrieben.

- *Szene 4: Versuch der Verhinderung*
  Die Versuche, den Schaden zu verhindern bzw. zu minimieren und einzelne Poststücke zu erhaschen, fruchten nichts.
- *Szene 5: Es kommt schlimmer als gedacht*
  Neue Säcke voller Post werden gebracht, auch sie verbläst der Wind.
- *Szene 6: Die Verzweiflung bleibt*
  Fokus ist wieder das Ich, zermürbt und am Ende seiner Kräfte.
- *Szene 7: Eine Idee kommt*
  Trotz Schmerz Erleichterung aufgrund der Erkenntnis, dass auch Ballast verschwunden ist.
- *Szene 8: Auf zu neuen Ufern!*
  Handlungsoptionen tun sich auf, die besprochen werden müssen, und zwar gemeinsam mit den Betroffenen. Worauf also noch warten?

Am Ende des Workshops waren die Szenen fertiggestellt und konnten in einer ersten Runde reflektiert werden. Dabei wurde deutlich, dass die Szenen Betroffenheit auslösen und mehrere passende Aktivitäten als Abschluss für die Geschichte existieren können.

5.5.3 Analyse und Bewertung

Das Drehbuch wurde nun mehrfach mit der wahrgenommenen Realität abgeglichen. Insbesondere der Übergang zur handlungsbezogenen Lösung gemeinsam mit Kollegen wurde mehrfach hinterfragt. Es stellt sich heraus, dass eine derartige Beschreibung zwar als mitreißend empfunden wurde, allerdings zu wenig Handlungspotenzial für die meisten Befragten erschloss. Es musste folglich eine konkretere Form gefunden werden, um den Veränderungsprozess partizipativ gestalten zu können.

5.5.4 Verbreitung

Auf Basis der Erfahrungen mit dem Drehbuch war nun die Aufgabe, die eigentliche Geschichte zu schreiben. Es sollte ein Erzählstil werden, welcher der Organisationskultur angepasst war. Es galt, keine konkreten Szenen aus der Erhebung darzustellen, allerdings genügend konkret zu sein, um den Veränderungsprozess für die Organisation zu begleiten.

Das Team entschied sich für eine vorgefertigte Textstelle mit hohem Anreiz, da ein organisational unbekannter Kontext rascher die Fokussierung auf das eigene Handlungspotenzial lenkt und nicht mit Rückschlüssen auf die eigene Geschichte die erforderliche Offenheit behindert.

„Das kann ich kaum glauben! Oder besser gesagt: Ich will es kaum glauben – so schlimm war es noch nie", denkt sich Hilde Kranz. Seit 28 Jahren macht sie die Nachkalkulation der Projekte, mit denen das Unternehmen sein Geld verdient. Bei Unternehmen dieser Größe mit etwa zehn Mitarbeitern kommt es neben hoher Effektivität vor allem auf Effizienz an – und das „vom Erstkontakt mit potenziellen Kunden bis hin zur Nachkalkulation", wie sie oft betont.

Hilde findet mehrfach unterschiedliche Angaben zu den Einträgen für die Tabellenkalkulation. Ohne einigermaßen zuverlässige Daten kann sie die Nachkalkulation nicht durchführen. So verfolgt sie die Entstehung der Daten, da sie die Zuständigkeiten im Unternehmen kennt, und stellt zu ihrem Schrecken fest, dass selbst die nur einfach vorliegenden Daten offensichtlich mehrfach erfasst und jedes Mal überschrieben werden. Nach ihrer mündlicher Nachfrage scheinen Daten zufällig oder auf Zuruf erstellt zu werden, von einer systematischen, ablaufgerechten Erfassung, Dokumentation und Weiterleitung keine Spur.

Was tun? Hilde sieht in die Projektablauftabellen und stellt fest, dass bereits dort die zur Auftragsabwicklung wesentlichen Lieferscheindaten nicht mit jenen in den Originaldokumenten übereinstimmen. Nun reicht es ihr aber. Sie wirft ihre bevorzugte Suchmaschine an, und sucht zunächst im Internet nach einer geeigneten Lösung – und findet zahlreiche Angebote. Wie aber das richtige auswählen? Vor allem, wenn jedes Projekt unterschiedlich sein kann.

Hilde bleibt nichts anderes übrig, als einige Kollegen anzurufen, und sich erklären zu lassen, worauf es bei Unternehmensprojekten grundsätzlich ankommt. Sie erfasst die erhobene Information, die die Unterschiedlichkeit von Projekten im Unternehmen widerspiegelt: kleine und große Projekte, linearer und stark paralleler Ablauf von Projektaktivitäten, völlige Transparenz von Aufwänden für alle bis hin zur ausschließlichen Leistungstransparenz nach innen.

Offenbar muss jede Projektstruktur abbildbar sein und die Eingabe der Daten zeitnah angestoßen werden. Sonst kann sie ihre Nachkalkulation nicht verbessern, und ihre zugegebenermaßen wirklichkeitsnahen Schätzungen bleiben dem Unternehmen nicht erspart. Da braucht es ein eigenes Projekt – es sollten bereits alle Strukturen vorhanden sein, wenn ein Auftrag aufgenommen wird. Die Abläufe, angefangen bei der Kalkulation über die einzelnen Aktivitäten bis zum Abnahmedokument und der Rechnung, sind in ihrem Zusammenhang zu sehen. Zur Nachkalkulation sollte auf Erfüllungszeiten ähnlicher Aufträge zurückgegriffen werden, um für neue Aufträge die Ergebnisse genauer interpretieren zu können.

> „Offenbar geht es gar nicht nur um die Auswertung der Zahlen, sondern vor allem darum, spezielle Informationen zu bündeln und zu bewahren. Alle Informationen müssen so zuverlässig sein, dass keine zeitraubenden Rücksprachen nötig sind. Dabei werden wir wohl auch Bemerkungsfelder brauchen, die durchgängig zur Verfügung stehen sollen", murmelt Hilde vor sich hin, als sie zur Sicherheit für das Managementmeeting Schulungsunterlagen zu Change-Management-Projekten einpackt. ∎

So konnte jedes Mitglied der Organisation ohne Vorbelastung beginnen, seine Möglichkeiten zur Veränderung von Kommunikations- und Informationsverhalten zu überlegen, um so gleichzeitig die Basis für entsprechende organisationale Veränderungen zu legen.

■ 5.6 Potenzial und Grenzen

Organisationen haben bislang unterschiedliche Erfahrungen mit Springboard Storytelling gemacht. Bild 5.4 fasst wesentliche Aussagen zum Erfahrungsschatz zusammen.

Keine leichte Prozedur – ob sich der Aufwand dafür lohnt?

Ich dachte nicht, dass sich für mich auch etwas ändert.

Gut, dass wir nachbessern können, schließlich ist noch nicht alles gesagt …

Der Schritt vom Ich zum Wir und umgekehrt fällt uns nicht leicht.

Ohne Drehbuch wären wir nie zum Tun gekommen!

Bild 5.4 Erfahrungssplitter im Umgang mit Springboard Storytelling

Springboard Storytelling leitet zum Handeln an, kann allerdings aufwendig werden, da es in zwei Stufen zu realisieren ist. Auch bringt sein Einsatz keine Erfolgsgarantie mit sich, vor allem bei komplexeren Anliegen. In der Folge fassen wir den Nutzen und die

Herausforderungen für den Einsatz der Methode zusammen. Der Nutzen, den eine Organisation aus dem Einsatz von Springboard Storytelling ziehen kann, ist vielfältig:

- Springboard Storytelling nützt den Vorteil von Erzählungen. Seine Geschichten geben Mut für die Zukunft und eignen sich gut, Veränderungen darzustellen. Sie fordern auf, nach Alternativen zu suchen, Situationen wahrzunehmen und neue Wege zu gehen. Sie reißen handlungszentriert mit, erhöhen die Aufmerksamkeit, fördern die Partizipation, Kommunikation und Diskussion.

- Geschichten erlauben es, fantasievoller und ungezwungener mit Gedanken umzugehen als formelle Strukturen wie Memos, Aktenvermerke oder dergleichen. Springboard Storytelling hilft so, vorhandenes Potenzial in Bezug auf Wissen und Kreativität handlungsspezifisch zu aktivieren und zu nützen.

- Springboard Storytelling bereitet eine Organisation auf den Veränderungsprozess vor und dient gleichzeitig als dessen Wegbereiter, insbesondere für bestimmte Personen(gruppen).

- Die Methode bietet die Möglichkeit, Visionen anhand einer Geschichte zu vermitteln. Springboard Stories vermögen Lesern eine lebendige Vorstellung dessen zu vermitteln, was sich verändern wird.

Springboard Stories stellen folglich das notwendige (implizite) Wissen zur Verfügung, das Mitarbeiter benötigen, um neue Projekte durchführen zu können. Sie fördern den Austausch, die Lebendigkeit und das Lernen in der Organisation. Zukunftsgeschichten, also die Ergebnisse der Methode, können Identifikation mit einer Organisation sowie Möglichkeitsräume für die Veränderung in der Organisation schaffen.

Das Schreiben eines Drehbuches macht in der Regel Spaß und ist gleichzeitig informativ. Es muss jedoch dabei beachtet werden, dass je nach gewünschtem Ergebnis/Ziel das Drehbuch und die Geschichte anders verfasst werden sollten.

Als größte Herausforderung für den Einsatz dieser Methode kann sicherlich ihre Komplexität bezeichnet werden. So kann sich eine einzige Phase des Einsatzes über mehrere Monate erstrecken. Dies bringt einen erheblichen Zeitaufwand für die Durchführung mit sich.

Auch ist das Drehbuch den sich ergebenden Veränderungen in der Realität anzupassen. Schließlich ist es nicht immer einfach, die Geschichte einer organisationalen Veränderung wirklich packend zu erzählen. Ausnahmen sind Textstellen, die der Belletristik entnommen werden können und entweder via Metaphern oder Beispielen dramaturgisch gelungene Inhalte vermitteln.

Literatur

Brown, J. S. et al. (2004): *Storytelling in Organizations: Why Storytelling Is Transforming 21st Century Organizations and Management*. Burlington: Elsevier Butterworth-Heinemann

Davis, J.; Subrahmanian, E.; Westerberg, A. (2005): *Knowledge Management: Organisational and Technological Dimensions*. Heidelberg: Physica-Verlag

Frenzel, K.; Müller, M.; Sottong, H. (2004): *Storytelling: Das Harun-al-Raschid-Prinzip. Die Kraft des Erzählens fürs Unternehmen nutzen*. München: Carl Hanser Verlag

6 World Café

Das World Café hat sich im letzten Jahrzehnt zu einem Instrument entwickelt, das Wissensarbeit von Gruppen in verschiedenen Kontexten effektiv unterstützt. Die Methode trägt zur kollektiven Erkenntnisgewinnung unter Rücksichtnahme der Zugänge der jeweiligen Teilnehmer bei. Sie erlaubt einer Gruppe bis zu mehreren Hundert Personen themenzentriert die Erhebung und Darstellung von Wissen. Ihr besonderes Merkmal ist, dass jede Person in moderierten Sitzungen an Tischen aktiv aufgefordert wird, ihren Beitrag zur Wissensgewinnung zu liefern. An jedem Tisch wird zu einer bestimmten Sicht auf ein globales Thema oder einer ausgewählten Themenstellung einer übergeordneten Aufgabenstellung gearbeitet.

Durch den Wechsel und die Durchmischung der Teilnehmer an den Tischrunden entsteht so ein Abbild ihrer kollektiven Intelligenz. Die Ergebnisse der jeweiligen Tische werden präsentiert und integriert dokumentiert, sodass am Ende Informationsgleichstand für alle Teilnehmer hergestellt ist.

Eine derartige Sammlung von Zugängen und Wissen erlaubt einer Gruppe zeiteffizient die Schaffung einer gemeinsamen Ausgangsbasis für weitere Aktivitäten. Zum einen existiert eine authentische Dokumentation der Wissensgenerierung, zum anderen erfolgt durch den persönlichen Kontakt an den Tischen eine soziale Verankerung der Inhalte. Die Zusammenfassung stellt jene Verschriftlichung dar, die bei organisationalen Veränderungsprozessen oder Projekten als konsolidierte Ausgangsbasis besonderen Stellenwert besitzt.

Die Methode des World Cafés lässt sich den Aktivitätsbündeln Wissensgenerierung, Wissenserhebung und Wissensdarstellung wie folgt zuordnen:

- **Wissensgenerierung:** Für die Teilnehmer eines World Cafés wird durch die Auseinandersetzung mit den Fragestellungen in Dialogform neues Wissen generiert bzw. entwickelt. Jeder Teilnehmer lernt von den anderen Teilnehmern. Durch dieses kollektive Lernen entsteht neues Wissen.

- **Wissenserhebung:** Beim World Café kann vorhandenes, aber bislang implizites Wissen auf organisatorischer Ebene wirksam gemacht werden. Verschiedene Meinungen und Lösungen zu einem Thema werden so ersichtlich und zusammengefasst.

- **Wissensdarstellung:** Mithilfe des World Cafés wird Wissen der Teilnehmenden in Form von beschriebenen Tischtüchern unmittelbar festgehalten und dargestellt. Es sollte anschließend konsolidiert werden, beispielsweise in Form einer Grafik oder zusammenfassenden Wissenslandkarte.

Bild 6.1 stellt die Zusammenhänge in Form einer Concept Map dar.

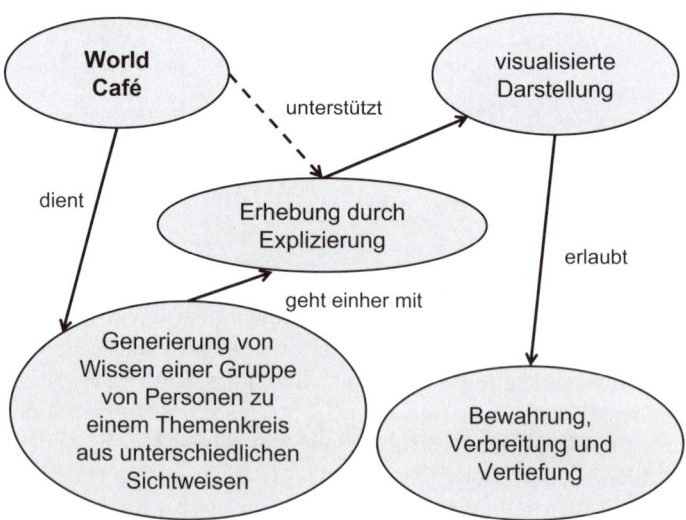

Bild 6.1 Das World Café im Kontext wesentlicher Aktivitätsbündel des Wissensmanagements

■ 6.1 Herkunft und Hintergrund

In den letzten Jahren wurden vermehrt unterschiedliche Formen von Großgruppenkonferenzen entsprechend ihrer ursprünglichen Konzeption im deutschsprachigen Raum eingesetzt. Typische Beispiele hierfür sind Zukunftskonferenzen, Real Time Strategic Change (RTSC) und das World Café. Das World Café wurde von Juanita Brown und David Isaacs 1995 in den USA entwickelt. Die Methode greift die bestehende Tradition der dialogorientierten Forschung auf. Der Dialog dient als Instrument für die Initiierung und Aufrechterhaltung von Veränderungsprozessen in Gruppen bzw. Organisationen.

Der Dialog wird als Eckpfeiler für die Entwicklung lernender Organisationen aufgefasst. Er ermöglicht Verantwortlichen und Organisationsentwicklern, Organisationen als Lernfelder zu begreifen und weiterzuentwickeln. Wesentliches Merkmal der damit verbundenen Prozesse ist der Aufbau eigener, selbst organisierter, kollektiver Intelligenz von Gruppen. Dies schafft Möglichkeiten für Veränderungen in einer Art und Weise, wie Menschen sich selbst wahrnehmen. Damit kann dialogisch generiertes Wissen genutzt und der kollektive Prozess der Erkundung erweitert und vertieft werden. Aus der Sicht von Organisationsverantwortlichen verspricht der Dialog einen innovativen, alternativen Ansatz, der koordinierte Handlungen in Gruppen möglich macht.

Brown und Isaacs verbinden diese Ideen mit dem Begriff World Café. Sie sehen die Kraft des Dialogs als die Chance für nachhaltige Veränderungen anstehender Anliegen und als Chance, möglichst viele Betroffene bzw. Beteiligte aktiv einzubeziehen.

■ 6.2 Zielsetzungen und Einsatzmöglichkeiten

Ein Ziel des World Cafés ist, möglichst viele Betroffene eines Entwicklungsprozesses, meistens am Beginn eines Veränderungsprozesses, an diesem Prozess zu beteiligen, um deren Identifikation mit den angestrebten Veränderungen zu erreichen. Es soll jene Kraft entstehen, die für die gewünschte Veränderung erforderlich ist.

Ein weiteres Ziel dieser Methode ist es, unterschiedliche Meinungen zu einem Thema in einer Personengruppe möglichst kreativ und offen zu diskutieren. So sollen neue Sichtweisen sowohl für die gesamte Gruppe als auch für den Einzelnen generiert werden. Innovative Denkprozesse und neue Handlungsoptionen können so gefördert werden.

Das World Café kann auch durchgeführt werden, um das Zugehörigkeitsgefühl der Mitarbeiter zu einer Organisation zu stärken. Die Durchführung eines World Cafés fördert die Interaktion zwischen Mitarbeitern und die Vertiefung zwischenmenschlicher Beziehungen. So ermöglicht das World Café, neue Mitarbeiter in ein Team einzubinden.

Das World Café kann in den unterschiedlichsten Bereichen eingesetzt werden. Neben einer Vielzahl von Organisationen benutzen auch beispielsweise Schulen, Universitäten, Landesschulräte oder auch das Ministerium für Bildung, Wissenschaft und Kultur diese Wissensmanagementmethode. Das World Café ist dabei besonders zur Erreichung folgender Zielsetzungen geeignet:

- Vernetzung von Wissen und von Ideen vieler Menschen,
- Dialog über Schlüsselfragen führen,
- gemeinsame Haltungen, Werte und Normen feststellen und fördern,
- Muster entdecken,
- tiefer liegende Fragen herausarbeiten,
- neue Lösungen, Handlungsmöglichkeiten und Ideen entwickeln.

Darüber hinaus unterstützt das World Café sinnvoll, wenn

- für ein komplexes Thema das Wissen und die Intelligenz vieler Teilnehmer genutzt werden sollen,
- Personen nicht nur mit (allen) anderen reden, sondern auch „alle zusammen denken" sollen,
- die gemeinsame Sicht aller Teilnehmer zu einer Frage bzw. zu einem Thema deutlich werden soll,
- nicht nur der Input eines Redners in der Gruppe sinnvoll verarbeitet, sondern auch die Gruppe in ihrer Gesamtheit wahrgenommen werden soll.

Das World Café ist jedoch weniger geeignet wenn

- es sich im World Café um eine bereits vorhandene, festgelegte Lösung handelt,
- nur eine Ein-Weg-Lösung gesucht wird,
- für diese Methode nicht genügend Zeit vorhanden ist,
- die Gruppe aus weniger als zwölf Personen besteht.

In vielen Organisationen haben diese Cafés unterschiedliche Namen und Ziele, wie z.B.: Kreativ-Café, Wissens-Café, Strategie-Café, Führungs-Café, Marketing-Café und Produktionsentwicklungs-Café.

■ 6.3 Umsetzung

Als Voraussetzung für die erfolgreiche Durchführung der Methode World Café gilt es, folgende Grundprinzipien einzuhalten.

Klären von Sinn und Zweck

Als erster Arbeitsschritt ist der Grund des Zusammentreffens abzuklären. Sobald der Grund genau festgelegt ist, weiß man, welche Teilnehmer mitmachen sollen und welche Parameter wichtig sind, um den gewünschten Zweck zu erfüllen.

Kontext schaffen

Es ist wichtig, einen geeigneten Kontext zu schaffen, da mit dem World Café ein Sichtungs-, Geltungs- oder Veränderungsanspruch verbunden wird. Um kollektives Wissen als Entwicklungspotenzial zu nutzen, werden hierzu möglichst viele Funktionsträger eingeladen.

Ein gastfreundlicher Raum

Für das World Café ist es besonders nützlich, für die Gespräche einen angenehmen Ort zu schaffen, der nicht mit dem Arbeitsplatz identisch ist. Der Raum soll zum Dialog einladen und sich von dem klassischen Konferenzdesign des Zuhörens in Sitzreihen abheben. Fühlen sich die Teilnehmer wohl, fördert dies Offenheit und den kreativen Austausch. Wenn möglich sollte eine Kaffeehausatmosphäre hergestellt werden. Von dieser Idee leitet sich übrigens auch der Name dieser Methode ab. Bereitgestellte Tische mit Papier-„Tischtüchern" dienen als Unterlage für Notizen aller Teilnehmenden. Dabei ist auf genügend Freiraum zum Platzwechsel zwischen den Tischen zu achten.

Bedeutsame Fragen erkunden

Für die jeweiligen Austausch- und Entwicklungsdialoge ist es entscheidend, bedeutsame Fragen zu bearbeiten, die sowohl für die Einzelnen als auch für das Gesamtsystem relevant sind. Wird bei der Wahl der Fragen achtsam und wohlüberlegt vorgegangen, so wird die World-Café-Methode gute Ergebnisse liefern, denn ein erfolgreiches World Café steht und fällt mit den richtigen Fragen. Sind diese Frage beispielsweise zu (wenig) herausfordernd gestellt, so kann die Motivation der Teilnehmer verloren gehen. Bei einem World Café kann nur eine oder auch mehrere Fragen untersucht werden, um einen aufbauenden Prozess in den Gesprächsrunden zu ermöglichen.

Alle zur Mitarbeit einladen

Vorgegebene Themenbereiche werden Tischen zugeordnet. Diese werden in weiterer Folge von allen Anwesenden in einer bestimmten Reihenfolge an den einzelnen Tischen bearbeitet. Dabei sollten sich die Teilnehmer mit bedeutsamen Fragen zu einem Thema auseinandersetzen. Dies ermöglicht später eine Verdichtung der jeweiligen Ergebnisse.

Einhalten der World-Café-Etikette

Die Teilnehmer eines World Cafés sollten offen und aufmerksam mit den Gedanken und Äußerungen der andern umgehen und auch bereit sein, eigene Annahmen zu hinterfragen. Zusammenfassend sollten sie sich an die World-Café-Etikette halten. Hier ein Beispiel für eine solche Etikette:

- Es ist deine Sichtweise, die uns interessiert.
- Sprich nicht nur mit deinem Verstand, achte auch auf deine Gefühle.
- Trenne das, was ist, von dem, was sein soll.

- Aktives Zuhören erlaubt dir, zu verstehen.
- Ideen kommen in Bewegung, wenn wir sie verbinden.
- Unsere Aufmerksamkeit hilft, neue Erkenntnisse zu entdecken.
- Pflege die Sorgfalt, stelle tief gehende Fragen.
- Dokumentiertes hat Bestand: Schreibe oder male deine Beiträge auf das Tischtuch.

Verknüpfung unterschiedlicher Perspektiven

Dies gelingt durch die räumlichen Arrangements der einzelnen Tischgruppen und durch einen systemischen Austausch von Meinungen, Sichtweisen und Erfahrungen. Da sich die Teilnehmer von Tisch zu Tisch bewegen können, werden in den Gruppen unterschiedliche Meinungen, Sichtweisen und Erfahrungen ausgetauscht und verknüpft.

Gemeinsam nach Mustern, Einsichten und tief gehenden Fragestellungen suchen

Der Prozess des Verdichtens nimmt bei der Wissensmanagementmethode World Café einen wichtigen Stellenwert ein. Die auf die Papiertischtücher geschriebenen Stellungnahmen und Meinungen der einzelnen Gruppenmitglieder werden als Teil der Konversation des Gesamtsystems sichtbar. Der Gastgeber fasst die Notizen auf Flipcharts zusammen, um ein Tischergebnis als Beitrag für die Präsentation an die Großgruppe zu erhalten.

Dazu sind folgende Fragen relevant:

- Welche Verbindungen einzelner Beiträge finden sich zum Ganzen?
- Welche Muster zeigen sich hinter den einzelnen Äußerungen, gibt es Zusammenhänge, gibt es Gegensätzliches?
- Woran liegt das?

Kollektive Erkenntnisse ernten und teilen

Für die Teilnehmer ist es wichtig, die Gesamtergebnisse und das kollektive Wissen zu präsentieren bzw. voneinander präsentiert zu bekommen. Die Ergebnisse sollen nicht in den Händen des Managements bleiben. Sie bilden ein wichtiges Element für die Entwicklungsprozesse der Zukunft.

Bild 6.2 fasst wesentliche Motivatoren für den Einsatz der Methode zusammen.

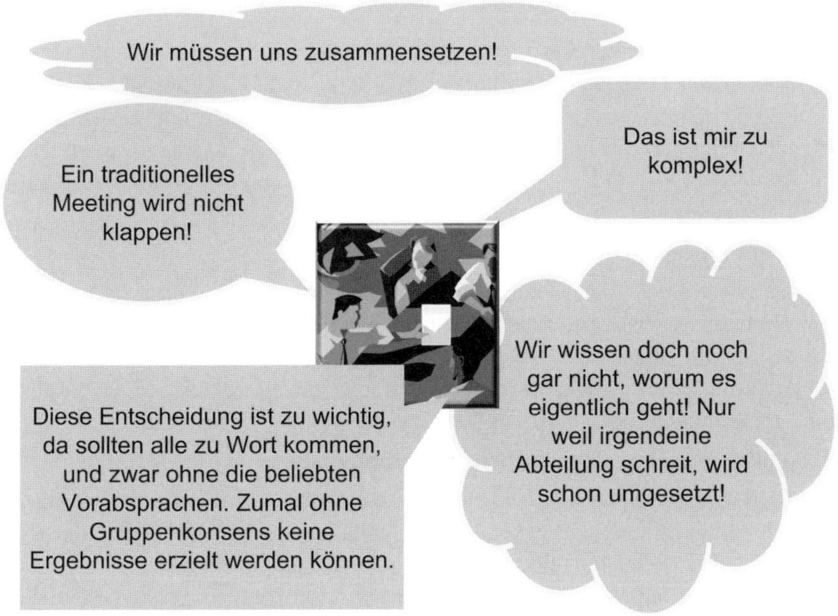

Bild 6.2 Wesentliche Motivatoren für den Einsatz des World Cafés

6.3.1 Wer ist beteiligt?

Das World Café ist mit einem anregenden Gespräch in einem Kaffeehaus vergleichbar. Es besteht aus aufeinander aufbauenden Gesprächsrunden. Vier bis acht Personen sitzen jeweils an einem Café-Tisch. Die Teilnehmer werden gebeten, ihre Gedanken und Ideen, welche sie mitteilen, unmittelbar auch auf die am Tisch liegenden Papiertischtücher zu schreiben. Nach dem Ende einer Gesprächsrunde bleibt jeweils eine (andere) Person als der Gastgeber („Host") am Tisch sitzen, während die übrigen Teilnehmer („Reisenden") sich einen neuen Platz an anderen Tischen suchen und eine neue Gesprächsgruppe entsteht. Der Gastgeber stellt den neu Hinzugekommenen die bisherigen Ideen vom vorhergehenden Tischgespräch kurz vor, und so werden diese Ideen und Themen weiter verlinkt.

Damit entsteht ein einfacher, aber wirkungsvoller Dialogprozess in angenehmer Atmosphäre, welcher eine mittlere bis große Gruppe von Menschen in ein sinnvolles, konstruktives Gespräch bringt.

Zu einer gemeinsamen Fragestellung/einem gemeinsamen Thema sollen das kollektive Wissen und die kollektive Intelligenz gefördert werden. Durch diese World-Café-Gespräche wird gelernt, die Realität neu interpretiert, neue Denkansätze werden gebildet und innovative Handlungsmöglichkeiten hervorgebracht.

Es wird zwischen folgende Rollen unterschieden:

- **Moderator (Gastgeber) des World Cafés**

  Die Aufgabe des Moderators ist, die Methode vorzustellen und Sorge zu tragen, dass die neun Prinzipien (siehe Voraussetzung für die Durchsetzung der Methode) auch sorgfältig umgesetzt werden und die World-Café-Etikette eingehalten wird. Es hängt von dem Moderator und seinen gestellten Fragen ab, ob ein interessantes Gespräch stattfindet oder nicht.

- **Gastgeber eines Tisches (Host)**

  Der Gastgeber eines Tisches bleibt in einer darauffolgenden Gesprächsrunde an seinem Tisch sitzen. Er begrüßt die neu hinzugekommenen „Reisenden". Der Gastgeber teilt den neuen „Reisenden" die Erkenntnisse/Ideen des vorherigen Gesprächs mit. Des Weiteren sollte er die Gäste am Tisch daran erinnern, wichtige Ideen, Entdeckungen, Verbindungen usw. sofort auf die Papiertischtücher zu notieren.

- **„Reisende" zwischen den Tischen – Teilnehmende**

  Wichtig bei den reisenden Personen ist, dass sie mit voller Konzentration am World Café teilnehmen, sich zur gegebenen Fragestellung ernsthaft Gedanken machen und bereit sind, ihre Gedanken mit den anderen offen zu teilen (siehe World-Café-Etikette). An einem World Café können von 20 bis zu mehreren Hundert Personen teilnehmen, wobei pro Café-Tisch jeweils vier bis acht Personen sitzen.

6.3.2 Ablauf

Der Ablauf eines World Cafés kann in folgende Phasen eingeteilt werden: Vorbereitung, Durchführung sowie Analyse und Präsentation. Sie werden in der Folge detailliert.

6.3.2.1 Vorbereitung

In der Vorbereitungsphase gilt es, ein angenehmes Ambiente zu schaffen. Wenn die Gäste eintreffen, sollen sie spüren, dass dies kein Zusammenkommen in gewohnter Weise ist:

- Ideal ist ein Raum mit Tageslicht und Blick nach draußen.
- Der Raum sollte tatsächlich wie ein Café aussehen, mit kleinen (am besten runden) Tischen, an welchen vier bis acht Personen Platz haben.
- Auf ausreichend Raum zwischen den Tischen ist zu achten.
- Es sollen farbenfrohe Tischtücher gewählt werden. Tische können mit Blumen und Kerzen dekoriert werden.
- Zu jedem Tisch sollten mindestens zwei Flipchartbögen liegen, um Beiträge nach den Sitzungen zusammenfassen zu können.
- Es sollte für jeden Teilnehmenden ein bunter Stift verfügbar sein, damit er unmittelbar seine Ideen und Gedanken notieren kann.

- Auch für genügend Platz an Wänden ist zu sorgen, um im Anschluss die Ergebnisse möglichst für alle gut sichtbar präsentieren zu können.
- Auf einem zusätzlichen Tisch sollten Getränke und Snacks angeboten werden. Wichtig: Ein Café ist erst mit Essen und Trinken ein Café!
- Erstellen einer World-Café-Etikette. Diese sollte als Motivation und Leitfaden für die Teilnehmer dienen.

Zu Beginn erklärt der Moderator die Regeln der World-Café-Etikette allen Teilnehmenden, die damit einverstanden sein sollten. Die Regeln werden an einem von allen Teilnehmern gut lesbaren Flipchart vom Moderator festgehalten.

6.3.2.2 Durchführung

Sobald das Ziel für die Durchführung des World Cafés und die zur Verfügung stehende Zeit feststehen, kann entschieden werden, wie viele Gesprächsrunden stattfinden sollen. Zu Beginn werden vier bis acht Personen an einen Café-Tisch gebeten. Anschließend erklärt der Moderator des World Cafés den genauen Ablauf. Die Gesprächsrunden dauern jeweils ca. 20 bis 30 Minuten. An jedem Tisch gibt es einen Moderator, der das Gespräch leiten soll (= Gastgeber des Tisches). Die Teilnehmer werden angeregt, ihre Ideen auf die am Tisch liegenden Papiertischtücher zu schreiben. Nach dem Ende der Gesprächsrunde bleibt ein neu bestimmter Gastgeber („Host") am Tisch sitzen, während die übrigen Teilnehmer („Reisenden") sich wieder durchmischen und einen neuen Tisch suchen. Zu beachten ist, dass bei dieser nächsten Runde nicht wieder die gleichen Teilnehmer an demselben Tisch Platz nehmen.

Der Gastgeber eines Tisches hat zu Beginn jeder neuen Gesprächsrunde die Aufgabe, die bisherigen Ideen kurz vorzustellen. Die Teilnehmer werden ermuntert, an diesen Ideen anzuknüpfen und ihre Beiträge schriftlich auf den Tischtüchern festzuhalten. Nach einigen Gesprächsrunden verlinken sich die Ideen, Themen und Fragen. Zum Schluss werden die Ergebnisse der gesamten Gruppe präsentiert, also von allen Teilnehmern für alle Teilnehmer.

6.3.2.3 Analyse und Präsentation

Einer der wichtigsten Schritte ist, dass zum Schluss alle Ergebnisse allen Teilnehmern präsentiert werden. Dazu werden die Flipcharts an eine Wand gehängt. Anschließend präsentieren die Gastgeber der einzelnen Tische die Ergebnisse. In dieser Phase können Muster identifiziert und neue Handlungsmöglichkeiten erkannt werden.

6.3.3 Ergebnisse

Die Beiträge, welche von den Teilnehmern des World Cafés auf jedem Tisch erstellt worden sind, stellen das Ergebnis dieser Methode dar. Auf den Tischtüchern an den Tischen wurden das Wissen und die Ideen aller Teilnehmer des World Cafés auch bereits verknüpft. Viele Organisationen und Vereinigungen präsentieren diese Ergebnisse bereits der Öffentlichkeit anhand einer Zeitschrift oder eines Buches. Der Erfolg dieser Methode steigt mit der Einhaltung der Grundprinzipien (siehe Voraussetzung für die Durchsetzung der Methode) sowie mit dem einmaligen, förderlichen Café-Ambiente (siehe Vorbereitungsphase). Es können überraschende und nützliche Ergebnisse erzielt werden, wenn auf diese beiden Aspekte besonders geachtet wird.

In Bild 6.3 fassen wir die wesentlichen Herausforderungen und Tipps für den Einsatz der Methode zusammen.

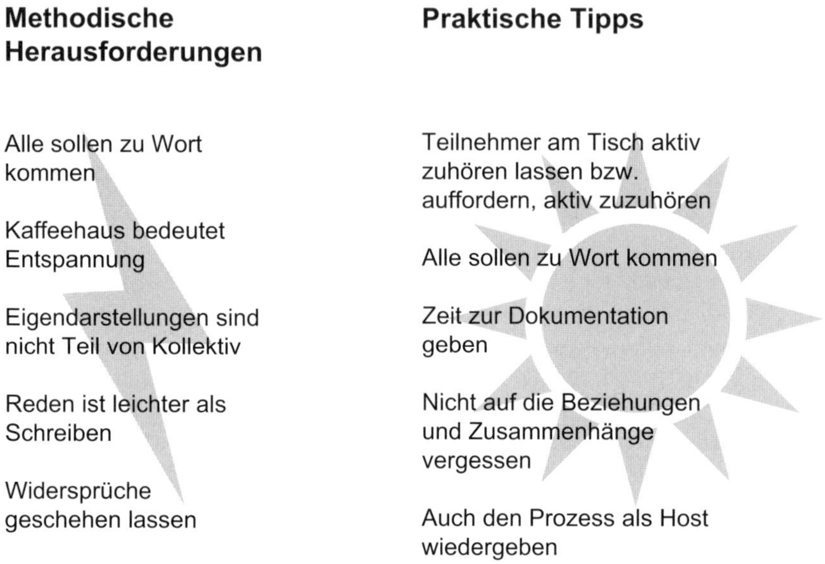

Methodische Herausforderungen

Praktische Tipps

Alle sollen zu Wort kommen

Teilnehmer am Tisch aktiv zuhören lassen bzw. auffordern, aktiv zuzuhören

Kaffeehaus bedeutet Entspannung

Alle sollen zu Wort kommen

Eigendarstellungen sind nicht Teil von Kollektiv

Zeit zur Dokumentation geben

Reden ist leichter als Schreiben

Nicht auf die Beziehungen und Zusammenhänge vergessen

Widersprüche geschehen lassen

Auch den Prozess als Host wiedergeben

Bild 6.3 Herausforderungen und Tipps zur Veranstaltung eines World Cafés

■ 6.4 Aufwand

Die Zeitplanung ist beim World Café sehr flexibel. Eine Runde nimmt 20 bis 30 Minuten in Anspruch. Am häufigsten werden drei oder vier Runden durchgeführt. Somit ergibt sich eine Gesamtzeit von ca. zwei Stunden. Steht jedoch mehr Zeit zur Verfügung, so können auch weitere Gesprächsrunden eingeplant werden. Benötigt wird darüber hinaus ein Raum von ausreichender Größe mit dem entsprechenden Ambiente (siehe Vorbereitungsphase).

Insgesamt ist das World Café eine kostengünstige Methode. Es fallen lediglich Kosten für die benötigten Ressourcen an. Diese Ressourcen können aus Tabelle 6.1 entnommen werden. Diese Checkliste ist auch für die Vorbereitung eines World Cafés hilfreich.

Tabelle 6.1 Checkliste für die Vorbereitung eines World Cafés

Ressourcen	Check
Raum mit ausreichender Größe	
Kleine runde Tische	
Ausreichend Stühle für alle Teilnehmer, Gastgeber und Moderator	
Farbenfrohe, einfarbige Tischtücher	
Zwei bis drei Flipchartbögen zu jedem Tisch	
Stifte und Marker in unterschiedlichen Farben	
Dekoration der Tische und des Raumes	
Snacks und Getränke	
Ausreichend Platz auf den Wänden, wo im Anschluss alle Ergebnisse auf den Flipcharts präsentiert werden	

■ 6.5 Einsatzbeispiel

Das in der Folge beschriebene World Café wurde im Rahmen eines Veränderungsprojekts durchgeführt, das einen Dienstleister der IKT-Branche neu positionieren sollte. Die Inhalte wurden von den World-Café-Hosts (Fachverantwortlichen und Management) und Teilnehmern (operativen Kräften) erarbeitet. Die Zusammenfassungen wurden von den Café-Hosts zur Verfügung gestellt.

6.5.1 Vorbereitung

Da das Unternehmen regional verteilt operiert, wurden zwei World-Café-Sitzungen an geografisch unterschiedlichen Standorten an zwei unterschiedlichen Tagen durchgeführt.

Nach vorangegangenen Open-Space-Foren und Interviews des Managements und der Fachverantwortlichen wurde vereinbart, fünf neue Themen zu bearbeiten. Der Vorstand wurde beauftragt, Schlüsselfragen zu entwickeln, welche die Anliegen im Zusammenhang mit den aufkommenden Themen abbilden. Diese Fragen boten die Grundlage für World-Café-Gespräche. Die fünf Themen und die damit verbundenen Fragen waren:

Führung

Die Unternehmensstrategie unterliegt mehreren Prinzipien, wovon eine „Führen durch Vorbild" heißt. Die dazu zählenden Fragen wurden wie folgt formuliert:

- Wie haben wir geführt und können wir anhand von Vorbildern oder Beispielen führen?
- Wie kann eine Organisationseinheit mit Beispielen vorangehen?

Eigenständigkeit

Das Unternehmen hat kürzlich eine „eLiving Working Initiative" gegründet. Sie hat ein erklärtes Ziel, nämlich dem Unternehmen Bewegungsfreiheit in Richtung Markterschließung zu ermöglichen.

- Wie kann das erreicht werden?
- Welche Ressourcen sollten auf dieses Ziel umgesetzt werden?

Produktive Spannung

Unsere produktive Spannung hält uns „wach" für neue Ideen. Denken wir über die Stimmung in unserer Organisation nach.

- Was macht uns erfolgreich und zufrieden mit unseren Tätigkeiten?
- Was können wir von anderen Organisationen lernen?
- Was können wir tun, um unsere Ideen zum Leben zu erwecken?
- Gibt es Räume, Einrichtungen, Richtlinien oder Programme, welche die Organisation einrichten sollte, um die Unternehmensvision erreichen zu können?

Umgang mit Vielfalt

Wir setzen uns aus unterschiedlichen Berufsgruppen und heterogenen Arbeitsgruppen zusammen.

- Welche Arten von Programmen und Diensten glauben Sie, wären erste Wahl für die Verbesserung des Zugangs für unterschiedliche Berufsgruppen (Analytiker, Designer, Customer Service etc.)?
- Wie sollen einzelne Gruppen angesprochen werden?

Verantwortung

Führung und Innovation hat soziale Verantwortung.

- Was bedeutet das für Sie?
- Die Arbeitsgruppe „Werte" identifizierte Gleichheit, Zugang und Eingliederung als wichtig für uns. Wie können wir diese Werte umsetzen?

Mithilfe der Fragen war der Grund des Zusammentreffens geklärt. Damit wurde deutlich, dass sämtliche Mitarbeiter und Verantwortliche teilnehmen sollten und welche bedeutsamen Fragen es zu bearbeiten galt. Den gemeinsamen Kontext bildeten die Vorarbeiten, da sie zu jenen Themenbereichen führten, mit welchen nun Veränderungsansprüche verbunden sein können. Um das kollektive Wissen als Entwicklungspotenzial zu nutzen, wurden sämtliche Funktionsträger eingeladen. Die Fragen waren nicht nur für den Einzelnen, sondern auch für das Gesamtsystem relevant. Einige schienen zwar zu herausfordernd gestellt, dank der Durchmischung der Themen, von welchen einige bereits intensiv reflektiert waren, wurde dennoch das Risiko eingegangen, die Teilnehmer mit noch unreflektierten Themen zu befassen (z. B. „produktive Spannung").

6.5.2 Durchführung

Im Rahmen der Durchführung dieses World Cafés begrüßte die Moderatorin zunächst die Teilnehmer, gab einen Überblick über den Kontext und das Verfahren. Danach ersuchte sie die Teilnehmer, ihre erste von drei Café-Diskussionen, an denen sie teilnehmen möchten, auszuwählen. Die Gastgeber der Tische führten anschließend in das Thema ein und erinnerten die Teilnehmer, ihre Beiträge unmittelbar aufzuzeichnen. Die Gastgeber informierten die Teilnehmer, dass sie zusammenfassende Notizen machen würden, und luden sie dann ein, die Gespräche, wo immer sie wollten, zu beginnen.

Nach der ersten Runde von 30 Minuten Diskussion wurden die Teilnehmer gebeten, sich an einen anderen Tisch zu begeben, um ein zweites Thema zu bearbeiten. Dort angekommen erhielten sie vom Gastgeber eine Zusammenfassung sowie Information über den Prozessverlauf vom bisherigen Tischgeschehen. Derart informiert vom vorausgegangenen Ablauf wurden die jeweiligen Fragen an den Tischen weiterbearbeitet. Dieser Vorgang wiederholte sich für jede der drei Diskussionsrunden in immer neuen Teilnehmergruppierungen. Nach Abschluss der dritten Runde der Diskussion wurden die Teilnehmer ersucht, an ihre Ausgangs-Café-Tische zurückzukehren. Dort gab der jeweilige Gastgeber einen Überblick über die erarbeiteten Ergebnisse, Muster und Themen der Gespräche während aller drei Diskussionsrunden.

Um die Sitzung zu schließen, gaben die Gastgeber allen Teilnehmern einen kurzen Bericht (ein bis zwei Minuten) zu neu aufgekommenen Themen und den Ideen, die von Café-Teilnehmern generiert worden waren. Folgende exemplarische Tischeinträge fanden sich zu den jeweiligen Themen:

Führung

- Flexibler Umgang mit Kommunikations- und Informationsformaten: abwechslungsreiche Gestaltung von Sitzungen.
- Rückfrage, ob Häufigkeit individueller Kontakte mit Mitarbeitern ausreicht.
- Teilhaben lassen an Entscheidungen.
- Gemeinsame Reflexion von Führungsverhalten.

- Änderung von Gewohnheiten.
- Konstruktives Hinterfragen von Vorschriften.
- Förderung systemischen Denkens.
- Hinterfragen des eigenen Handelns, wie Unternehmensmission erfüllt wird (Beitrag dazu).

Eigenständigkeit

- Konzept auf organisationaler Ebene nicht definiert – bedeutet Eigenverantwortlichkeit auch Eigenständigkeit?
- Hinterfragen der Wertschöpfungskette.
- Prozess-Interfaces ansehen, insbesondere nach außen.
- Auswirkungen auf Strategie?
- Abstimmung mit globaler Marktakzeptanz.
- Veränderungsmanagement – Eigenständigkeit.
- Gibt es von außen Druck, eigenständig zu werden?
- Trennung von Forschung und Produktmanagement.
- Mitarbeiterqualifikation?

Produktive Spannung

- Der erste Eindruck ist wichtig, hält auf Dauer.
- Es soll etwas Aufregendes sein, um Menschen dort zu halten.
- Offene Räume sind wichtig – sind sie ein einladender Ort?
- Kennen wir unsere Bedürfnisse?
- Sozialraum hat kein „Herz".
- Es fehlt ein Gefühl der Gemeinschaft.
- Gemeinschaftszentren müssen attraktiver sein, mit Kunst/Musik/Grün. Versuchen wir einen Innenhof mit einer Kombination von Ambiente, Begehbarkeit, dörflicher Atmosphäre.
- Was können wir tun, um kommerzielle Zentren zum Leben zu erwecken?

Umgang mit Vielfalt

- Menschlichkeit ist
  - Lebendigkeit – Kino/Verkehr,
  - Verlangsamung,
  - Aufforderung,
  - entspannte Atmosphäre,
  - Slow Movement, „das Leben in der langsamen Spur",
  - Rauchverbot.

- Was wäre, wenn – im Sommer – in bestimmten Nächten Tische und Stühle auf der Straße zur Interaktion einladen?
- Kunst für Geschäftsreisende.
- Aufmerksamkeit bekommen. Diverse Programme – soziales Umfeld: Kleines Café – wird immer von Vandalen ruiniert.
- „Caring" für Menschen ist wichtiger als nur die Erbringung von Dienstleistungen.
- Es kann schwierig sein für Neulinge, mit Gemeinschaft in Verbindung zu treten. Wir brauchen bessere Kommunikation (nicht nur eine Website).

Verantwortung

- Die meisten Menschen verstehen das Konzept „Verantwortung" nicht.
- Wir brauchen bessere Kommunikation über die Dienste und Produkte.
- Die Leute wissen nicht, wie sie uns kontaktieren können (Website!).
- „Caring" ist, was wichtig ist, nicht nur die Bereitstellung eines Kern-Services.
- Nicht auf Aktionsplan warten – tun!
- Ich weiß nicht, was Verantwortung über mein fachliches Wissen hinaus bedeutet.
- Die Leute kommen vielleicht sogar zu uns, weil sie nicht unbedingt Verantwortung übernehmen wollen.
- Nicht jeder hat die gleiche Haltung, wenn es um soziale Verantwortung geht. Einige Leute sind mehr daran interessiert, sich um ihr eigenes individuelles Wohlergehen als um andere zu kümmern.
- „Advanced Community Connections" bedeutet für mich: Es muss bequem sein.
- Verantwortungsinteressierte brauchen Sicherheit, sollen ohne Angst arbeiten können. Ihre Probleme sind auch unsere Probleme.

Die *Zusammenfassung* mündete in folgendes Dokument:

Wir haben heute Werte rund um unsere Leistungen, Führung, Verantwortung und uns selbst erarbeitet. Wie können wir diese Werte leben?

- Wir wollen anhand konkreter Beispiele lernen, wer in derartigen Prozessen welche Rolle spielen kann.
- Personalverantwortliche werden helfen, Menschen durch informelle Tätigkeiten zu vernetzen, indem sie sämtliche Einrichtungen überprüfen und neuen Fantasien Raum geben.
- Wir wollen Praxisgemeinschaften bilden, die selbst Initiativen setzen und kleine Events zustande bringen. Sie sollen für jedermann zugänglich sein.

- Ein neues Programm zu Customer Knowledge Management wird in themenspezifischen Arbeitsgruppen zur Erweiterung unseres Handlungsspektrums beitragen.

- Die Belohnung besteht primär aus sozialen Werten, deren wirtschaftliche Konsequenz in wirtschaftlich schwierigen Zeiten die einzige Sicherheit bedeutet.

- Wir sind uns der Arbeit bewusst, um die Menschen zur Teilnahme zu bewegen, möchten aber diesbezüglich eine führende Rolle beim Aufbau von „Selbstmanagement" einnehmen.

Unser Maßnahmenkatalog ist vielfältig:

- Mit einer gemeinsamen Sprache Prozesse verbessern.

- Verständnisbildung zwischen Projektmitarbeitern/Fachbereichen/Stakeholdern/Entscheidungsträgern durch Wissenslandkarten.

- Menschen, nicht Werkzeuge und Modelle treffen Entscheidungen – sozial verträgliche Entscheidungen sind von grundlegender Bedeutung für die Entscheidungsfindung.

- Herstellen und Klären gemeinsamer und kontinuierlicher Arbeitsstrukturen über Berufsgruppen hinweg durch abgestimmte Prozessmodelle (Wann kommuniziert wer mit wem worüber?).

- Bedarfsorientierte Einrichtung von Lernzyklen mit dem Ziel, voneinander zu lernen:

  - Was sind die Bedürfnisse von Customer-Service-Kräften?

  - Was wollen sie im Hinblick auf Gestaltungsentscheidungen wissen?

  - Was können die Produktentwickler zur Verfügung stellen?

  - Wie sollten Daten zusammengefasst werden und Prozessdaten zugänglich sein, um Auswirkungen von Entscheidungen bewerten zu können?

- Entwickler sind oft „zu spät" mit ihrer Antwort. Entwickler sollten eine offenere und transparentere Arbeitsweise besitzen, insbesondere im Hinblick auf den Umgang mit Unsicherheit. Sonst kann ihr Wissen überhaupt nicht verwendet werden.

- Schaffung einer „Transparenzdatenbank" über die erforderlichen produktspezifischen Informationen. Es ist wichtig, in unterschiedlichen Phasen von Entwicklungsprojekten fachlich zuverlässigen Input zu bekommen, insbesondere wenn sich Zielsetzungen des Auftraggebers ändern oder die Architektur von Gesamtsystemen ständig Veränderungen unterworfen ist.

- Einrichtung eines Monitoring-Programms, um unterschiedliches Spektrum von Interessen, insbesondere Institutionen, Analytiker, Designer, Implementierer, Entscheidungsträger und Projektentwickler zu erfassen und entsprechende Prozesse in Konfliktsituationen zu initiieren. Besonderen Stellenwert soll die Kosteneffizienz besitzen.

Die Ergebnisdarstellung unterstreicht den erfolgreichen Einsatz der Methode. Dies zeigt sich besonders daran:

- Die Ergebnisse von den Tischen konnten integriert werden.
- Die Ergebnisse an den Tischen sind nicht nur lösungsorientiert.
- Es konnte ein Bündel an Maßnahmen zur konkreten Weiterarbeit vereinbart werden.
- Die ursprünglich erarbeiteten Themen können integriert weiterbearbeitet werden.
- Zusammenhangsdenken wurde erprobt und konstruktiv eingesetzt.
- Der Vielfalt an Beiträgen konnte Rechnung getragen werden. Sowohl Zusammenhänge als auch Gegensätzlichkeiten wurden gesichtet und konstruktiv bearbeitet.

Vor allem am Umgang mit Vielfalt kann der Mehrwert des kollektiven Vorgehens erkannt werden.

■ 6.6 Potenzial und Grenzen

In Bild 6.4 fassen wir einige Erfahrungen zusammen, welche beim Einsatz der Methode gewonnen wurden.

Ich wusste nicht, dass man vom Zuhören so viel lernen kann.

Das haben wir nur gemeinsam zustande gebracht – alleine wären wir nie so weit gekommen.

Ich bin fix und fertig – das ist verdammt anstrengend.

Am liebsten würde ich mir die Tischunterlagen gleich mitnehmen.

So lange hat mir noch niemand zugehört.

Jetzt beginnt die Arbeit erst – aber mit so einer Grundlage kann nichts mehr passieren.

Bild 6.4 Erfahrungen zur Veranstaltung eines World Cafés

Neben dem Potenzial, das sich durch die Anwendung der Methode ergibt, erschweren in einigen Fällen auch bestimmte Aspekte den Einsatz von World Cafés. Zunächst werden die nutzbringenden Aspekte angeführt:

- *Erkennen neuer Wege und Handlungsmöglichkeiten:* Aus dem Kollektiv werden vielfältige Handlungsoptionen generiert, die für Individuen wie für die Organisation von Wert sein können.

- *Die Kraft von Gesprächen wird zum gemeinsamen Nutzen aller eingesetzt:* Die entgegengebrachte Wertschätzung sichert neben der aktiven Teilnahme die kommunikative Auseinandersetzung mit den eingebrachten Inhalten.

- *Entdecken von neuen Mustern:* Die Zusammenschau der einzelnen Beiträge lässt Muster erkennen, die bereits Erlebtes widerspiegeln, aber auch neue Wege erschließen helfen können.

- *Entwickeln neuer Ideen und Problemlösungen:* Die Teilnehmenden sammeln und generieren Wissen, das ihnen helfen soll, Veränderungen zu erkennen und gegebenenfalls zu realisieren.

- *Vernetztes Wissen wird gefördert:* Die jeweiligen Beiträge werden von der Gruppe am Tisch versucht, in Beziehung zueinander zu setzen.

- *Herausarbeiten tiefer liegender Fragen:* Die Beiträge werden als Kontinuum erlebt, welches auch Wertesysteme oder Motivationen zu den Inhalten herausarbeiten lässt.

Das World Café stellt allerdings keine Konfliktlösungsmethode dar. Sind soziale Spannungen im Teilnehmerfeld vorhanden oder entstehen solche im Lauf der Sitzungen, erfordert dies eine entsprechende Bearbeitung mit Methoden zur Konfliktlösung. Als Grundlage zur Konfliktlösung kann das kollektiv erfasste Wissen genutzt werden, vielleicht verbirgt sich hinter einem der Beiträge an den Tischen ein Lösungsansatz?

Literatur

AIOS (2009): *http://www.all-in-one-spirit.de/werkzeuge/worldcafe.htm*. Zugriff am 03.04.2009

Brown, J.; Isaacs, D. (2005): *The World Café: Shaping Our Futures Through Conversations That Matter.* San Francisco: Berrett-Koehler Publishers

Schratz, M. (2006): „Das World Café – eine wirksame Methode zur Vernetzung von Wissen in großen Gruppen". *Journal für Schulentwicklung*, 10 (1), S. 99 – 907

The World Café Community Foundation (2012): *http://www.theworldcafe.com. Das World Café präsentiert ... http://www.theworldcafe.com/translations/Germancafetogo.pdf*. Zugriff am 24.03.2012

7 Wissenslandkarten

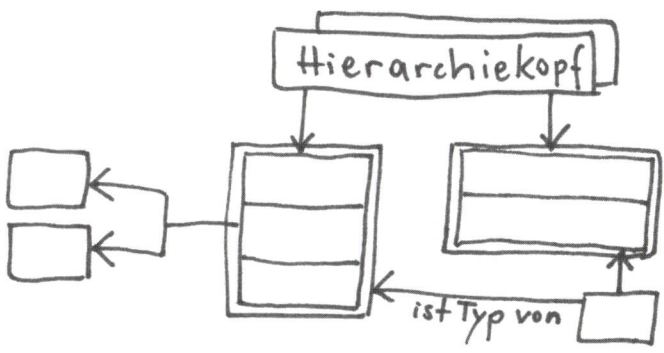

Wissenslandkarten sind eine grafische Form der Darstellung von nachhaltigem, schwer greifbarem Wissen in Organisationen, das damit explizit gemacht und zu bestehendem Wissen in Beziehung gesetzt werden soll.

Im Allgemeinen repräsentiert eine Karte einen Ausschnitt der realen oder virtuellen Welt in einer vereinfachten grafischen Darstellung, die zweidimensional (Bildschirm oder Papier) ausgegeben wird. Auf der Basis einer vorgegebenen Struktur (Kontext) werden Informationsobjekte in Form von Symbolen, Farben, Formen, Texten und Bildern visualisiert. Wissenslandkarten veranschaulichen so in grafischer, zweidimensionaler Form abstrakte Konzepte, Ideen und Assoziationen.

Im Konkreten repräsentieren Wissenslandkarten grafische Verzeichnisse von Wissensträgern, Wissensbeständen, Wissensquellen, Wissensentwicklungen, Wissensstrukturen oder Wissensanwendungen. Sie werden vor allem zur Identifikation von Wissen in Organisationen eingesetzt und um Arbeitsabläufe effektiver und effizienter zu gestalten. Sie verweisen auf Expertenwissen, Teamwissen, Wissensentwicklungsstationen sowie organisationale Fähigkeiten und Abläufe und setzen diese zueinander in Beziehung. Wissenslandkarten sind somit Metainformationsträger, da sie auf das verankerte Wissen referenzieren und nicht den Wissensinhalt selbst dort abbilden.

In erster Linie eignen sich Wissenslandkarten zur **Wissensdarstellung**: Unterschiedliche Arten von Wissen können in ihren Beziehungen zueinander erfasst und somit systemisch eingebettet werden, wodurch sie besser greifbar werden. Dies gilt insbesondere für Erfahrungswissen, womit die Visualisierungsarbeit auch zur Wissenserhebung beiträgt. Das so strukturierte und anschaulich dargestellte Wissen kann schließlich potenziell auch zu Wissensinnovationen und zur Generierung neuen Wissens (= **Wissensgenerierung**) führen.

Bild 7.1 fasst die Zuordnung zu den Aktivitätsbündeln des Wissensmanagements zusammen.

Bild 7.1 Einordnung in die Aktivitätsbündel des Wissensmanagements

Wissenslandkarten eignen sich folglich primär zur Schaffung und zeitgleichen Dokumentation von Wissen.

■ 7.1 Herkunft und Hintergrund

Die Möglichkeit, Daten in großen Mengen zu speichern und über alle Grenzen hinweg zu kommunizieren, hat zu einem grundsätzlichen Wandel in der Wissenslandschaft geführt. Waren es früher Informationsmangel und Probleme des Zugangs, die der Wissensentwicklung und -nutzung deutliche Grenzen gesetzt haben, so ist es nunmehr das Gegenteil: Datenflut und Orientierungsmangel werden in wachsendem Ausmaß zu Problemen.

Zur Überwindung der angeführten Probleme gibt es verschiedene Zugänge. Zum einen sind dies technologiegetriebene Zugänge, die Softwarewerkzeuge zur Suche von Daten anbieten. Suchmaschinen für das Internet wie z. B. Google oder Yahoo sind allgemein bekannte Beispiele für derartige Lösungen. Suchmaschinen

- ▪ ... können (jedoch) keine Inhalte verarbeiten, weil von einer Zeichenkette nicht zwingend auf deren Bedeutung geschlossen werden kann.

- ▪ ... können die komplexe Beziehung zwischen Zeichen und Bedeutung (Mehrdeutigkeit von Wörtern, Mehrfachbezeichnung für einen bestimmten Inhalt) nicht verwalten, mit der bekannten Konsequenz, dass durch die Suche auch Lösungen angeboten werden, die inhaltlich nicht passen, bzw. dass jene gesuchten Inhalte nicht gefunden werden, die durch ein anderes Fachwort dargestellt worden sind.

- ▪ ... sind daher auch nur sehr beschränkt für eine Suche nach einem bestimmten Inhalt über Sprachgrenzen hinweg einsetzbar.

- ▪ ... können kein Wissen finden, das nicht dokumentiert ist (z. B. Erfahrungswissen).

- ▪ ... können gezielt nur zu Punktwissen führen, nicht jedoch zu Beziehungswissen.

- ▪ ... können durch Beschränkung auf die bloße Suche die Wissenslandschaft nicht ordnen und daher keine wirkliche Orientierungshilfe bieten.

Der methodengetriebene Zugang zur Entschärfung der dargestellten Probleme besteht darin, dass aus einer Auswahl von Daten eine geordnete Wissenslandschaft „manuell" erstellt wird. Als bildhafter Vergleich lassen sich hier die Metaphern der „Entrümpelung", der „Abfallentsorgung" und des „Aufräumens" heranziehen, die im Alltagsleben zwar als unliebsame, aber als selbstverständliche Notwendigkeiten angesehen werden. Im Bereich des Wissensmanagements scheut man vor diesem Aufwand ebenfalls oftmals zurück, womit auch schon die Schwäche des Ansatzes, die Einstiegsbarriere, angesprochen ist. Dieser Ansatz hat aber ein hohes Wertschöpfungspotenzial, wenn die Kosten-Nutzen-Relation klare Vorteile verspricht – und dies ist in wachsendem Ausmaß der Fall.

Für Verantwortliche im Wissensmanagement geht es, soweit ersichtlich, in den meisten Fällen jedoch nicht um eine Entscheidung für den einen oder anderen Zugang, sondern es ist für beide Zugänge ein Bedarf vorhanden. Während für Suchmaschinen tatsächlich nur ein Werkzeug zu beschaffen ist, ist der methodengetriebene Ansatz aufwendiger: Er verlangt das Beherrschen einer geordneten Vorgangsweise und auch maschinelle Hilfe, d. h. ein Werkzeug zur Visualisierung der Wissenslandkarte.

■ 7.2 Zielsetzungen und Einsatzmöglichkeiten

Die Sinnhaftigkeit für den Einsatz von Wissenslandkarten in Organisationen besteht überall dort, wo nachhaltigeres bzw. schwer greifbares Wissen (im Gegensatz zu Daten oder nur kurzlebigen Informationen) vorliegt und dieses erfasst und strukturiert werden soll.

Um Wissenslandkarten erfolgreich realisieren zu können, sollten vor der Erstellung die organisationsstrategischen Wissensziele bestimmt und bei der Erstellung der Wissenslandkarte im Auge behalten werden. Hier werden diejenigen Kernprozesse und Entwicklungen in einer Organisation definiert, die in hohem Maß von Wissen abhängig sind.

Des Weiteren erbringt eine Wissenslandkarte nur dann besondere Wertschöpfung, wenn sie zwei Anforderungen erfüllt:

- Sie sollte nutzerorientiert sein, d. h. nach Kriterien der Zweckmäßigkeit erstellt werden. Dies äußert sich beispielsweise in der Auswahl von Wissenselementen, die in die Wissenslandkarte aufgenommen werden, und durch die assoziativen Relationen, die für die Wissenslandkarte definiert werden.

- Sie sollte methodenorientiert (qualitätsgesichert) sein, d. h. nach Kriterien der Logik und Systematik erstellt werden. Dies äußert sich beispielsweise in den logischen Kriterien beim Erstellen von Hierarchien von Wissenselementen, ebenso auch in der Systematik der Bezeichnung von Wissenselementen und Relationen.

Beide Kriterien sind nicht immer einfach miteinander zu verknüpfen, weshalb beim Erstellen von Wissenslandkarten Barrieren auftreten können.

Darüber hinaus muss eine gemeinsame Sprache der Nutzer gefunden werden, damit eine erfolgreiche Nutzung der Wissenslandkarte ermöglicht wird. Hier sollte ein möglichst standardisiertes Vokabular verwendet werden, das im Vorfeld definiert werden muss. Nur so kann später ein effektiver Such- und Auffindprozess ermöglicht werden.

Nicht zuletzt sollte auch darauf hingewiesen werden, dass die Einführung von Wissenslandkarten nur in einer Organisationskultur erfolgreich sein wird, in der Offenheit und Wertschätzung gegenüber den Mitarbeitern besteht, Ideen ausgetauscht werden und persönliche Zusammenarbeit und ständige Verbesserung an der Tagesordnung sind.

Das Ziel von Wissenslandkarten ist es, sowohl explizites (bewusstes, zugreifbares) als auch implizites (weniger bewusstes, intuitives) Wissen rasch zu erfassen, Transparenz zu schaffen und so den Zugriff auf benötigtes Wissen zu erleichtern und zu beschleunigen. Erfahrungswissen soll gesichert, Mitarbeiterwissen standardisiert und Organisationswissen innoviert werden.

Bild 7.2 fasst die Motivatoren und Bild 7.3 fasst die wesentlichen Herausforderungen und Tipps für den Einsatz der Methode zusammen.

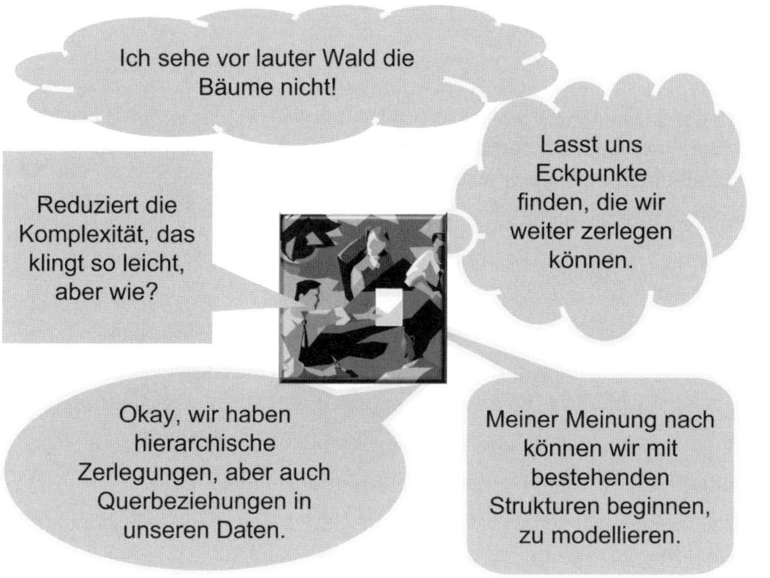

Ich sehe vor lauter Wald die Bäume nicht!

Reduziert die Komplexität, das klingt so leicht, aber wie?

Lasst uns Eckpunkte finden, die wir weiter zerlegen können.

Okay, wir haben hierarchische Zerlegungen, aber auch Querbeziehungen in unseren Daten.

Meiner Meinung nach können wir mit bestehenden Strukturen beginnen, zu modellieren.

Bild 7.2 Motivatoren für den Einsatz der Methode

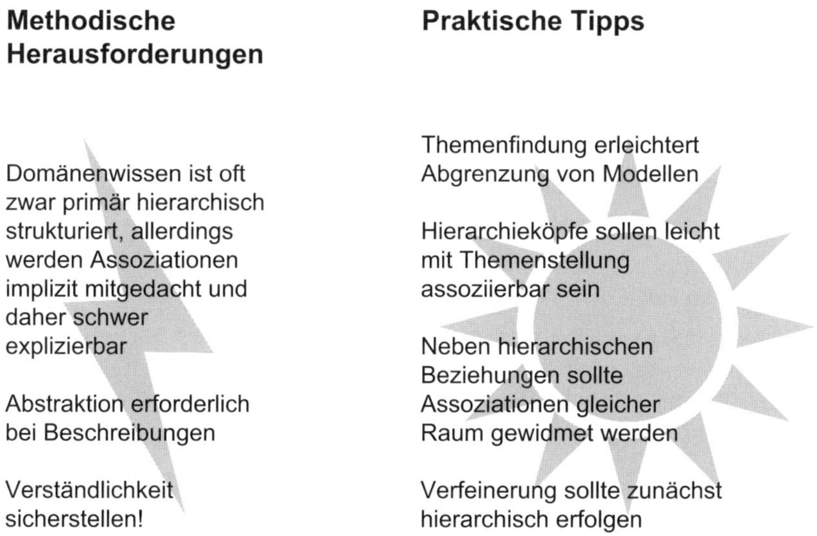

Methodische Herausforderungen

Praktische Tipps

Domänenwissen ist oft zwar primär hierarchisch strukturiert, allerdings werden Assoziationen implizit mitgedacht und daher schwer explizierbar

Abstraktion erforderlich bei Beschreibungen

Verständlichkeit sicherstellen!

Themenfindung erleichtert Abgrenzung von Modellen

Hierarchieköpfe sollen leicht mit Themenstellung assoziierbar sein

Neben hierarchischen Beziehungen sollte Assoziationen gleicher Raum gewidmet werden

Verfeinerung sollte zunächst hierarchisch erfolgen

Bild 7.3 Herausforderungen und Tipps für den Einsatz einer Wissenslandkarte

■ 7.3 Umsetzung

Die bisherigen Erfahrungen haben gezeigt, dass das Erstellen von Wissenslandkarten eher nicht zu empfehlen ist, wenn ausschließlich Daten oder nur kurzlebige Informationen zu verwalten sind, wie beispielsweise

- Produktionsdaten, Kundendaten, Personaldaten,
- Informationen über die Marktentwicklung, über die Planung weiterer Kooperationen,
- Informationen über die Einstellung neuer Mitarbeiter oder Ähnliches.

Es bestehen hingegen überall dort besondere Wertschöpfungspotenziale für Wissenslandkarten, wo nachhaltigeres bzw. schwer greifbares Wissen vorliegt, z. B.

- Erfahrungen aus Schadensfällen, aus der Abwicklung von Projekten,
- Fachwissen über Werkstoffe, über Produktionsverfahren,
- Zusammenhänge zwischen Forschung und Entwicklung, Produktionsverfahren, Produkten, Kunden, Anlagen,
- Qualitätssicherung, Vertrieb, Weiterbildung oder Ähnliches,

und diese Zusammenhänge für die gesamte Organisation nutzbar gemacht werden können und sollen.

Konkrete Anwendungsbereiche ergeben sich unter anderem für die in der Folge genannten Bereiche:

- **Dokumentenmanagement**
  - Thematische Ablage von Dokumenten anhand einer vorgegebenen Struktur (anstelle von Ad-hoc-Verschlagwortung),
  - Zuordnung von Dokumenten zu Beziehungswissen (neben Zuordnung zu Punktwissen),
  - thematische Suche von Dokumenten (neben Stichwortsuche),
  - sicheres Finden von Dokumenten auch ohne Wissen eines Stichworts, z. B. bei mehrsprachig geführter Dokumentation, bei Bezeichnungsvielfalt etc. (bei gleichzeitiger Vermeidung von thematisch irrelevanten Dokumenten in der Liste der Suchergebnisse),
  - Verteilung von Dokumenten nach Kriterien eines Berechtigungskonzepts (anstelle einer namentlichen Verteilerliste).
- **Innovationsmanagement**
  - Navigationshilfe zu einer thematisch geordneten Erfassung von Schadensfällen, Kundenbeschwerden (im Kontrast zu stichwortgeleiteter Hilfe),
  - Navigationshilfe zu einer thematisch geordneten Erfassung von Verbesserungsvorschlägen (im Kontrast zu stichwortgeleiteter Hilfe),
  - Möglichkeit zur Visualisierung von Beziehungen zwischen Problemen und Innovationspotenzialen (anstelle von verteilten Kommentaren),

- Möglichkeit zur Einrichtung von Diskussionsforen, Wiki-Plattformen, zu Beziehungswissen (zusätzlich zu Punktwissen).

- **Informationsmanagement**

  - Möglichkeit zur Organisation der Wissensflüsse in mehreren Dimensionen (nicht nur top-down und bottom-up, sondern auch zwischen Abteilungen, Standorten, Prozessen, Kunden etc.),

  - Möglichkeit zur Visualisierung von Berechtigungs- und Nutzungskonzepten in abstrakter Form, z. B. als Rollenkonzept (im Kontrast zu einem konkreten, personenbezogenen Konzept),

  - Möglichkeit zur Sicherstellung geregelter Informationsprozesse („Hol- und Bringschuld") anhand definierter Rollenbeziehungen (im Kontrast zu konkreten Personen- oder Abteilungsbeziehungen),

  - Möglichkeit zur Schaffung eines themenbasierten Zugangs zu verteilten Datenbanken (als Hilfestellung zur Überwindung von Hemmschwellen beim Zugang zu einer abteilungsfremden Datenbank),

  - Möglichkeit zur Verbesserung der Qualität von Suchprozessen bei Suchmaschinen (z. B. durch Bereitstellung inhaltlicher Beziehungen zwischen Stichwörtern).

- **Human Resource Management**

  - Möglichkeit, ein Aufgabenprofil im Kontext der gesamten Organisation sichtbar und damit besser verständlich zu machen (anstelle einer rein lokalen Aufgabenbeschreibung),

  - Möglichkeit, anhand der Arbeit an einer Wissenslandkarte vernetztes organisationales Denken zu fördern (zusätzlich zum lokalen Denken),

  - Möglichkeit, Kompetenzen von Mitarbeitern, Abteilungen, Projektgruppen geordnet zu erfassen und darzustellen (zusätzlich zum dokumentierten Ausbildungsprofil von Mitarbeitern),

  - Möglichkeit, Kompetenzen mit Prozessen, Anlagen, Organisationseinheiten, Projekten in Beziehung zu setzen,

  - Möglichkeit, im Zusammenhang mit Innovationsprozessen, wie z. B. Produktinnovation, Prozessinnovation den zukünftigen Bedarf an Kompetenzen einzuschätzen (zusätzlich zu Berechnungen des Personalbedarfs oder als Grundlage des Schulungsbedarfs),

  - Möglichkeit, kompetente Ansprechpartner anzuzeigen (anstelle von Anfragen in verschiedenen Teilen der Organisation),

  - Möglichkeit, kompetente Personen für bestimmte Aufgaben, Projekte etc. zu finden (zur Verminderung der Wahrscheinlichkeit von Fehlbesetzungen).

- **Qualitätsmanagement**

  - Möglichkeit, durch das vernetzte Arbeiten an einer organisationalen Wissenslandkarte eine Standardisierung bei der Wissensstruktur, bei den Beziehungen zwischen Wissenselementen und bei den Benennungen von Wissenselementen herzustellen (in Ergänzung zur Arbeit an lokalen Wissensbeständen, Datenbanken),

- Möglichkeit, durch das kollektive Arbeiten an einer organisationalen Wissenslandkarte das persönliche Wissen, insbesondere das Erfahrungswissen, für die Organisation zu sichern und zugänglich zu machen (in Ergänzung zur individuellen Arbeit an der Wissensentwicklung),

- Möglichkeit, durch methodische und technische Vorgaben unstrukturiertes Vorwissen auf eine höhere Qualitätsstufe zu heben (im Gegensatz zu ungeordnetem Inventarwissen),

- Möglichkeit, durch Nachverfolgung von Prozessen der Wissensentwicklung und der Wissensnutzung und der daraus resultierenden Produkte eine aussagekräftige Wissensbilanz zu erstellen (im Gegensatz zu einer reinen indikatorbasierten Wissensbilanz).

7.3.1 Wer ist beteiligt?

Wissenslandkarten können von einer Einzelperson oder als Prozess zur Generierung von gemeinsamem Erfahrungswissen auch von einer Gruppe erstellt werden. Bei der Erstellung in der Gruppe empfiehlt sich auch ein Moderator zur Koordination des Gruppenprozesses.

7.3.2 Ablauf

Der strukturierte Einsatz von Wissenslandkarten erfolgt entlang der Phasen Vorbereitung, Durchführung und Auswertung, welche in der Folge beschrieben werden.

7.3.2.1 Vorbereitung

Um eine Wissenslandkarte erstellen zu können, gilt es, sich zuallererst mit den Zielen zur Erstellung einer Wissenslandkarte auseinanderzusetzen. Darüber hinaus sollten sich Wissensmanager mit den Bestandteilen einer Wissenslandkarte vertraut machen.

Elementare Wissensbausteine

Bei elementaren Wissensbausteinen handelt es sich um Denkprodukte oder auch Wissenselemente, Topics, Themen, Konzepte oder Begriffe, die entstehen, wenn Daten, Eindrücke, erlebte Episoden und gemachte Erfahrungen durchdacht und auf das Wesentliche reduziert werden. Wissensbausteine sind daher abstrakt und nicht mehr Teil der realen, sondern einer gedachten Welt.

Wissensbausteine besitzen folgende Eigenschaften:

- Sie haben einen Namen (eine sichtbare Adresse), und zwar typischerweise ein Wort, eine Wortgruppe oder eine standardisierte Fachbezeichnung (Fachwort, Term). So wird beispielsweise eine „Anlage zur Erzeugung von Roheisen" als Hochofen bezeichnet.

- Sie besitzen bestimmte innere definitorische Eigenschaften. So besteht ein Hochofen typischerweise aus bestimmten Bestandteilen, wie hitzebeständigen Wänden, Füllvorrichtungen, Einrichtungen für die Erhitzung, Auslassöffnungen für das flüssige Roheisen.

- Sie stehen meist zu anderen Wissensbausteinen in einer bestimmten Beziehung (haben damit äußere definitorische Eigenschaften). Der Wissensbaustein „Hochofen" steht in einer funktionalen Beziehung zum Wissensbaustein „Sinteranlage", weil dort die Füllmaterialien für den Hochofen aufbereitet werden.

- Sie sind im Prinzip vage und damit vergleichsweise leicht veränderbar. So wird und muss sich die Vorstellung von einer Anlage „Hochofen" rasch ändern, wenn neue Technologien eingesetzt werden.

- Sie sind durch Gedankenaustausch, Kommunikation, verteilte Anwendung usw. präzisierbar bzw. standardisierbar. Wenn beispielsweise verschiedene Schichten die Anlage Hochofen bedienen und Kunden gleichbleibende Produktqualität erwarten, wird es nicht ausbleiben können, dass sich zumindest die Schichtverantwortlichen mit dem Betriebsleiter über bestimmte Vorgangsweisen zur Bedienung der Anlage einigen.

Wissensbausteine werden grafisch als Kästchen dargestellt und, wenn sie als Quellkonzept dienen, farblich unterlegt und zentral angeordnet.

Elementare Verbindungen zwischen Wissensbausteinen (= Relationen)

Um eine Wissenslandkarte mit Beziehungen erstellen zu können, müssen die elementaren Bausteine in bestimmter Weise miteinander verbunden werden. Die Verbindungen zwischen den Wissensbausteinen werden durch Relationen ermöglicht. Diese Relationen werden grafisch mittels einer Verbindungslinie zwischen zwei Wissensbausteinen dargestellt und sind gerichtet. Um die Verbesserung der Nutzerfreundlichkeit und des Nutzungspotenzials von Wissenslandkarten zu erhöhen, werden die unterschiedlichen Beziehungen zusätzlich benannt und so Wissenszusammenhänge explizit und einsichtig gemacht.

Hierarchisch zusammengesetzte Wissensbauteile

Hierarchische Wissensbauteile bestehen aus mehreren Wissensbausteinen, die unter einem Hierarchiekopf angeordnet sind. Sie sind für die Baustruktur einer Wissenslandkarte essenziell, da sie ordnungsschaffend sind und so eine wesentliche Orientierungshilfe bieten, die gut im Gedächtnis behalten werden kann. Außerdem erlauben sie Suche mittels Navigation sowie beispielsweise den Ausdruck eines Glossars zu einem eingeschränkten Themenbereich.

Zusätzlich können so bestimmte Funktionen wie z.B. eine Rollenverteilung bei der Erstellung und Pflege der Wissenslandkarte oder bei der Vergabe von Nutzungsrechten dargestellt werden.

Wissensbauteile können logische Eigenschaften haben. Sie entstehen durch die Verwendung logischer Relationen wie Arten-, Typen- oder Instanzen-Relationen. Das Besondere von logisch-hierarchischen Bauteilen ist es, dass Eigenschaften sowie Bezeichnungen des übergeordneten Wissensbausteins auf den untergeordneten Wissensbaustein vererbt werden (siehe Bild 7.5). Mit der Instanzen-Relation wird eine Schnittstelle zur realen Welt (Datenbank ...) geschaffen.

Zusätzlich können hierarchischen Wissensbauteilen auch gliedernde Eigenschaften zugeschrieben werden. Sie entstehen durch die Verwendung von nicht logischen, hierarchiebildenden Relationen wie Teile-, Themen- oder Folgeschritte-Relationen (siehe Bild 7.6). Derartige Bauteile können parallel zu logischen Bauteilen in einer Wissenslandkarte aufgebaut werden. Die Folgeschritte-Relation verbindet Wissensbausteine mit Verlaufscharakter zu einem Prozess, wodurch eine Schnittstelle von Bestandswissen zum Prozesswissen (Workflow Management) geschaffen wird.

Assoziativ zusammengesetzte Wissensbauteile

Werden Wissensbausteine einer Hierarchie mit Wissensbausteinen einer anderen Hierarchie verbunden, entstehen assoziativ zusammengesetzte Wissensbauteile. Dies wird durch assoziative Relationen ermöglicht. Diese Wissensbauteile verleihen der Wissenslandkarte ihre besondere Funktionalität, denn nur mit ihrer Hilfe kann komplexes Beziehungswissen dokumentiert werden:

▪ Sie machen funktionale Wissenszusammenhänge explizit.

▪ Sie versetzen die Nutzer in die Lage, Wissenszusammenhänge sicher zu erkennen und damit ihr Umfeld gut zu verstehen.

▪ Sie können bei jedem Wissensbaustein der Wissenslandkarte Auskunft über relevante Zusammenhänge (externe Konzepteigenschaften) geben.

▪ Sie können wertvolle Navigationshilfen geben.

▪ Sie können andere Werkzeuge wie Suchmaschinen, Dokumenten- oder Workflow-Management-Systeme effizienter machen, indem sie im Bedarfsfall zusätzliche inhaltlich relevante Wissensressourcen und Bezeichnungen anzeigen können.

▪ Sie machen unterschiedliche Zugänge zu organisationalem Wissen möglich (Perspektivenwechsel), z. B. „Wissenslandkarte – kann unterstützen – Innovationsmanagement, Qualitätsmanagement" „Innovationsmanagement – kann unterstützt werden durch – Wissenslandkarte".

7.3.2.2 Durchführung

Nach der Einführung dieser Grundbestandteile einer Wissenslandkarte und deren Visualisierung kann nun mit der Erstellung einer Wissenslandkarte begonnen werden. Die Erstellung gliedert sich in vier Arbeitsschritte, und zwar:

1. Wichtige Themenbereiche (Hierarchieköpfe) festlegen

2. Themenbereiche weiter untergliedern

3. Themenbereiche miteinander vernetzen

4. Wissenslandkarte optimieren

In der Folge werden die wesentlichen Schritte zur Erstellung von Wissenslandkarten verdeutlicht.

Schritt 1: Wichtige Themenbereiche (Hierarchieköpfe) festlegen

Nach der Erstellung und Benennung unterschiedlicher Wissensbausteine werden im ersten Schritt die wichtigsten Themenbereiche, die sogenannten „Hierarchieköpfe" festgelegt, benannt und farbig markiert. In dem in Bild 7.4 dargestellten Beispiel heißt einer dieser Hierarchieköpfe „Wissenslandkarte von Unternehmen X".

Danach werden den Hierarchieköpfen hierarchiebildende Relationen zugeordnet. Diese können als Relationen mit gliedernden Eigenschaften beispielhaft „Themen" oder ähnlich lauten und werden unterhalb des Kopfes angeordnet.

Aus dem Organisationsprofil, aus Befragungen und/oder Organisationsdokumentationen werden dann die wichtigsten Wissensbereiche zu der Relation herausgefiltert, ihnen (vorläufige) Namen gegeben und diese benannten Wissenselemente dann unter der ausgewählten Relation angeordnet. In Bild 7.4 ist ein beispielhaftes Ergebnis dargestellt.

Bild 7.4 Kopf der Wissenslandkarte und untergeordnete Themen (Hierarchieköpfe)

Dazu gibt es folgende Empfehlungen:

- Es wird aufgrund bevorzugter Denkmuster empfohlen, als Entwicklungsrichtung vorerst jene vom Allgemeinen, Übergeordneten zum Besonderen, Untergeordneten zu wählen.

- Aus dem gleichen Grund wird empfohlen, vorerst die Relation auszuwählen und erst danach die Zielkonzepte einzutragen.

- Die Anzahl der Zielkonzepte (hier: Themenbereiche) sollte auf maximal sieben bis acht beschränkt werden, da der Grad an Übersichtlichkeit ab dieser Schwelle mit wachsender Zahl an Einträgen stark abnimmt.

- Da jeder dieser Themenbereiche weiter untergliedert werden soll, wird empfohlen, die Bezeichnung generell im Plural zu halten.

Schritt 2: Themenbereiche weiter untergliedern

Im zweiten Arbeitsschritt werden die vorher durch hierarchiebildende Relationen erstellten Themenbereiche und Wissensbausteine, wenn möglich, weiter untergliedert.

Dies wird wiederum durch hierarchiebildende Relationen ermöglicht. Hierarchiebildende Relationen können als weitere Beispiele auch folgende Beziehungen darstellen: „Typen", „hat Teile", „has types". Dies ist dann vom Typ her eine Beziehung mit logischen Eigenschaften (im Gegensatz zu gliedernden Eigenschaften).

Nachdem aus dem Organisationsprofil, aus Befragungen oder aus Organisationsdokumentationen die wichtigsten untergeordneten Wissenselemente herausgefiltert und ihnen Namen vergeben wurden, sollte ein logisch untergeordnetes Wissenselement aus zumindest zwei Teilen bestehen: aus dem ererbten Namen des übergeordneten Wissenselements und aus einer Spezifizierung, die einen Kontrast zu den übrigen Wissenselementen, die in der gleichen Hierarchie angeordnet sind, herstellen soll.

Wie ein mögliches Ergebnis aussehen könnte, wird in Bild 7.5 dargestellt.

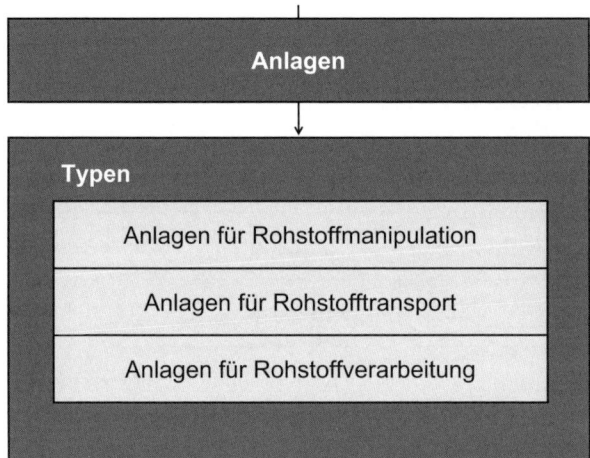

Bild 7.5 Hierarchiekopf „Anlagen" mit logisch untergeordneten Wissenselementen „Arten von Anlagen"

Dazu gibt es folgende Empfehlungen:

- Es ist angeraten, nicht reine semantische Netze, sondern hierarchiegestützte Netzwerke zu entwickeln, um der Wissenslandkarte eine Ordnungsstruktur (ein „Rückgrat") zu geben, an dem sich die Nutzer an jeder Stelle der Wissenslandkarte sofort orientieren können.

- Auch sollten vorerst Hierarchien (und nicht Vernetzungen) angelegt werden, weil das nachträgliche Schaffen von Ordnung in einem willkürlich angelegten Netzwerk sehr schwierig und aufwendig ist.

- Die untergeordneten Wissenselemente sollten systematisch (gemeinsprachlich) und nicht mittels Fachterminologie bezeichnet werden, weil die kürzeren Termini spätestens bei der Vernetzung mit organisationalen Wissenselementen mehrdeutig werden können und weil die gemeinsprachliche Bezeichnung zwar länger, dafür aber expliziter ist.

Schritt 3: Themenbereiche miteinander vernetzen

Nun werden die Wissensbausteine unterschiedlicher Themenbereiche (Hierarchien) miteinander in Beziehung gesetzt. Dies geschieht einerseits durch die Möglichkeit einer logischen Vernetzung, die mit logischen Relationen vertikal visualisiert wird. Andererseits ist es auch möglich, die Hierarchien assoziativ zu vernetzen. Assoziative Relationen werden horizontal visualisiert (siehe Bild 7.6).

Zur konkreten Vorgangsweise: Sind die Quell- und Zielelemente bereits vorhanden, muss nur noch die Art der Relation bestimmt und die Verknüpfung hergestellt werden. Ist das Zielkonzept noch nicht definiert, empfiehlt es sich, aufgrund bevorzugter Denkmuster zuerst eine geeignete Relation auszuwählen, diese an das Quellkonzept anzufügen und erst dann das Zielkonzept zu erstellen.

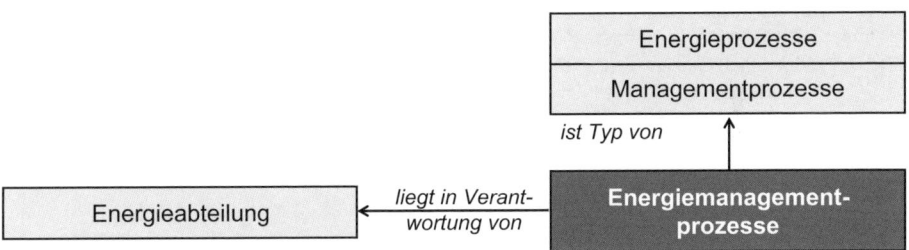

Bild 7.6 (Zentrales) Quellkonzept „Energiemanagementprozesse", das logisch mit zwei übergeordneten Zielkonzepten – „Energieprozesse", „Managementprozesse" – und assoziativ mit dem Zielkonzept „Energieabteilung" vernetzt ist

7.3.2.3 Auswertung

Im Rahmen der Analyse ist der folgende Schritt zu setzen.

Schritt 4: Wissenslandkarte optimieren

Da Wissenslandkarten eine veränderliche Wissenslandschaft abbilden, sind sie an die geänderten Anforderungen, Ziele und Wissensbestände dynamisch anzupassen. Es sollte nicht außer Acht gelassen werden, dass sich auch das Verwendungsprofil von Wissenslandkarten ändern kann, was ebenfalls zu Veränderungen von Wissensstrukturen, zu unterschiedlichen Graden an Redundanz und zu einer größeren Vielfalt an Bezeichnungen führen kann.

Eine Möglichkeit, dem Bedarf einer größeren Vielfalt an Bezeichnungen entgegenzukommen, ist, einem Wissenselement unterschiedliche Bezeichnungen zuzuordnen, beispielsweise einem Produkt die (unterschiedlichen) lokalen Bezeichnungen aus der Planung, aus der Produktion, aus dem Vertrieb (für Hallenkräne z. B. auch Brückenkräne), sowie des Weiteren die standardisierte organisationale Bezeichnung, die normierte internationale Bezeichnung und gegebenenfalls auch die Bezeichnungen in anderen Sprachen.

Bei unterschiedlichen Anforderungen an die Wissenslandkarte wäre ein weiterer Vorschlag, parallele Kategorien im Rahmen der Hierarchiebildung zu schaffen (Parallelklassifikation), wie in Bild 7.7 ersichtlich.

Quellkonzepte können mit verschiedenen Zielkonzepten auch mehrfach assoziativ vernetzt werden, wie Bild 7.8 zeigt.

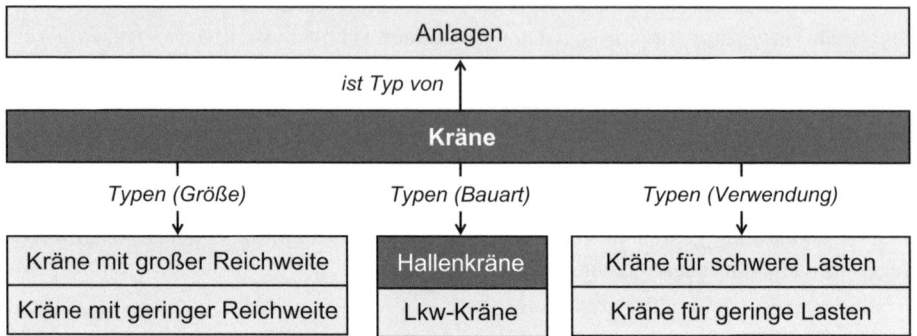

Bild 7.7 (Zentrales) Quellkonzept „Kräne", das über drei verschiedene logische Relationen mit einer Reihe von unterschiedlichen untergeordneten Kategorien „Arten von Kränen" verknüpft ist

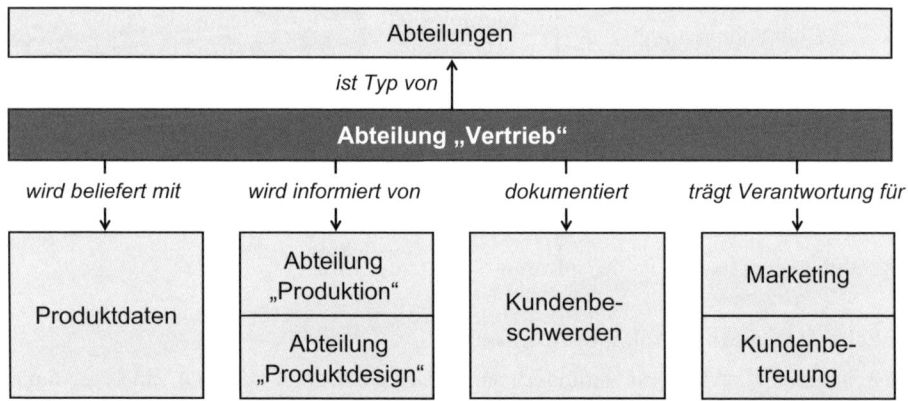

Bild 7.8 (Zentrales) Quellkonzept „Abteilung Vertrieb", das über verschiedene assoziative Relationen in beiden Richtungen (sowohl aktiv als auch passiv) mit einer Reihe von unterschiedlichen Zielkonzepten verknüpft ist

Die Nutzerfreundlichkeit und das Wertschöpfungspotenzial von Wissenslandkarten werden verbessert, wenn die Wissensbauteile in beide Leserichtungen als Sätze gut lesbar sind. Dies kann folgendermaßen erreicht werden: Die Inhalte werden nicht nur in Quell- und Zielkonzept, sondern auch so weit wie möglich in die Relation gepackt. Die verbreitete Gewohnheit, nur „hat" oder „ist" als Relation anzusetzen, wird nicht empfohlen, da dadurch die Aussagekraft einfacher Sätze reduziert wird. Die Grenze für die inhaltliche Aufwertung von Relationen liegt darin, dass Relationen im Gegensatz zu

Konzepten selbst nicht vernetzbar sind. Erkennbar wird dies in den folgenden möglichen Varianten für das gleiche Wissensbauteil (empfohlene Varianten zuletzt):

- Abteilung „Vertrieb" – hat – Aufgabe „Produktmarketing"
- Abteilung „Vertrieb" – hat Aufgabe – Aufgabe „Produktmarketing"
- Abteilung „Vertrieb" – hat Aufgabe – Produktmarketing
- Abteilung „Vertrieb" – trägt Verantwortung für – Prozess „Produktmarketing"

Die in komplexen Organisationen übliche Bezeichnungsvielfalt wird optional aufgenommen, wobei die Verwendung der einzelnen Bezeichnungen explizit gemacht werden sollte. Dafür wird eine bestimmte Vorgangsweise empfohlen, und zwar

1. Auswahl der Sprache (Deutsch, Englisch …).
2. Auswahl der Konzeptbezeichnungen (Synonyme) nach Verwendungsbereich, z. B. für Deutsch als Trägersprache.
3. Wissenslandkarte: definitorische Bezeichnung, z. B. Prozess „Produktmanagement" aus dem lokalen Gebrauch oder der Expertenkommunikation: Kürzel (Akronym) PM

   - organisational: Fachwort Produktmanagement,
   - interorganisational (unter Umständen normiert): Terminus product management.

7.3.3 Ergebnisse

Die fertige Wissenslandkarte sollte die vorab organisationsstrategisch definierten Wissensziele so abbilden, dass sie für verschiedene Nutzergruppen leicht zugänglich sind. Zugleich sollten sensible, erfolgskritische Inhalte so abgelegt werden, dass sie nur beschränkt zugänglich sind – derartige Inhalte sollten nur in angefügten Dokumenten mit Zugangsregelung abgelegt werden.

Die Identifikation von neuem Wissen, Erfahrungswissen, Arbeitsabläufen und/oder Fähigkeiten soll durch die grafische Darstellung von Wissensträgern, Wissensbeständen, Wissensquellen, Wissensentwicklung, Wissensstrukturen oder Wissensanwendungen ermöglicht worden sein.

Es ist zu beachten, dass Wissenslandkarten dynamischen Charakter besitzen und nicht mit der einmaligen Erstellung fertiggestellt sind. Sie bedürfen einer fortwährenden Pflege, um einen Nutzen zu erhalten, da veraltete Informationen für den Nutzer wertlos sind.

Wissenslandkarten können beispielsweise im Intranet oder als integraler Bestandteil von Workflow-Systemen oder Groupware dargestellt werden. Informationen auf Papier würden zu schnell veralten, sie sind schwieriger zu aktualisieren und können zudem nicht raum- und zeitunabhängig abgerufen werden.

◼ 7.4 Aufwand

Die Einführung einer Wissenslandkarte in der Organisation ist kein Projekt mit festem Budget und klar definierter Laufzeit. Allein schon der Aktualisierungsaufwand der Wissenslandkarten erfordert fortlaufende Tätigkeiten und Personalaufwand. Bevor messbare Erfolge erzielt werden können, ist ein anfänglicher hoher finanzieller und personeller Aufwand notwendig, dessen Effekt sich erst in den darauffolgenden Jahren bewerten lässt.

◼ 7.5 Einsatzbeispiel

Unser Beispiel stammt aus einem Organisationsprojekt, welches der Ausgestaltung der Wissensinfrastruktur dient. Das Ziel des Projekts war die Erschließung von Informationsquellen und ihrer anwendungsorientierten Erschließung im Rahmen wissensintensiver Geschäftsabläufe. Von besonderem Interesse sind dabei das Customer Knowledge Management und das Produktmanagement.

7.5.1 Vorbereitung

Die Ziele zur Erstellung der Wissenslandkarte betreffen in dem genannten Kontext die Strukturelemente und deren Beziehungen, die sich aus dem Handlungskontext der Prozessbeteiligten ergeben. Die vorab organisationsstrategisch definierten Wissensziele sind die Unmittelbarkeit von Kunden- und Produktwissen sowie die Potenzialorientierung der abgebildeten Inhalte für die Nutzergruppen Customer Service, Engineering und Development.

Mit Unmittelbarkeit ist zum einen die Zuordenbarkeit zu produktspezifischen und tätigkeitsrelevanten Inhalten (z. B. Rückholung des Produktes) angesprochen und zum anderen die Wertigkeit (z. B. Lebensgefährdung durch bestimmte Produkteigenschaft).

Mit Potenzialorientierung ist das Handlungsspektrum, welches sich mit der zu repräsentierenden Information verbindet, angesprochen, etwa die unmittelbare Rückholung einer Produktgruppe vom Markt, um nicht Leben zu gefährden.

Da es sich um erfolgskritische Inhalte handelt, sollten nur Benutzer der genannten Benutzergruppen auf diese Inhalte Zugriff besitzen, d.h., entsprechende Zugangsregelungen sind vorzusehen. Das Wissen ist in diesem Fall Erfahrungswissen und betrifft Arbeitsabläufe sowie Fähigkeiten von Wissensträgern, die sich auf Wissensbestände oder Wissensquellen beziehen oder dem Aufbau derselben dienen. Einmal angelegt kann dieses Wissen weiterentwickelt werden und die damit verbundenen Wissensstrukturen könnten neuartige Anwendungsfälle ermöglichen.

Wissenslandkarten im Customer Knowledge Management mit Bezügen zum Product Management sind dynamisch, da sie stark von externen Faktoren (Markt, Kunden) und internen Faktoren (Produktentwicklung, Engineering, Marktforschung) geprägt sind. Die abgebildete Information sollte eine Struktur aufweisen, welche dieser Dynamik gerecht wird. Gelingt es, die Struktur stark an die vorhandenen mentalen Modelle anzulehnen, sollte der Einarbeitungsaufwand für den Umgang mit der Wissenslandkarte gering ausfallen.

Elementare Wissensbausteine

Die elementaren Wissensbausteine betrafen im Fallbeispiel Themen, Konzepte oder Begriffe des Customer Knowledge und Produktmanagements. Zum einen waren sie durch den Umgang mit Kunden und deren Anliegen, also durch die Daten, Eindrücke, erlebten Episoden und gemachten Erfahrungen im Customer Service geprägt. Zum anderen waren sie durch die Produktentwicklung und die für die Entstehung von Arbeitsergebnissen relevanten Vorgänge geprägt. Im Gegensatz zu prosaischen Ansätzen wie Storytelling sind die Wissensbausteine auf das Wesentliche reduziert. Dies bedeutet, diese Wissensbausteine abstrahieren über konkrete Kunden und Produkte sowie damit verbundene Abläufe. Dies ist erforderlich, um die Vorteile grafischer Darstellung nutzen zu können. Darüber hinaus kann so der Umgang mit Information effektiver und effizienter gestaltet werden, indem nicht nur die Menge der Ausgangsinformation reduziert wird, sondern auch nach Informationskategorien gesucht werden kann und daher nicht unbedingt aus bestimmten Falldaten gelernt werden muss.

Typische Wissensbausteine im Kontext von Customer Knowledge Management sind, entsprechend den Strukturvorgaben:

- „First Time User", die auch als maximal zu unterstützende Kunden bezeichnet werden. Ihre inneren definitorischen Eigenschaften sind beschreibende Elemente wie Hintergrundwissen, Gebrauchsmuster zur Erschließung von Wissen oder Ähnliches.
- „Service Strategy", womit der Umgang mit Kunden angesprochen wird. Es sind die Verhaltensformen, die beispielsweise im Umgang mit First Time Users Relevanz besitzen.

Typische Wissensbausteine im Kontext von Engineering und Development sind:

- Materialdaten, wie etwa bei Kunststoffen deren Beständigkeit und die Veränderung bestimmter Produkteigenschaften betreffend.
- Produktkomponenten, wie beispielsweise den Bildschirm von Gadgets oder die Navigationseinheit zum Finden von Inhalten.

Wissensbausteine stehen zu anderen Wissensbausteinen in Beziehung (äußere definitorische Eigenschaften). Der Wissensbaustein „Service Strategy" steht beispielsweise in einer funktionalen Beziehung zum Wissensbaustein „Gadget", weil die von der Organisation vertriebenen Gadgets den Gegenstand von Customer Service darstellen.

Ihre Vagheit ermöglicht rasche Veränderbarkeit, wenn etwa andere Geräte betroffen sind, die beispielsweise ähnliche Komponenten beinhalten (z. B. Ausgabeeinheiten). Auch Technologieänderungen (z. B. Änderung der Eingabemodalität von visueller Selektion zu Spracheingabe) sollten ohne hohen Aufwand abgebildet werden können. Schließlich können sich Produktentwickler wie Mitarbeiter des Customer Service über derartige Repräsentationen problemlos austauschen. Mitarbeiter des Customer Service müssen keine Technologieexperten sein und umgekehrt, zumal fachliche Vertiefungsinformation entsprechenden Überbegriffen zugeordnet werden kann.

Elementare Verbindungen zwischen Wissensbausteinen (= Relationen)

Die elementaren Wissensbausteine waren entsprechend der Zielsetzung eines Wissensmanagementvorhabens, das ist die Einrichtung einer Wissensinfrastruktur, zu verbinden. Eine typische Relation in der Wissenslandkarte des Anwendungsfalls bestand zwischen dem Fachwissen der Mitarbeiter des Customer Service über Gadgets, die das Unternehmen anbietet.

Hierarchisch zusammengesetzte Wissensbauteile

Die hierarchischen Wissensbauteile ergaben sich aus den angesprochenen Handlungsfeldern Customer Service, Engineering und Development. Diese bestanden aus mehreren Wissensbausteinen, die unter jeweils einem Hierarchiekopf angeordnet sind. Da sie den Beteiligten als Ordnungsbegriffe vertraut waren, dienten sie als Orientierungshilfe und erleichterten den Wissenszugang. Sie können zur Suche und Navigation eingesetzt werden. Da in dem gegenständlichen Unternehmen die funktionale (fachliche) Rollenverteilung entsprechend den involvierten Themenbereichen vorgenommen wurde, war auch die Rollenverteilung zur Erstellung und Pflege der Wissenslandkarte inklusive der Vergabe von Nutzungsrechten geregelt. So werden nur einschlägige Experten entsprechende Einträge bearbeiten und entsprechende Zielgruppen Zugangsrechte erhalten können.

Die logischen Eigenschaften von Wissensbauteilen richten sich nach Verhaltensmustern und Produkt- bzw. Materialinformationen. Sie sind teilweise logisch-hierarchisch, da Eigenschaften sowie Bezeichnungen von übergeordneten Wissensbausteinen auf untergeordnete Wissensbausteine vererbt werden. Die Instanzen-Relation erlaubte im Anwendungsfall, konkrete Geschäftsfälle, Rollen und Objekte wie Gadgets zu benennen.

Die gliedernden Eigenschaften im Anwendungsfall entstanden durch die Verwendung von Teilen, wie etwa funktionale Erfordernisse des Customer Service, die sowohl themenspezifisch als auch ablaufbezogen von Relevanz sind. So kann etwa eine Kundenbindungsaktivität erst nach einer erfolgreichen Beratung und idealerweise einem Verkaufsakt gesetzt werden. So verbindet die Wissenslandkarte strukturelles und ablaufbezogenes Wissen, bezeichnet als Bestands- und Prozesswissen.

Assoziativ zusammengesetzte Wissensbauteile

Die Wissensbausteine einer Hierarchie wurden mit Wissensbausteinen einer anderen Hierarchie verbunden, sodass assoziativ zusammengesetzte Wissensbauteile entstanden. An assoziativen Relationen finden sich funktionale Wissenszusammenhänge, wie Verantwortlichkeiten und Mehrfachzuordnungen. Verantwortlichkeiten erlauben Nutzern, sich gemäß ihrer Rolle unmittelbar zu orientieren und Wissenszusammenhänge sicher zu erkennen. Die Mehrfachzuordnungen resultierten zum einen aus ausgeschöpftem Optimierungspotenzial, zum anderen dokumentierten sie die unterschiedlichen Zugänge zu organisationalem Wissen (Perspektivenwechsel). So wurde erkannt, dass Informing nicht nur im Kundenbereich, sondern auch intern im Rahmen von Product Deployment eingesetzt werden konnte.

Die Erstellung der Wissenslandkarte in unserem Anwendungsfall wurde entlang der vier in der Folge beschriebenen Schritte durchgeführt.

7.5.2 Durchführung

Nach der Themenfestlegung, nämlich die Informationsversorgung in allen Bereichen sicherzustellen, konnte mit dem ersten Schritt begonnen werden.

Schritt 1: Wichtige Themenbereiche (Hierarchieköpfe) festlegen

Nachdem am Anfang die Erkennung und Benennung der verschiedenen Wissensbausteine erfolgt war, wurden nun die wichtigsten Themenbereiche (Hierarchieköpfe) festgelegt und benannt. Bild 7.9 zeigt den wesentlichen Hierarchiekopf „Wissenslandkarte Informationsversorgung – Unternehmen GroovyGadgets". Nun konnten den Hierarchieköpfen hierarchiebildende Relationen zugeordnet werden. Es wurde die gliedernde Relation „Themen" gewählt, wie an den Themen unterhalb des Kopfes ersichtlich. Die gewählten Wissensbereiche entsprachen im Anwendungsfall den betroffenen Unternehmensbereichen Gadget Engineering, Gadget Development und Customer Service.

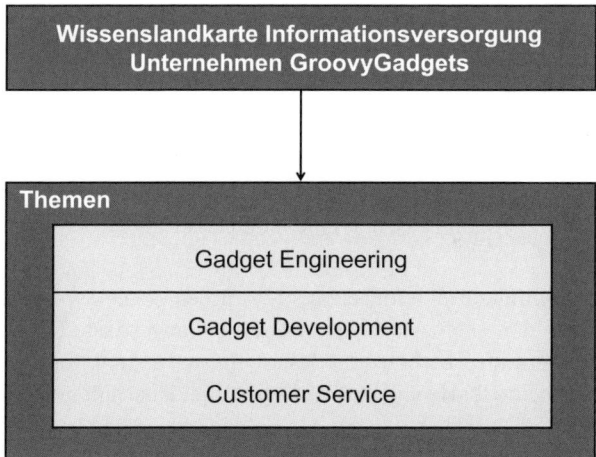

Bild 7.9 Kopf der Wissenslandkarte und untergeordnete Themenbereiche (Hierarchieköpfe)

Diese Vorgangsweise folgte der Empfehlung, bevorzugten Denkmustern zu folgen und vom Allgemeinen, Übergeordneten zum Besonderen, Untergeordneten fortzuschreiten.

Schritt 2: Themenbereiche weiter untergliedern

Im zweiten Arbeitsschritt wurden die vorher durch hierarchiebildende Relationen erstellten Themenbereiche und Wissensbausteine weiter untergliedert. Die hierarchiebildende Relation „Typen" erlaubte in der Folge, logische Eigenschaften anzugeben. Entsprechend der Leseweise, welche sich durch den ererbten Namen des übergeordneten

Wissenselements für das logisch untergeordnete Wissenselement ergibt, beschäftigte sich Customer Service mit der Nutzung von Gadgets (Usage), der Kundenpflege (Customer Care Patterns) und dem Vorstellen von weiteren Gadgets bzw. deren Möglichkeiten (Featuring) – siehe Bild 7.10. In diesem Fall wurden sowohl Struktur- als auch Verhaltenselemente mit berücksichtigt. Die Typen waren Unterscheidungsmerkmale zu den übrigen Wissenselementen in der gleichen Hierarchiestufe, wie z. B. Display Unit des Themas Gadget Development.

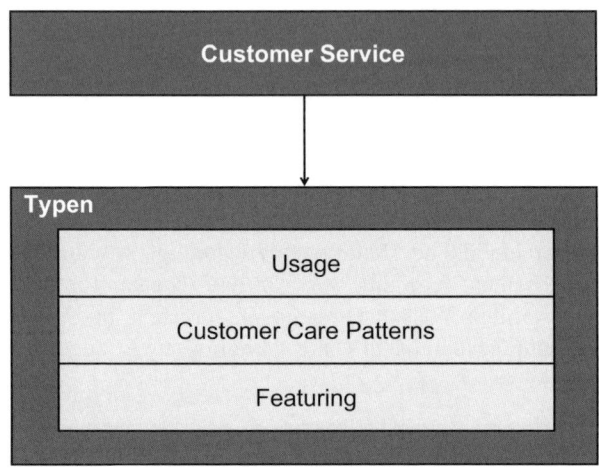

Bild 7.10 Hierarchiekopf Customer Service mit logisch untergeordneten Wissenselementen (Arten von Tätigkeitsbereichen)

Es wurden zuerst sämtliche Hierarchien gebildet, um die kognitive Belastung der weiteren Spezifikation, die sich durch gleichzeitiges Denken in unterschiedlichen Abstraktionsstufen und Beziehungen zwischen Elementen einer Ebene ergeben kann, gering zu halten.

Nicht alle untergeordneten Wissenselemente wurden gemeinsprachlich bezeichnet, sondern spezifisch der Unternehmensterminologie angepasst. Da die verwendeten Bezeichner allen Verantwortlichen und Mitarbeitern vertraut waren, sollte das Verständnis der Wissenslandkarte dadurch nicht in Mitleidenschaft gezogen sein.

Schritt 3: Themenbereiche miteinander vernetzen

Anschließend wurden die Wissensbausteine unterschiedlicher Themenbereiche (Hierarchien) miteinander in Beziehung gesetzt. Dabei wurden sowohl logische Relationen verwendet als auch assoziative Relationen gesetzt (siehe Bild 7.11). Die Quell- und Zielelemente waren bereits vorhanden, sodass nur noch die Art der Relation zu bestimmen und die Verknüpfung herzustellen war. So war Informing dem Aktivitätsbündel von Customer Service zugeordnet und fiel in die Verantwortung von Gadget Development.

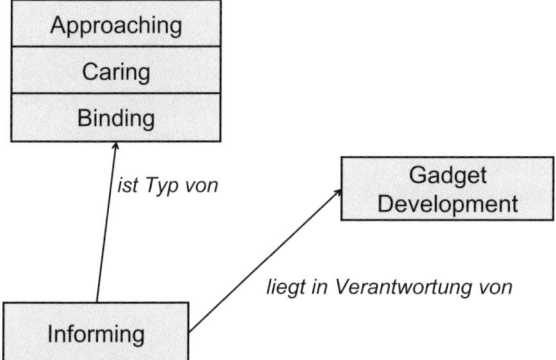

Bild 7.11 (Zentrales) Quellkonzept „Informing", das logisch mit übergeordneten Zielkonzepten und assoziativ mit dem Zielkonzept „Gadget Development" vernetzt ist

7.5.3 Auswertung

Im Rahmen der Analyse wurden mehrere Schritte nach erfolgter kritischer Reflexion gesetzt.

Schritt 4: Wissenslandkarte optimieren

Sämtliche Einträge entlang der Verfeinerungen der Hierarchieköpfe waren danach zu analysieren, ob nicht ein Wissenselement unterschiedliche Bezeichnungen aufweist, insbesondere die abgebildeten Tätigkeiten oder Produktteile. Im Rahmen der Parallel-klassifikation ließ sich beispielsweise ein qualifikatorischer und anwendungsspezifischer Anteil von Informing bestimmen (Bild 7.12).

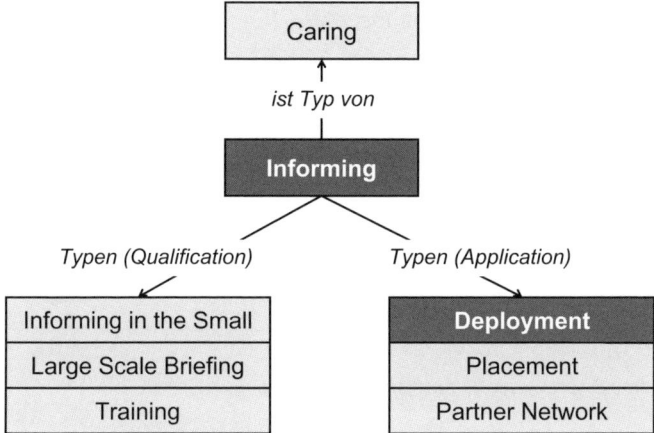

Bild 7.12 (Zentrales) Quellkonzept „Informing", das über zwei verschiedene logische Relationen mit einer Reihe von unterschiedlichen untergeordneten Arten (Kategorien) von Informing (Aktivitätsbündel) verknüpft ist

In die gleiche Richtung konnten die Bereiche Development und Engineering gegliedert werden. Zur Auftragsbearbeitung wurden Quellkonzepte mit verschiedenen Zielkonzepten mehrfach assoziativ vernetzt, analog zum Vertriebsbeispiel. Dies war im bestehenden Anwendungsfall von besonderer Bedeutung, da es keine Typ-Relation zu Organisationseinheiten gab, wie etwa bei der Abteilungszuordnung von „Vertrieb" in Bild 7.8 ersichtlich. So wurde Auftragsbearbeitung als Baustein wie folgt verknüpft (die Relationen stehen in Anführungszeichen):

- Auftragsbearbeitung „wird verantwortet" von Customer Care.

- Auftragsbearbeitung „erhält" Gadget-Informationen.

- Auftragsbearbeitung „akquiriert" Kunden.

- Auftragsbearbeitung „erstellt und verwaltet" Auftragsdokumente.

Die so erstelle Wissenslandkarte wurde im Anwendungsfall im Intranet zur Verfügung gestellt und diente als Referenzdokument zur Entwicklung von organisationalen Prozessmodellen.

■ 7.6 Potenzial und Grenzen

Bild 7.13 fasst die Erfahrungen aus dem Einsatz der Methode zusammen.

Mit den Hierarchieköpfen haben wir einfach identifizierbare Ankerpunkt unserer Informationsinfrastruktur gefunden.

Die Interaktion mit den Anwendern verlief in angenehm entspannter Atmosphäre.

Prozess- und Datenmodellen.

So, nun sind die Techniker am Werk – ein besseres Datenmodell können wir ihnen nicht liefern!

Bild 7.13 Erfahrungssplitter aus dem Einsatz der Methode

Aus den bestehenden Erfahrungsberichten können der erzielbare Nutzen für Organisationen sowie methodische Herausforderungen aus dem praktischen Einsatz der Methode zusammengefasst werden. Wissenslandkarten bieten eine Vielzahl an Nutzenpotenzial:

- Durch die Wissenstransparenz fördern Wissenslandkarten die effektive Nutzung vorhandenen Wissens, beispielsweise durch das Auffinden von Wissensträgern, unabhängig davon, ob es sich dabei nun um Personen oder Dokumente handelt.

- Wissenslandkarten stellen so eine Navigationshilfe dar, die das sichere Finden von Dokumenten auch ohne Wissen eines Stichworts gewährleisten kann. Zusätzlich werden durch Wissenslandkarten Wissenszusammenhänge expliziert und ermöglichen so unterschiedliche Zugänge zu organisationalem Wissen. Dieses Potenzial kann besonders genützt werden, wenn die Arbeit an der Wissenslandkarte im Team durchgeführt wird. Dabei wird vernetztes organisationales Denken gefördert.

- Durch das Erstellen einer Wissenslandkarte wird Wissen standardisiert. Die geordnete verständliche Darstellung kann so potenziell zu Wissensinnovation führen. Bestehende Wissensstrukturen wiederum ermöglichen das Sichern von Erfahrungswissen.

- Ein weiteres wesentliches Potenzial von Wissenslandkarten ist es, Beziehungen zwischen Informationen darzustellen und so die Brücke vom Punktwissen zum Beziehungswissen zu schlagen. Die so gefundenen und dargestellten Zusammenhänge können der gesamten Organisation von Nutzen sein. So können beispielsweise Kompetenzen von Mitarbeitern geordnet dargestellt und mit Prozessen in Beziehung gesetzt werden.

- Auf der anderen Seite können Wissenslandkarten bei der Erstellung aber ebenso Wissenslücken in Organisationen aufzeigen. Nur wenn eine Organisation sich bewusst wird, was sie nicht weiß, kann sie versuchen, sich fehlende Kompetenzen und Fähigkeiten zu beschaffen. Somit stellen Wissenslandkarten auch ein Mittel dar, vorhandene Wissenslücken zu schließen, und tragen zu einer verbesserten „Wissensinfrastruktur" bei.

- Die Verwendung von Karten nützt dabei die Wahrnehmungs- und Kognitionsfähigkeiten: Komplexe Zusammenhänge und große Datenmengen können grafisch-visuell schneller und exakter erfasst werden, als dies verbal oder mithilfe von Zahlenwerten möglich ist.

Für das Erstellen einer Wissenslandkarte, die höheren Anforderungen gerecht werden soll, reichen maschinelle Lösungen oder einfache Fertigkeiten, die routinemäßig angewendet werden, nicht aus. Die Barrieren entstehen demnach im „manuellen" Anteil des Erstellungsprozesses, wie die folgenden Beispiele zeigen.

Einstiegsbarriere

Es liegt in der Natur des Menschen, dass er in einer bestehenden Ordnung so lange verharrt, bis anstehende Aufgaben nur mehr erschwert oder gar nicht mehr erfüllt werden können, bis die Ordnung also zur Unordnung geworden ist. Aus diesem Grund wird bei Dokumenten üblicherweise so lange wie möglich versucht, mithilfe von Suchmaschinen in ungeordneten Daten das Nötige zu finden. Die Entscheidung, eine wildwüchsige Wissenslandschaft zu kultivieren, wird daher nur dann motivierend sein, wenn

- die Anforderungen dies ausreichend verlangen,

- der Leidensdruck bereits ausreichend groß ist,

- eine klare Verbesserung der Situation durch die Wissenslandkarte sichtbar ist.

Zugangsbarriere

Das wesentliche Wissen einer Organisation ist meistens zu einem großen Teil schwer zugänglich, unter anderem weil es

- nur in impliziter Form vorliegt (z. B. Erfahrungswissen),
- nur als persönliches und nicht als standardisiertes Wissen vorliegt,
- nicht gerne preisgegeben wird (z. B. als persönlicher Besitz angesehen wird),
- zwar dokumentiert, aber in verteilten Datenbanken „versteckt" ist,
- über Fachdomänen hinweg oftmals nicht akkordiert (nicht als organisationales Wissen aufbereitet und verfügbar) ist.

Kognitionsbarriere

Das Fassen von nicht strukturierten Quellinhalten (Daten, Informationen, Fließtexten etc.) in kompakter und strukturierter Form ist schwierig, weil für eine zweckdienliche Wissenslandkarte unter anderem

- systematisch klassifiziert werden muss,
- logische Prinzipien der Klassifikation mit funktionalen Prinzipien der Ordnung koordiniert werden müssen,
- überwiegend mit abstrakten Wissensbausteinen (Konzepten) gearbeitet werden muss,
- oftmals über die eigene Wissensdomäne hinausgedacht werden muss (Beziehungswissen, komplexe Wissensbauteile, vernetztes Wissen).

Benennungsbarriere

Das Benennen von festgelegten Elementen einer Wissenslandkarte (von Konzepten, Relationen, komplexen Wissensbauteilen) ist schwierig, weil für eine zweckdienliche Wissenslandkarte unter anderem

- systematisch bezeichnet werden soll,
- oftmals eine Vielfalt an Bezeichnungen gebräuchlich ist,
- der Bedarf an Bezeichnung in verschiedenen Sprachen notwendig ist,
- die Inhalte unterschiedlichen Nutzergruppen (mit unterschiedlichem Fach- und Codewissen) zugänglich sein sollen,
- systematische Prinzipien der Bezeichnung mit Prinzipien der Nutzerfreundlichkeit (Lesbarkeit) abzugleichen sind,
- Konzeptbezeichnungen mit den Bezeichnungen von komplexen Wissensbauteilen in Einklang zu bringen sind.

Vergleichbarkeit

Das Aussehen von Wissenslandkarten kann je nach eingesetzter Methode und je nach verfügbarem Werkzeug sehr unterschiedlich aufgebaut sein und daher stark differieren. Dies erschwert die Vergleichbarkeit mit anderen Wissenslandkarten.

Kein klar definierbares Budget und keine genau definierbare Laufzeit

Die Einführung einer Wissenslandkarte im Unternehmen ist kein Projekt mit festem Budget und klar definierter Laufzeit. Allein schon der Aktualisierungsaufwand der Wissenslandkarte erfordert fortlaufende Tätigkeiten und Personalaufwand. Bevor messbare Erfolge erzielt werden können, ist ein anfänglicher hoher finanzieller und personeller Aufwand notwendig. Solange der Return on Investment jedoch unklar ist, da er sich in den ersten Jahren nach Nutzung der Wissenslandkarte zeigt, gilt es, in der Organisation den erforderlichen Aufwand zu argumentieren.

Aktualisierungsaufwand

Der notwendige Aktualisierungsaufwand der Wissenslandkarten erfordert fortlaufende Tätigkeiten. Ohne vorher klar definierte Verantwortlichkeiten und ohne ausreichendes Budget besteht hier die Gefahr, dass das Projekt „Wissenslandkarte" im Sande verläuft und die bis dahin geleistete Arbeit schnell verpufft. Schließlich ist bei den Aktualisierungen auch oft die IT-Infrastruktur betroffen, die den zusätzlichen Anforderungen angepasst werden muss.

Es empfiehlt sich folglich, für den erfolgreichen Einsatz von Wissenslandkarten neben einem Qualifikationsprozess auch einen Managementprozess in der Organisation zu etablieren. Beide Prozesse erlauben, zum einen die genannten Barrieren zu überwinden und zum anderen die Qualität der Daten trotz Organisationsdynamik sicherzustellen.

Literatur

Guretzky, B. (2009): „Schritte zur Einführung des Wissensmanagements: Wissenskarten – Gelbe Seiten – Teil B". *http://www.community-of-knowledge.de/cp_artikel.htm?artikel_id=39*. Zugriff am 28.02.2009

Kinner, I.; Haag M. (2009): „Knowledge Mapping – Knowledge Maps (Wissenskarten)". *http://v.hdm-stuttgart.de/seminare/wm/ws9900/knowledgemapping.html*. Zugriff am 01.03.2009

o. V.: „Wissensmanagement, Methoden/Werkzeuge, Wissensverteilung". *http://www.artm-friends.at/am/km/WM-Methoden/WM-Methoden-60.htm*. Zugriff am 02.03.2009

Wieden, W.; Haberl, G. (2009): „Wie Unternehmen ihr Wissen kartografieren können". In: *DOK.* September 2009, S. 28–82

8 Bildkartenmethode

Die Bildkartenmethode ist eine ganzheitliche Methode der Geschäftsprozessgestaltung, an der mehrere Personen gemeinsam teilhaben. Sie kann in unterschiedlichen Phasen von Geschäftsprozessmanagement eingesetzt werden, um Geschäftsprozesse zu modellieren und in weiterer Folge zu verbessern.

Im Rahmen ihres Einsatzes arbeiten die Teilnehmer mit Kartonkärtchen. Diese Kärtchen stehen für die Objekte von Geschäftsprozessen – daher der Name Bildkartenmethode. Objekte von Geschäftsprozessen sind zum einen die (Teil-)Aufgaben (als zentrales Geschäftsprozessobjekt) und die Bearbeitenden dieser Aufgaben. Zum anderen sind dies Dokumente als Input oder Output der Aufgaben sowie Hilfsmittel für die Durchführung der Aufgaben.

Gemeinsam mit einem einzuzeichnenden Steuerungsfluss, der die Kärtchen verbindet, soll so der Ist- und/oder Soll-Zustand eines Geschäftsprozesses auf einer Tafel (Magnettafel, Pinnwand) abgebildet werden. Resultat der Bildkartenmethode ist ein durch Kärtchen visualisierter Geschäftsprozess. Folglich können wir die Bildkartenmethode den Methoden der **Wissensdarstellung** zurechnen.

Die entstandene Wissens-/Geschäftsprozessmodellierung kann im Anschluss weiterer Methoden des Wissensmanagements als Eingabeparameter dienen, um darauf aufbauend bestimmte Veränderungen oder Analysen anzustellen. Die Methoden der **Wissensverarbeitung** und **Wissensauswertung** haben genau diese Ziele zum Zweck, nämlich bestehendes Wissen nicht nur statisch zu betrachten und in Form einer Abbildung unangetastet zu lassen, sondern dieses zu verwenden, um weiterführende Entwicklungsprozesse zu initiieren, Geschäftsprozesse zu verbessern und Schwachstellen in Form von Wissenslücken aufzudecken.

Bild 8.1 fasst die Zuordnung der Bildkartenmethode zu den Aktivitätsbündeln des Wissensmanagements zusammen.

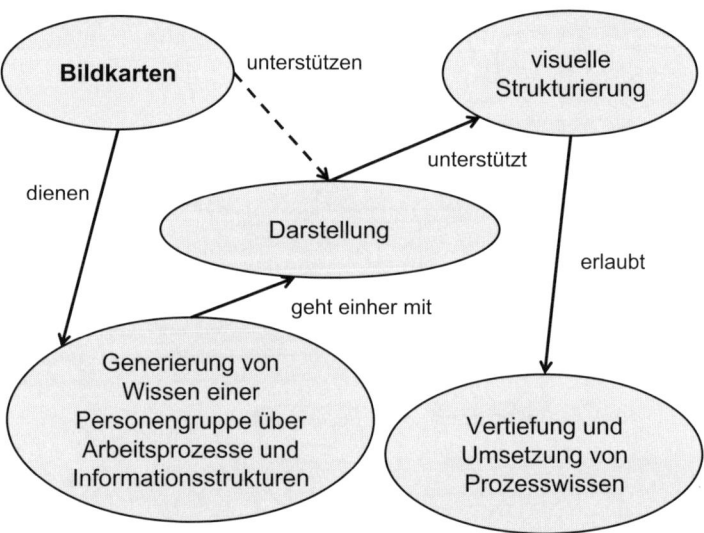

Bild 8.1 Einordnung in die Aktivitätsbündel des Wissensmanagements

■ 8.1 Herkunft und Hintergrund

Die Bildkartenmethode ist ursprünglich eine ganzheitliche Methode des Geschäftsprozessmanagements. Sie ist speziell auf die Partizipation aller Beteiligten ausgelegt. Sie wurde im ipo-Kompetenzzentrum Wissens- und Prozessmanagement an der Universität Linz unter der Leitung von Markus Gappmaier entwickelt und in mehreren europäischen Studien erfolgreich eingesetzt.

Geschäftsprozessmanagement-Projekte sind zumeist schwierig in der Umsetzung, nur etwa die Hälfte erreicht ihre Zielsetzungen. Dies ist vor allem auf die fehlende Einbeziehung der Mitarbeiter, die jedoch Träger der Prozesse sind, bei der Gestaltung der Geschäftsprozesse zurückzuführen. Ist die Partizipation nicht gegeben, können Geschäftsprozesse nicht transparent und korrekt dargestellt werden. Dies deshalb, da durch die fehlende Mitarbeiterpartizipation Daten oft unvollständig und nicht detailgetreu sind. Folglich können auf fehlenden Daten keine effizienten Verbesserungen der Prozesse aufbauen.

Sollen Geschäftsprozesse nachhaltig verbessert werden, so müssen diese Änderungen von allen betroffenen Mitarbeitern verstanden und akzeptiert werden. Hier kann die fehlende Einbindung der Mitarbeiter zu Widerstand gegen die Änderungen führen.

Die Bildkartenmethode wurde entwickelt, um eben diese Mängel zu beheben. Sie bindet Mitarbeiter in die Geschäftsprozessmodellierung ein und erhöht so einerseits die Transparenz der Geschäftsprozesse und andererseits deren Akzeptanz bei Änderungen, um diese Prozesse zu verbessern. Es wird damit in einer Organisation nicht nur Wissen aufgebaut, wie Arbeitsprozesse strukturiert werden können, sondern auch, wie mit Änderungen der Arbeitsorganisation umgegangen werden kann.

■ 8.2 Zielsetzungen und Einsatzmöglichkeiten

Ein Ziel der Bildkartenmethode ist die Verbesserung von Geschäftsprozessen durch die hergestellte Transparenz. Die Transparenz eines Geschäftsprozesses beinhaltet, dass die an der Ausführung und am Management Beteiligten die Elemente von Geschäftsprozessen mit all ihren Zusammenhängen, sowohl struktureller als auch ablauftechnischer Natur, verstehen und gestalten lernen. Das Verständnis von bestehenden Geschäftsprozessen und ihre Weiterentwicklung sind ohne Transparenz nicht möglich.

Die Bildkartenmethode zielt auf eine hohe Beteiligung von Prozessinvolvierten bzw. -betroffenen bei der Gestaltung von Geschäftsprozessen ab, um so die Kooperation aller betroffenen Fachbereiche an einem Geschäftsprozess zu ermöglichen.

Die Methode kann in fast allen Phasen des Geschäftsprozessmanagements (= Vorstudie, Ist-Erhebung und -Analyse, Soll-Entwurf, kontinuierliche Verbesserung) mit den jeweils unterschiedlichen Zielsetzungen eingesetzt werden. Bei Anwendung in der Phase „Vorstudie" dient die Bildkartenmethode als Grundlage zur Festlegung von Projektzielen, der Projektorganisation und zum Einsatz einer Machbarkeitsstudie. Es kann ein erstmaliges, grobes Bildkartenmodell des Geschäftsprozesses erstellt werden. Hier ist die Partizipation aller Mitarbeiter noch nicht sinnvoll, da diese Detailwissen und selten das hierfür nötige Überblickswissen der Geschäftsprozesse besitzen.

Wird die Methode bei der Ist-Erhebung eingesetzt, kann ein eventuell bereits vorhandenes, sehr grobes Bildkartenmodell verfeinert und analysiert werden. Ist-Prozesse werden transparent, da alle Beteiligten des Geschäftsprozesses zu dessen Visualisierung mithilfe der Bildkartenmethode einbezogen werden.

Soll ein existierender Geschäftsprozess verbessert werden, so eignet sich der Einsatz der Methode in der Phase des „Soll-Entwurfs". Hier ist die Miteinbeziehung der Mitarbeiter besonders wichtig, weil nur so sichergestellt werden kann, dass sie die Veränderungen auch akzeptieren und in ihrem Arbeitsalltag tatsächlich umsetzen werden.

In der Phase „kontinuierliche Verbesserung" findet die Methode dann ihren Einsatz, wenn eine Veränderung an den bisher erstellten Bildkartenmodellen notwendig ist und Geschäftsprozesse an geänderte Anforderungen angepasst werden müssen.

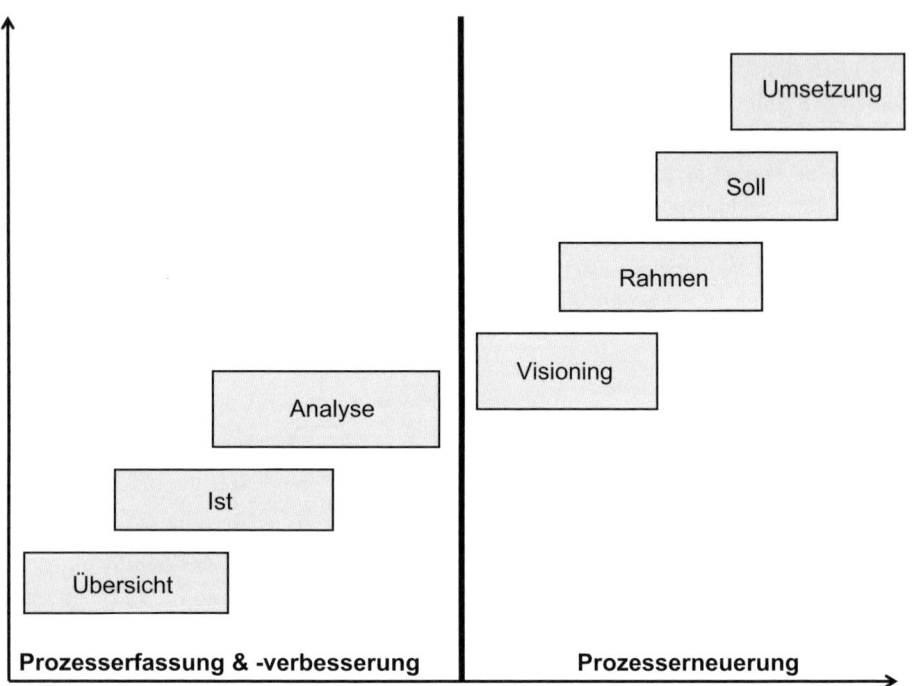

Bild 8.2 Einsatzbereiche der Bildkartenmethode mit jeweiligen Ergebnissen (nach Bosshart, Bosshart 2008)

Bild 8.2 zeigt Einsatzfelder der Bildkartenmethode entlang der Phasen Ist-Erhebung (= „Prozesserfassung und -verbesserung") und Soll-Modellierung (= „Prozesserneuerung"). Die jeweiligen Phasen führen zu folgenden Ergebnissen:

- Übersichtsmodellierung: gemeinsames Verständnis zu Prozessinhalt und -zweck.
- Ist-Modellierung: gemeinsames, dokumentiertes Verständnis zum Prozessablauf.
- Analysemodellierung: identifizierte und bewertete Verbesserungspotenziale.
- Visioning: gemeinsames Verständnis zu Prozesszweck und -inhalt.
- Rahmenmodellierung: gemeinsames Verständnis zu Prozessinhalt und -zweck.
- Soll-Modellierung: gemeinsames, dokumentiertes Verständnis zum Prozessablauf.
- Umsetzungsmodellierung: festgelegt Umsetzungsmaßnahmen.

Weitere Einsatzmöglichkeiten der Bildkartenmethode sind die Konzeption und Ausgestaltung eines Kommunikationskonzeptes oder der Ausbau eines Personenregisters/einer Übersicht im Sinne von „Who is who?" (einer Wissensträgerdatenbank).

Grundsätzlich lässt sich sagen, dass die Bildkartenmethode überall dort zum Einsatz kommen kann, wo Wissen über Prozesse offengelegt, integriert und Konsens geschaffen werden soll.

Bild 8.3 fasst die Motivatoren für den Einsatz der Methode zusammen.

Das Problem sind unsere Abläufe.

Schön wäre, wenn wir ein Modell gemeinsam zusammenbringen.

Wir müssen dazu alle an einen Tisch bringen.

Letzlich müssen wir nicht nur unsere Prozesse verstehen, sondern vielmehr in der gleichen Sprache über unsere Prozesse reden können!

Wir haben ja Geschäftsprozessmanagement-Experten – und trotzdem klappt die organisationale Entwicklung nicht!

Bild 8.3 Motivatoren für den Einsatz der Methode

■ 8.3 Umsetzung

Um ein aussagekräftiges Ergebnis der Bildkartenmethode zu erhalten und alle relevanten Träger des zu analysierenden Prozesses gleichwertig einbeziehen zu können, sollten folgende Prinzipien bei der Durchführung beachtet werden:

▪ Jeder Teilnehmer bringt sich sprachlich und schriftlich ein.

▪ Er repräsentiert seine Sicht und spricht für sich.

▪ Ideen werden als gleichwertig angesehen und wertschätzend aufgenommen.

▪ Wissen sollte offengelegt werden und integriert werden können.

▪ Ziel ist die Schaffung von Konsens.

8.3.1 Wer ist beteiligt?

Es sind beim Einsatz der Bildkartenmethode zwei funktionale Rollen beteiligt:

- **Durchführende**

  Ein Moderator sollte die Methode vorstellen. Er leitet die Diskussion und trägt Sorge, dass sich alle einbringen können. Mit gezielten Fragestellungen versucht er, gemeinsam mit allen beteiligten Personen den Prozessablauf zu analysieren und herauszuarbeiten. Die Kärtchen (= Prozessobjekte) werden gemeinsam entsprechend ihrem logischen und zeitlichen Zusammenhang aufgelegt und beschrieben. Erst am Ende des Prozesses sollten die Kärtchen auf der Tafel (Magnettafel, Pinnwand) fixiert werden, um sicherzugehen, dass alle Teilnehmer mit der Darstellung einverstanden sind.

- **Teilnehmende**

  Die Teilnehmer sind alle relevanten Mitarbeiter, die in dem zu analysierenden Geschäftsprozess beteiligt sind.

8.3.2 Ablauf

Der Ablauf gliedert sich in die Vorbereitung, Durchführung, Auswertung und Analyse.

8.3.2.1 Vorbereitung

In der Vorbereitungsphase gilt es, das genaue Ziel, das nach Anwendung der Methode erreicht werden soll, zu bestimmen. Soll beispielsweise die Ist-Situation eines Geschäftsprozesses erhoben werden oder werden auch Verbesserungsvorschläge einbezogen (= Soll-Situation)? Je nach Einsatzbereich ist auch zu klären, wer sich am Prozess der Darstellung des Geschäftsprozesses beteiligen soll. Bei einer Vorstudie wäre die Teilnahme aller Prozessbeteiligten nicht sinnvoll, da sie nicht über das hier notwendige Überblickswissen verfügen.

Entscheidet man sich für die Teilnahme aller Prozessbeteiligten, so müssen gemeinsame Termine für Workshops gefunden werden. Hier sollten das genaue Vorgehen und die Bildkartenmethode allen Beteiligten vorgestellt werden.

Schließlich sind die benötigten Kärtchen, wasserlösliche Stifte, Magnete und Magnettafel (oder Pins und Pinnwand) sowie eine Digitalkamera zum Fotografieren der fertig dargestellten Geschäftsprozesse vorzubereiten.

8.3.2.2 Durchführung

Die Kärtchen stehen für die Objekte von Geschäftsprozessen. Diese sind:

- (Teil-)Aufgaben, z. B. Fakturieren, Kundenwunsch bearbeiten, als zentrales Geschäftsprozessobjekt,
- Bearbeiter der (Teil-)Aufgaben, z. B. Vertrieb, Engineering,

- Dokumente als Input oder Output der (Teil-)Aufgaben, z. B. Arbeitsanweisungen, Auftrag,

- Hilfsmittel für die Durchführung der (Teil-)Aufgaben, z. B. Computer, Fax.

Jede einzelne Kategorie dieser Geschäftsprozessobjekte erhält eine vorher bestimmte Farbe der Kärtchen und ein aussagekräftiges Symbol (z. B. für das Geschäftsprozessobjekt „Bearbeiter" gelbe Kärtchen und als Symbol die Abbildung einer arbeitenden Person). So sollen die einzelnen Kärtchen leichter les- und zuordenbar werden.

Die einzelnen Kärtchen sollten auch nummeriert werden, um genauere Kommentare zu einem Kärtchen/einer Kategorie in einer weiterführenden Dokumentation zuordnen zu können.

Zum Schluss werden die Bildkarten mit Magneten auf einer magnetisierten Tafel angebracht. Dies hat den Vorteil, dass die Kärtchen leicht verschoben werden können, bis alle dem abgebildeten Prozess zustimmen. Auch der die Kärtchen verbindende Steuerfluss wird mit wasserlöslichen Stiften aufgezeichnet, um auch diesen gegebenenfalls verändern zu können.

Wurde der Geschäftsprozess mittels Kärtchen und Steuerfluss für alle Beteiligten nachvollziehbar abgebildet, so wird empfohlen, diesen am besten gleich mittels digitaler Kamera festzuhalten, um ihn für einen späteren Einsatz verfügbar zu haben.

8.3.2.3 Auswertung

Der mittels Bildkartenmethode abgebildete Geschäftsprozess sollte so lange mit allen Beteiligten besprochen, abgeändert und verfeinert werden, bis alle der Darstellung zustimmen.

8.3.2.4 Analyse

Stimmen alle Beteiligten der Darstellung zu, kann so in einem nächsten Schritt der Geschäftsprozess hinsichtlich des Verbesserungspotenzials analysiert werden und bildet die Grundlage für die Phase „Soll-Entwurf". Das Bildkartenmodell lässt sich durch Verschieben, Hinzufügen, Weglassen etc. von Bildkarten kreativ verändern, bis die Mitarbeiter gegebenenfalls mit Unterstützung von Experten aus dem Gebiet Geschäftsprozessmanagement den dargestellten Prozess als verbesserten Geschäftsprozess anerkennen. Schließlich sind die Mitarbeiter die Träger von Verbesserungen.

Die Bildkartenmethode kann in dieser Phase auch als Reflexionsinstrument genutzt werden, um auf einer Metaebene den Lern- und Gestaltungsprozess zu reflektieren und gegebenenfalls als Prozess in der Organisation zu etablieren.

8.3.3 Ergebnisse

An Ergebnissen liegen inhaltlich wesentliche Elemente vor, die für die Ausgestaltung von Geschäftsprozessen erforderlich sind, sowie eine Dokumentation, die für die Betroffenen und Verantwortlichen gleichermaßen verständlich sein sollte.

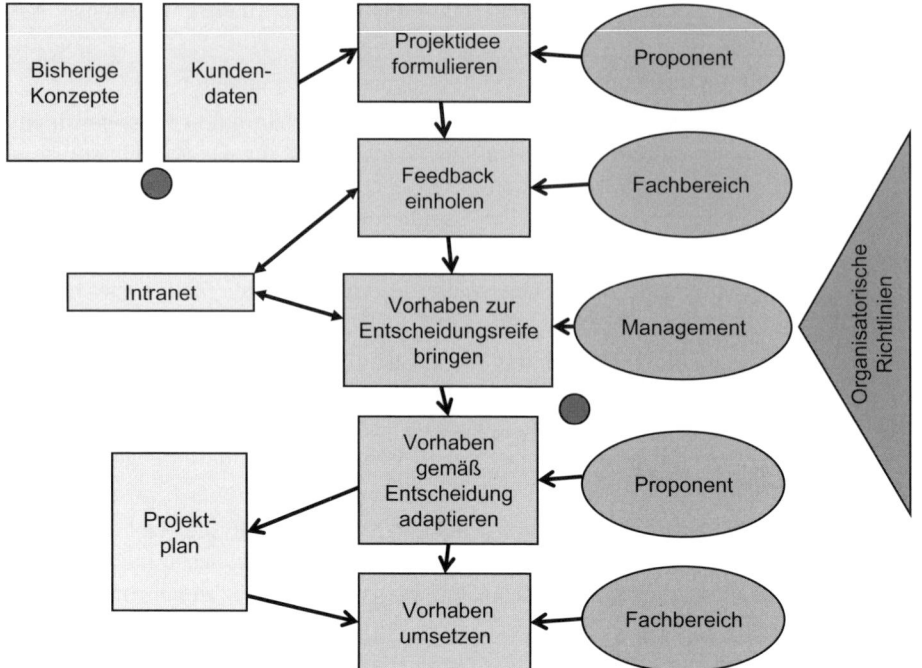

Bild 8.4 Beispiel einer Geschäftsprozessdarstellung mithilfe der Bildkartenmethode

Bild 8.4 zeigt ein typisches Ergebnis einer Sitzung mit der Bildkartenmethode. Die Einträge wurden von der Pinnwand zugunsten besserer Lesbarkeit in ein digitales Dokument übertragen. Sie zeigen einen Ablauf zur Projektentstehung in einem Unternehmen. In der Mitte der Abbildung sind die Arbeitsaufgaben ersichtlich, welche von der Projektidee bis zur Feinplanung im Unternehmen zu durchlaufen sind. Die Pfeile geben den Handlungsstrang, und zwar die diesbezüglichen kausalen und zeitlichen Zusammenhänge an. Rechts davon sind zum einen Funktionsträger der Organisation, das sind Proponent (des Projektvorhabens), Fachbereich (als betroffene Organisationseinheit) und Management, angeführt. Die Darstellung zeigt auch die Verantwortlichkeiten der jeweiligen Funktionsträger für die einzelnen Aufgaben (mittels Pfeilen). Die organisatorischen Richtlinien helfen, den Prozess zu strukturieren, und erlauben eine effektive Vorgangsweise beim Projektvorlauf.

Links vom Handlungsstrang befindet sich zum einen die Menge an Dokumenten, welche direkt (Kundendaten, Projekt) oder indirekt (bestehende Ideen) für den Ablauf relevant sind. Die direkt relevanten Dokumente sind ebenfalls mittels Pfeilen den Aufgaben zugeordnet. Links von den Aufgaben befindet sich auch noch ein Hilfsmittel, das Intranet, welches den erforderlichen Formalakt (Entscheidung durch das Management) unterstützt. Die großen Punkte stellen kritische Faktoren, das sind die Verfügbarkeit bestehender Ideen und aktuelle Kundendaten sowie die Möglichkeit, ein Vorhaben effizient zur Entscheidungsreife zu bringen, dar.

Das Ergebnis der Methode ist folglich ein mittels farbiger Kärtchen, Symbolen und verbindenden Steuerungsflusses unter Einbindung aller Prozessträger dargestellter Geschäftsprozess auf einer Magnettafel.

Als weiteres, implizites Resultat lässt sich die Akzeptanz aller Teilnehmer hinsichtlich des dargestellten Geschäftsprozesses nennen. Bei der Entwicklung eines Geschäftsprozesses im Soll-Zustand kann als weiteres Ergebnis davon ausgegangen werden, dass die daraus folgenden organisatorischen und technischen Veränderungen von allen Mitarbeitern verstanden und mitgetragen werden.

In Bild 8.5 werden methodische Tipps und Herausforderungen gebündelt dargestellt.

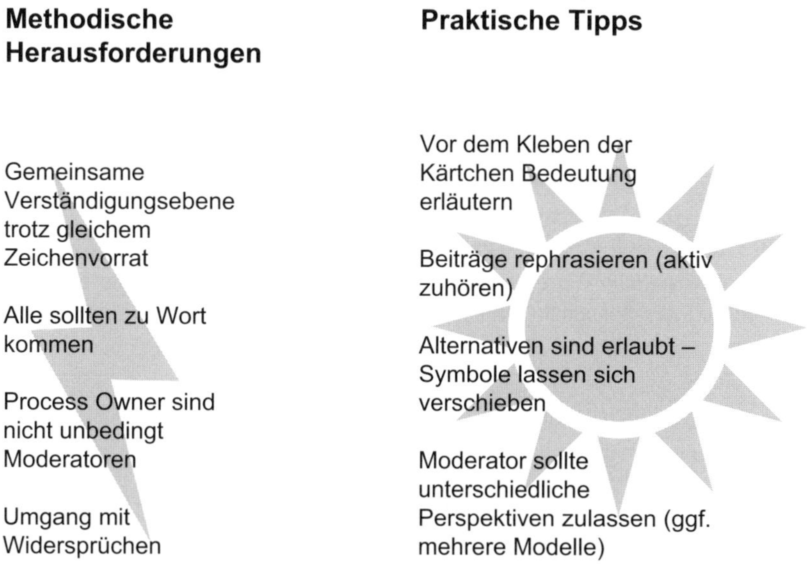

Methodische Herausforderungen

Praktische Tipps

Gemeinsame Verständigungsebene trotz gleichem Zeichenvorrat

Vor dem Kleben der Kärtchen Bedeutung erläutern

Alle sollten zu Wort kommen

Beiträge rephrasieren (aktiv zuhören)

Process Owner sind nicht unbedingt Moderatoren

Alternativen sind erlaubt – Symbole lassen sich verschieben

Umgang mit Widersprüchen

Moderator sollte unterschiedliche Perspektiven zulassen (ggf. mehrere Modelle)

Bild 8.5 Tipps und Herausforderungen der Bildkartenmethode

■ 8.4 Aufwand

Zur Durchführung der Methode braucht es primär Zeit. Die Methode wurde zwar bewusst einfach gehalten, damit die Mitarbeiter den Umgang mit der Bildkartenmethode rasch erlernen können. Es sollte jedoch genug Zeit für Diskussionen eingeplant werden. Eine genaue Einschätzung ist schwierig, da der Zeitfaktor auch immer vom Einsatzbereich und der Zielsetzung der Methode abhängig ist. Ist geplant, die Bildkartenmethode für alle Phasen des Geschäftsprozessmanagements anzuwenden, so wird dies sicherlich länger dauern, als wenn nur eine bestimmte Phase visualisiert werden soll.

Grundsätzlich ist die Bildkartenmethode nicht kostenintensiv. Es fällt Zeitaufwand für die Beteiligung der Mitarbeiter an, die Kosten für das benötigte Material sind zu vernachlässigen. Für die Workshops wird auch ein für die Teilnehmeranzahl entsprechend großer Raum zu mieten sein. Hinzu kommen gegebenenfalls Kosten für Experten für Geschäftsprozesse, wenn dies erforderlich für die Organisation ist.

Zur Durchführung der Methode werden verschiedene farbige Kärtchen, wasserlösliche Stifte, Magnete, Magnettafel und eine Digitalkamera zum Fotografieren der fertig dargestellten Geschäftsprozesse benötigt.

■ 8.5 Einsatzbeispiel

Unser Beispiel entstammt, analog zur Wissenslandkarte, einem Unternehmensprojekt, welches der Ausgestaltung der Wissensinfrastruktur dient. Das Ziel des Projekts war die Erschließung von Informationsquellen und ihrer anwendungsorientierten Nutzung im Rahmen wissensintensiver Geschäftsabläufe. Von besonderem Interesse sind dabei das Customer Knowledge Management und das Produktmanagement. Der Einsatz folgte der Anwendung der Wissenslandkarte, um Geschäftsprozesse detaillieren und umsetzen zu können.

8.5.1 Vorbereitung

Das Ziel war, prozessrelevante Information zu bündeln, um für Customer Care, Gadget Engineering und Gadget Development optimierte Geschäftsprozesse zu implementieren. Die Teilnahme aller Prozessbeteiligten war erforderlich, da im Rahmen der Vorarbeiten eine Wissenslandkarte erstellt wurde. Bei einem gemeinsamen Termin wurden in einem Workshop allen Beteiligten das geplante Vorgehen und die Bildkartenmethode vorgestellt. Mithilfe der Kärtchen und den sonstigen Materialien wurde anschließend an der Modellierung der Geschäftsprozesse gearbeitet. An Unterlagen wurden sämtliche Ergebnisse der Arbeiten an der Wissenslandkarte zur Verfügung gestellt.

8.5.2 Durchführung

Mithilfe der Kärtchen wurden nun die verschiedenen Objekte von Geschäftsprozessen spezifiziert. Begonnen wurde mit den Aufgaben und Teilaufgaben, da die Methode einem funktionalen Modellierungsansatz zuzurechnen ist. Dabei konnten die Bezeichner aus der Wissenslandkarte übernommen werden. Bild 8.6 zeigt diesen Schritt für den Aufgabenfluss im Customer Service: Approaching → Caring → Binding.

An Bearbeiter der (Teil-)Aufgaben wurden die beteiligten Organisationseinheiten Customer Service, Gadget Engineering und Gadget Development identifiziert sowie eine Agentur, die sich um die Kundenakquise bemüht (Outsourcing).

An Dokumenten und damit als Input oder Output der (Teil-)Aufgaben wurden Akquisematerialien genannt sowie Customer Record, Gadget Vision und Gadget Fact Sheet. Bei den Akquisematerialien und dem Customer Record wurden die jeweiligen Input/Output-Beziehungen zur Funktion Approaching dazumodelliert. Darüber hinaus wurde der Beziehungszusammenhang zwischen der Gadget Vision und dem Customer Record mit einer gerichteten Beziehung festgehalten. Die Kundenwünsche sollten somit in den nächsten Produktentwicklungszyklus einfließen können.

Das Fact Sheet enthält die jeweiligen Produktdaten, wie sie seitens des Gadget Development zur Verfügung gestellt werden, während die Gadget Vision dem Gadget Engineering zu Machbarkeitsanalysen und Entwicklung von Umsetzungsvorschlägen dient. Die Daten dazu entstammen dem Customer Caring und Binding.

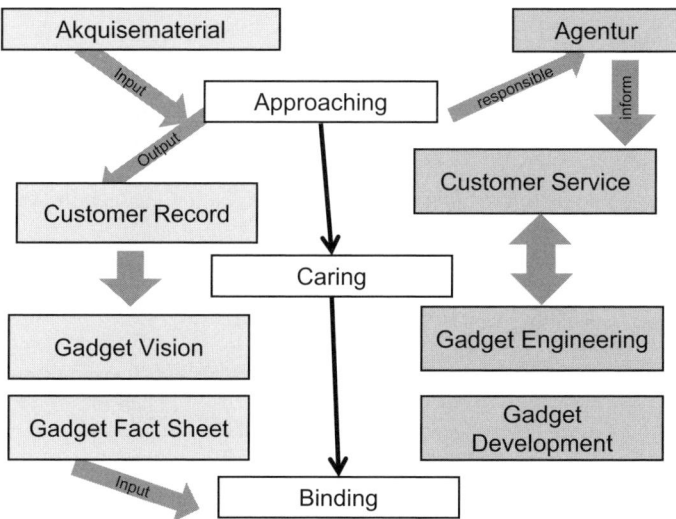

Bild 8.6 Ausschnitt aus einer Spezifikation zur Prozessgestaltung für Customer Service

8.5.3 Auswertung

Der Geschäftsprozess wurde mittels Kärtchen und Steuerfluss für alle Beteiligten nachvollziehbar abgebildet, festgehalten und in eine digitale Form gebracht. Schrittweise konnte die Informationsversorgung des Unternehmens GroovyGadgets auf Basis der Wissenslandkarte nach den Vorstellungen der Beteiligten vollständig durch Prozesse erschlossen werden. Die Themen unterhalb des Hierarchiekopfes Informationsversorgung (Wissensbereiche) wurden als Organisationseinheiten in das Prozessmodell übernommen: Gadget Engineering, Gadget Development und Customer Service. So konnte dem Denken nach bevorzugten Denkmustern in Arbeitsbereichen gefolgt werden.

Gleichzeitig wurden aber die Aktivitäten und Unterlagen mitgedacht, die bei der Wissenslandkarte beim Voranschreiten vom Übergeordneten (Allgemeinen) zum Untergeordneten (Besonderen) festgelegt werden.

So entstanden hierarchisch untergeordnet die Tätigkeitsbereiche des Customer Service, und zwar Nutzung von Gadgets (Usage), Kundenpflege (Customer Care Patterns) und Vorstellen von weiteren Gadgets bzw. deren Möglichkeiten (Featuring). Sie wurden bereits als Prozessbezeichner im Rahmen der Bearbeitung mittels der Bildkartenmethode identifiziert, da sie Verhaltenselemente beinhalten. Gleiches geschah mit den Bereichen Gadget Engineering und Gadget Development. Dort wurde etwa Display Unit als Bündelung der Fertigung(svorbereitung) festgelegt.

Zeitlich-kausale Beziehungen der Wissenslandkarte können in die Bildkartendarstellung übernommen werden. Sie können allerdings vage bleiben oder konkretisiert werden, wie etwa Informing zwischen Customer Service und Gadget Engineering

8.5.4 Analyse

Die Analyse diente zum einen der Qualitätskontrolle und der Verfeinerung der teilweise bereits abgebildeten Soll-Prozesse. Für Wissensmanagement entscheidend war aber die Abbildung der Lernvorgänge zur Erstellung und Verfeinerung der Prozesse im Sinne organisationaler Entwicklungspotenziale. Bild 8.7 zeigt einen Ausschnitt der Ergebnisse.

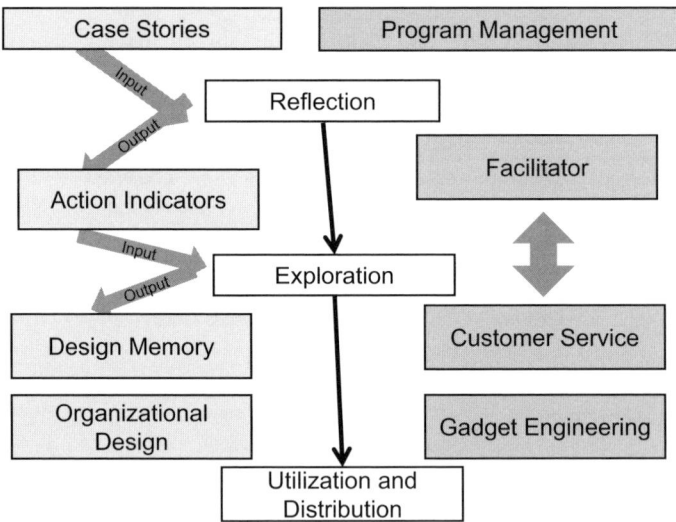

Bild 8.7 Organisationale Lernprozess-Spezifikation auf Basis von Bildkarten

Analog zu den vorangegangenen Aktivitäten wurden nun mithilfe der Kärtchen die verschiedenen Objekte von Lernprozessen spezifiziert. Begonnen wurde auch hier mit den Aktivitäten im Sinne des funktionalen Ansatzes der Methode: Reflection (Reflexion) → Exploration (Explorierung) → Utilization and Distribution (Nutzung und Verteilung).

Als Verantwortlicher wurde ein Program Manager festgelegt. Als Bearbeiter der Teilaufgaben wurde neben den beteiligten Organisationseinheiten Customer Service und Gadget Engineering ein Facilitator festgelegt, der den Prozess moderieren soll.

An Dokumenten und damit als Input oder Output der Teilaufgaben wurden Case Stories genannt sowie Action Indicators, Design Memory und Organizational Design. Sie dienen zum einen als Input und werden zum anderen durch die jeweiligen Aktivitäten gespeist. Dabei kommt ein dreistufiges Entwicklungsvorgehen zum Einsatz, das sich in den Materialien wiederfindet. Indikativ wird durch Fallstudien Veränderungspotenzial identifiziert, welches in einen der Gestaltung dienenden Container einfließt, aus dem anschließende konkrete Umsetzung übernommen oder abgeleitet wird (Organizational Design). In letzterem Bestand finden sich konkrete Prozessmodelle, wie in den vorangegangenen Schritten des Methodeneinsatzes gezeigt.

■ 8.6 Potenzial und Grenzen

Bild 8.8 fasst die verfügbaren Erfahrungen beim Einsatz der Methode zusammen.

Mit einem Computer-Tool wären wir dreimal so schnell gewesen.

Besser als jede Software – keine Ablenkung – straight forward to the process.

Der Prozess war sehr wertvoll, mit dem Ergebnis kann ich gut leben.

Trotz intensiver Auseina   ndersetzung haben wir ein konsensuales Ergebnis erzielt.

Ich wusste gar nicht, wie viele unterschiedliche Wege es gibt, meine Aufgaben zu erledigen.

Wir haben zu früh aufgehört – der Teufel liegt im Detail.

Bild 8.8 Erfahrungssplitter aus dem Einsatz der Bildkartenmethode

Die teilhaben lassende Methode der Prozessgestaltung ermöglicht die Kooperation aller betroffenen Fachbereiche und hilft, Kooperationsbarrieren zu überwinden. Die Bildkartenmethode kann so zu einer Steigerung der Qualität der Prozesse und zur Akzeptanz von verbesserten bzw. neuen Geschäftsprozessen beitragen.

Die Methode kennt nur wenige Symbole und Schritte. So ermöglicht sie Mitarbeitern, den Einsatz rasch und leicht zu erlernen und keine Scheu vor einer eigenständigen Modellierung zu haben. Mitarbeiter können ohne große Belastung in Prozessen denken lernen.

Das Bildkartenmodell kann durch die Kärtchen leicht verschoben und verändert werden, bis alle Beteiligten mit dem Ergebnis zufrieden sind. Veränderungsmöglichkeiten und -notwendigkeiten werden so für alle sichtbar und nachvollziehbar gemacht. Bosshart und Bosshart (2008) fassen dies unter dem Prinzip „Reflexion" zusammen.

Der Fokus ist auf das bereits Funktionierende gerichtet (Lösungsorientierung), erkannte Verbesserungspotenziale können durch konkrete Maßnahmen (= Änderung des Prozesses) umgesetzt werden. Die durch die Visualisierung der Prozesse gelungene Transparenz für alle Mitarbeiter hat eine motivierende Wirkung auf die Mitarbeiter. Sie fühlen sich durch ihre Teilhabe einbezogen und verstanden. Somit können Veränderungsprozesse argumentier- und nachvollziehbar gestaltet werden.

Herausfordernd beim Einsatz der Methode kann die Unübersichtlichkeit von detaillierten Bildkartenmodellen werden. So wird empfohlen, für jede Verfeinerung des Modells ein neues Bildkartenmodell zu erstellen.

Die Bildkartenmethode birgt darüber hinaus die Gefahr, dass die Aufmerksamkeit der Mitarbeiter so intensiv auf die darzustellenden Geschäftsprozesse und deren Arbeitsabläufe gerichtet ist, dass es ihnen schwerfällt, noch mögliche Verbesserungen wahrzunehmen. Deshalb sollten zu Beginn der Methode zuerst einmal generelle Möglichkeiten für die Verbesserung von Geschäftsprozessen besprochen werden.

Mitunter kritisch beurteilt wurde der durch das Abräumen und Wiederaufbringen der Bildkarten auf die Tafel entstandene Aufwand. Nur so kann jedoch die leichte Verschiebbarkeit der Kärtchen garantiert werden.

Literatur

Bosshart, E.; Bosshart, U. (2008): GappBridging Bildkartenmethode. Prozessmodellierung, -verbesserung und -erneuerung. Verfügbar unter: *http://www.bosshart-consulting.ch/downloads/ german/GappBriding-BILDSKARTENMETHODE-Flyer.pdf.* Zugriff am 10.05.2009

Gappmaier, M.; Ruzicka, M. (1999): *Partizipatives Gestalten von Geschäftsprozessen mit der Bildkartenmethode.* Institutsbericht 99.03. Linz: Johannes Kepler Universität

9 Balanced Scorecard (BSC)

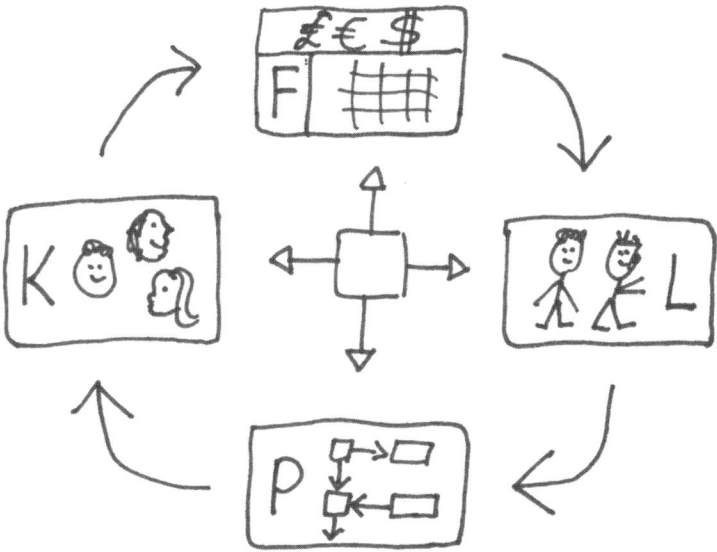

Die BSC ist eine Methode zur Erarbeitung und organisationsweiten Kommunikation von Auftrag, Vision und daraus abgeleiteten Strategien einer Organisation. Sie kann als Managementsystem zur strategischen Führung einer Organisation mit Kennzahlen beschrieben werden.

Sie wird anhand eines übersichtlichen Berichtsbogens dargestellt, der nicht nur Resultate, sondern auch Aktionen enthält, mit welchen Organisationen zukünftige Aktivitäten vorbereiten. Darüber hinaus werden die Resultate und Aktionen aus unterschiedlichen Perspektiven und in ausgewogener Weise (balanced) berücksichtigt. In der organisationalen Praxis finden unterschiedliche Arten von BSCs Anwendung. Diesen Ansätzen ist gemeinsam, dass Strategien in konkrete Handlungen umgesetzt werden.

BSCs enthalten zunächst die Formulierung eines zentralen strategischen Ziels (Leitziel oder Vision) und die entsprechende Konkretisierung des Leitziels durch Teilziele. Die Teilziele werden aus mehreren Elementen abgeleitet:

- Strategische Orientierungen (Themen oder erfolgskritische Faktoren).
- Erwartungen verschiedener Anspruchsgruppen (= Perspektiven) an Organisations-
  potenziale. Diese sind:
  - Kunden,
  - Geschäftsprozesse, die vornehmlich nachwirken,
  - Mitarbeiter (Lernen und Entwicklung, Innovation),
  - Finanzen und Controlling,
  - Partner bzw. Mitbewerber (Lieferanten, Kooperationspartner, Vereine etc.).

Dabei steht das Finanzgebaren im Zentrum der Aufmerksamkeit (vgl. auch Bild 9.1). Die Verwertung finanziellen Kapitals wird als definitiv oberstes Ziel einer Organisation gesehen. Daher stellt die Finanzperspektive die oberste Ebene einer hierarchisch gegliederten BSC dar. Dieser Perspektive folgt die Kundenperspektive, die das Wertan-gebot beschreibt, das dem Markt zur Verfügung gestellt wird. Darunter liegt die Pers-pektive der internen Geschäftsprozesse, welche die Wertkette der Organisation umfasst. Diese Kette inkludiert sämtliche Aktivitäten, die zur Erzeugung des Wertangebots für die Kunden und ihre Transformation in Wachstum und Rentabilität für den Anteilseig-ner erforderlich sind. Das Fundament der drei Perspektiven bildet die Lern- und Ent-wicklungsperspektive, da sie immaterielle Werte definiert, die benötigt werden, um unternehmerische Aktivitäten und Kundenbeziehungen auf ein höheres Niveau zu heben.

Die weiteren Elemente der Balanced Scorecard sind:

- festgelegte Kennzahlen als Messgrößen für Leitziele und ausgewählte Teilziele (strategische Themen, Perspektiven),
- abgeleitete Aktionen, die den Teilzielen genügen,
- festlegte Kennzahlen für die Aktionen,
- Organisation der gemeinsamen Arbeit zur praktischen Umsetzung der Strategie (Projekte, Aktionsprogramme),
- Einbindung der Kennzahlen in das Berichtssystem.

Bild 9.1 zeigt die wesentlichen Elemente einer BSC in ihrem wechselseitigen Kontext.

Es gibt nicht eine bestimmte Struktur von BSCs; weder eine beispielhafte (Balanced) Scorecard für Organisationen etwa einer Branche, allgemeingültige Inhalte, die Organi-sationen in ihre BSC übernehmen können, noch die „Struktur" einer BSC im Sinne einer gültigen und langfristig geltenden Lösung. Vielmehr sind Richtlinien vorhanden, um bestimmte Perspektiven auf das Organisationsgeschehen einzunehmen und operative Maßnahmen inklusive Vorgaben zu gestalten.

Die BSC dient im Wissensmanagement als Methode zur Wissensgenerierung, Wissens-erhebung, Wissensdarstellung, Wissensverarbeitung und Wissensauswertung.

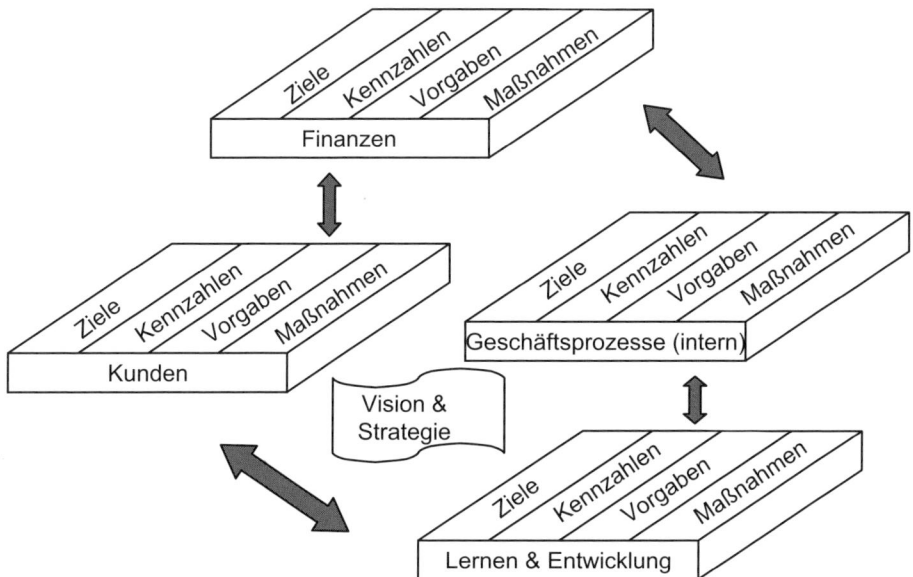

Bild 9.1 BSC-Elemente nach Kaplan und Norton

Eine **Wissensgenerierung** und **Wissenserhebung** wird in einer BSC durch Gespräche, Kommunikation und Austausch zwischen der Geschäftsführung und den Mitarbeitern (dem BSC-Team) erreicht. Die Strategie in der Organisation wird gemeinsam festgelegt bzw., falls bereits vorhanden, genauer spezifiziert und auf die Ziele der BSC heruntergebrochen. Darüber hinaus werden für die Organisation unter der Berücksichtigung der firmeninternen Strategie notwendige Kennzahlen und wesentliche Perspektiven identifiziert.

Diese Kennzahlen und Perspektiven werden dann zwecks Übersichtlichkeit in ein Formblatt eingetragen. Daher ist die BSC auch eine Methode zur **Wissensdarstellung.**

Die **Wissensauswertung** und **Wissensverarbeitung** erfolgt mit der anschließenden Analyse der BSC. Maßnahmen für Verbesserungen können so abgeleitet werden, da jeder Mitarbeiter nun seine eigenen Ziele eingebettet in die Organisationsstrategie erkennt. Kennzahlen und vorher bestimmte Indikatoren sollen der Organisation den aktuellen Stand der eingeleiteten Aktionen bzw. Maßnahmen besser ersichtlich machen und eventuelle Abweichungen oder Veränderungen von der Strategie aufzeigen. So kann das durch die BSC gewonnene Wissen weiterverarbeitet werden.

Bild 9.2 zeigt die Einordnung in die Aktivitätsbündel des Wissensmanagements.

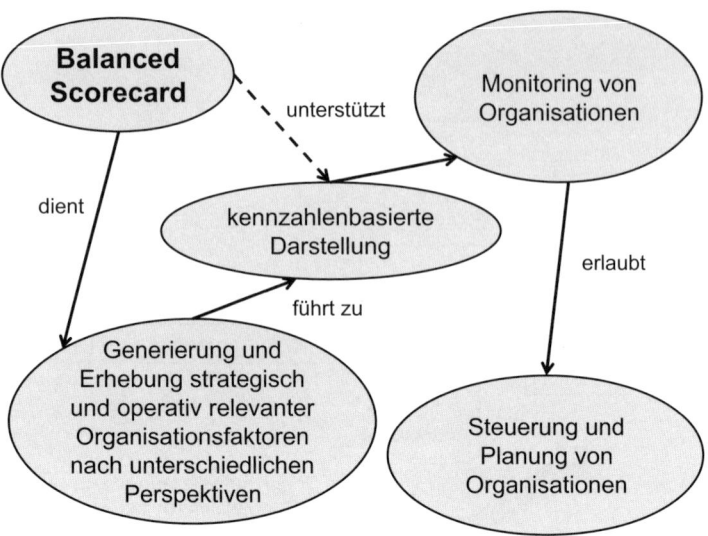

Bild 9.2 Einordnung in die Aktivitätsbündel des Wissensmanagements

■ 9.1 Herkunft und Hintergrund

In den Anfängen der BSC zu Beginn der 90er-Jahre wurden Berichtssysteme in Strategien und entsprechende Entwicklungsprozesse eingebunden. Robert S. Kaplan und David P. Norton wollten die Leistungsmessung und -bewertung in einer Organisation auf wenige Kostenstellen und klassische betriebswirtschaftliche Kenngrößen reduzieren und gleichzeitig mehrdimensional gestalten sowie mit dem klassischen Berichtswesen koppeln. Ergebnis ihres Ansatzes sollte ein Berichtswesen sein, das mehrdimensionale Mess- und Bewertungsgrößen in übersichtlicher Form enthält.

Die beiden Autoren wollten die Einseitigkeit der Finanzkennzahlen durch Erweiterungen wie Kundenbeziehungen und Mitarbeiterengagement aufheben. Mit in die Bewertung einer Organisation sollten vor allem die Nähe zu Kunden, die zielgerichtete Entfaltung engagierter Mitarbeiter durch Lernen und Entwicklung sowie die Effektivität interner Geschäftsprozesse neben der Gewährleistung stabiler Finanzen eingehen. Globales Ziel war es, gemeinsam mit den traditionell auf die Vergangenheit ausgerichteten Größen wie Umsatz, Gewinn und Kapitalverwertung nachhaltige Bonität gegenüber Investoren zu erreichen.

Einer möglichen Unübersichtlichkeit wollten Kaplan und Norton mit der Bereinigung von Kennzahlen begegnen, um so Wesentliches von Unwesentlichem bei Organisationskennzahlen unterscheiden zu können. Ziel war eine einzige Anzeigetafel oder ein einziger Berichtsbogen, um alle wesentlichen Daten von einer Organisation unterzubringen. Darüber hinaus sollte der Status der Aufgabenerfüllung mit berücksichtigt werden sowie das zukünftige Aufgabenprofil aus diesem Berichtsbogen ersichtlich sein.

9.2 Zielsetzungen und Einsatzmöglichkeiten

Kaplan und Norton haben mit ihrer Forderung „translate strategy into action" die Aufgabe der BSC als praktische Umsetzungshilfe einer Strategie in tägliches Tun als Ziel festgelegt.

Ziel ist so, eine einzige übersichtliche Anzeigetafel oder einen einzigen Berichtsbogen zur Verfügung zu haben, der alle wesentlichen Daten einer Organisation darstellt und die Strategie einer Organisation widerspiegelt. Dies wird dadurch sichergestellt, dass wesentliche von unwesentlichen Organisationskennzahlen bereinigt werden.

Darüber hinaus soll aus diesem Berichtsbogen der Status der Aufgabenerfüllung mit berücksichtigt werden sowie das zukünftige Aufgabenprofil ersichtlich sein.

Die BSC soll allen Beteiligten mithilfe geeigneter Kennzahlen konkret vermitteln, wie die strategischen Ziele mit der Mission und Vision einer Organisation zusammenhängen und wie sie praktisch umzusetzen sind.

BSCs werden als Steuer- und Kontrollinstrument für Verantwortliche eingesetzt, während Mitarbeiter BSCs eher als begleitendes Beobachtungs-(Monitoring-) und Status-Bestimmungsinstrument einsetzen.

Kaplan und Norton bestimmen nicht, in welcher Form betroffene Personen in den Prozess der Umsetzung der definierten Strategie in das tägliche Tun eingebunden werden – und in diesem Punkt unterscheiden sich die Anwendungen der BSC in der Organisationspraxis wesentlich.

Die Einsatzpraxis reicht daher von der strikten Vorgabe strategischer Leitsätze durch Vorgesetzte bzw. kleine Kreise ausgewählter Führungskräfte (in hierarchisch strukturierten Organisationen) bis hin zum offenen Dialog über individuelle und gemeinsame Ziele und deren Überführung in eine von allen Beteiligten getragene Strategie (bei einer offenen Organisationsstruktur).

In Richtung mitarbeiterorientierter Anwendung der BSC haben sich Herwig R. Friedag und Walter Schmidt in ihren Arbeiten mit dem intellektuellen Kapital, und zwar „als Summe von geistigen und materiellen Potenzialen" auseinandergesetzt. Nach ihren Ausführungen werden diese Potenziale von den in der Organisation tätigen Menschen, den mit der Organisation verbundenen Menschen, den Strukturen einer Organisation und den von Organisationen genutzten gesellschaftlichen Ressourcen getragen. Friedag und Schmidt gehen somit davon aus, dass nicht mehr das Finanzkapital den treibenden Motor der Entwicklung darstellt, sondern vielmehr das Wissen und die Fähigkeit, es anzuwenden. Vor diesem Hintergrund bilden nach ihrer Ansicht die persönlichen Ziele den Ausgangspunkt für die BSC einer Organisation. Diese persönlichen Ziele sind organisationsweit zu konsolidieren.

Sie verfolgen damit einen Bottom-up-Ansatz, wo die Mitarbeiter ihre Ziele nicht dem Leitziel der Organisation unterordnen, sondern vielmehr die Mitarbeiter ihre gemeinsamen Ziele bestimmen und diesen entsprechend die strategischen Themen beschreiben. Sie erfassen und beschreiben damit die Entwicklungsgebiete für jene Potenziale, die sie für deren Umsetzung nutzen wollen. In konkreten Projekten organisieren sie entsprechend ihr Tun, um das gemeinsam festgeschriebene Ziel zu realisieren. Dieser Bottom-up-Ansatz eignet sich besonders bei Organisationen, die eine offene Organisationsstruktur besitzen.

Unterschiede in der Anwendungspraxis der BSC gibt es auch in der Art und Weise der Einbindung der BSC in das gesamte unternehmerische Tun und Berichten. Wird die BSC als strategisches Kennzahlensystem dem Controlling zugerechnet, erweitert sie damit die Palette der bereits vorhandenen Controlling-Instrumente unter Anwendung der Kennzahlen der BSC.

Originär dient die BSC aber nicht als (Ersatz für) zentrales Führungsinstrument für das Management. Kaplan und Norton verweisen in diesem Zusammenhang darauf, dass nach ihren Erfahrungen in der Beratung insbesondere jene Organisationen die meisten Vorteile von BSC haben, die ein neues Managementsystem mithilfe der BSC aufbauen. Dieses System ermöglicht ihnen, über die Strategie fokussiert die Organisation zu definieren, und bringt die BSC in das gesamte Führungs- und Berichtswesen als inhärenten Bestandteil ein. So wird die praktische Umsetzung einer Strategie einer Organisation erleichtert. Sie erreicht den Alltag seiner Kunden, Mitarbeiter und Partner gleichermaßen.

Bild 9.3 zeigt wesentliche Motivatoren für den Einsatz der BSC.

Kennzahlen wirken – nach innen wie nach außen.

Wie machen wir Shareholder-Value zu Stakeholder-Value?

Key Performance Indicator bedeutet für meine Prozesse?

Wer an den Zahlen dreht, hat auch Verantwortung für die Prozesse!

Wir haben mit dem bestehenden Kennzahlensystem unser gesamtes Optimierungspotenzial ausgeschöpft –wir brauchen ein neues Kennzahlensystem.

Bild 9.3 Motivatoren für den Einsatz der BSC im Kontext von Wissensmanagement

■ 9.3 Umsetzung

Bezüglich der Verbindung der BSC mit der Strategie einer Organisation kommt es darauf an, ob die operativen und strategischen Kennzahlen in abgestimmter Form zusammengesetzt werden bzw. sie in Abstimmung mit den Organisationsprozessen und globalen Leitzielen der Organisation erfolgen. Dabei empfehlen Kaplan und Norton, die BSC nicht mit einem Kennzahlensystem gleichzusetzen, wie vielfach bislang geschehen, denn in der praktischen Anwendung führt dies, insbesondere im Zusammenhang mit der Software, zu einer losen Zusammenstellung von operativen strategischen Kenngrößen. Dies bringt nur bedingten Mehrwert für das Management bei der Wahrnehmung seiner Führungs- und Steuerungstätigkeiten mit sich.

Diese Forderung kann allerdings nur erfüllt werden, wenn eine Organisation eine Strategie besitzt. Ist dies nicht der Fall, muss daher als wichtigste Voraussetzung der Einführung einer BSC in der Organisation eine Strategie formuliert werden. (Strategische) Ziele sollten unter Berücksichtigung der gemeinsamen Partizipation der Mitarbeiter definiert werden. Darüber hinaus sollten die Möglichkeiten zur Realisierung (Aufwand an Zeit und Geld) bei der Strategiefindung berücksichtigt werden. Schließlich ist zu beachten, ob die Personen, die die Ziele realisieren sollen, diese in ihrer praktischen Relevanz verstehen und teilen.

Es gelten aufgrund von Erfahrungen aus einschlägigen Projekten folgende Voraussetzungen für eine erfolgreiche Durchführung einer BSC:

- *Teamarbeit:* Ein aufeinander eingespieltes, kommunikationsfähiges Team bringt höherwertige Ergebnisse als Einzelarbeiter. Das Team erlaubt die wechselseitige Berücksichtigung von Know-how und begünstigt die Motivation von „Mitstreitern".

- *Top-down- vs. Bottom-up-Ansatz:* Die Arbeit an der BSC beginnt mit einer gemeinsamen Definition von Organisationsmission (organisationaler Auftrag) und Vision und den darauf abgestimmten strategischen Zielen. Dies kann nur das Topmanagement in Zusammenarbeit mit den nachfolgenden Bereichen festlegen. Danach muss die Leitungsebene den Prozess der Implementierung der BSC in der gesamten Organisation begleiten, ihm folgen, ihn steuern und die kontinuierliche Überarbeitung von strategischen und auch operativen Zielen zur eigenen Aufgabe machen. Dabei sind die Mitarbeiter jedoch einzubinden, zumal das operative Geschäft jedenfalls von ihnen zu bestimmen ist (Bottom-up-Design der Arbeitsabläufe).

- *Leitbild (Mission) und Visionsteilung:* Die Geschäftsleitung ist verpflichtet, die Mission und Vision ihrer Organisation in zwei bis drei verständlichen Antworten zu den Fragen „Wie und als was wollen wir in der Öffentlichkeit gesehen werden?" und „Wo wollen wir in fünf oder zehn Jahren stehen (Vision)?" anzugeben, will sie die Zielfindung und -verfeinerung transparent gestalten. Andernfalls drohen Fehlinterpretationen und verständnisbedingte Konflikte.

- *Strategie-Inkorporierung:* Nicht nur das Leitbild und die Vision müssen den Mitarbeitern nahegebracht werden, sondern auch die daraus entwickelten Strategien für die Organisation. Sie müssen intern so bekannt sein, dass alle Mitarbeiter in der Organisation diese als Zielstellung für ihre tägliche operative Arbeit verstehen.

- *Realistische Zielfindung:* Das Grundprinzip der Motivation zur Teilnahme ist, dass Ziele verständlich dargestellt und mit großen Anstrengungen auch erreichbar sind. Taktischerweise sollten solche hoch angesetzte Ziele in mehreren Etappen, über Meilensteine, erreicht werden können.

- *Nutzung ausschließlich strategisch orientierter Kennzahlen:* Zielfindung alleine reicht nicht aus – vielmehr müssen das Ist und das Soll, also die Zielerreichung gemessen werden. Nur dann kann von dem/den für die Zielerreichung Verantwortlichen eine Standortbestimmung vorgenommen und können die Mitarbeiter diesbezüglich informiert werden. Daher sollten die Kennzahlen der BSC nur das messen, was das Ziel darstellt, nämlich die Umsetzung der Strategie.

- *Minimaler Umfang:* Die „richtigen" Kennzahlen sind vom Topmanagement in Zusammenarbeit mit dem BSC-Team zu erarbeiten. Dabei ist nicht die Quantität, sondern die Qualität der Kennzahlen entscheidend. Letztere ermöglicht nicht nur prägnante Aussagen bei hoher Ausprägung, sondern erleichtert auch den Umgang mit Kennzahlen.

- *Verknüpfung von Kennzahlen mit Verantwortung:* Aus gemessenen Zielerreichungsquoten sollten Schlussfolgerungen gezogen werden. Daher ist zu jeder Kennzahl zu erheben, was getan werden muss, um das Ziel zu erreichen, und es sind Verantwortlichkeiten für diese Zielerreichung zu definieren.

- *Vertrauen als Steuerungs- und Führungsinstrument:* Die Nähe des Topmanagements soll genutzt werden, um herauszufinden, ob die richtigen Strategien mit passenden Kennzahlen gemessen werden. Die Diskussion in der Organisation ist also offenzuhalten, sowohl zu Kunden und Lieferanten als auch innerhalb der Mitarbeiter. Darüber hinaus muss eine BSC die Dynamik von Veränderungen mit berücksichtigen, sei es außerhalb oder innerhalb der Organisation, welche Konsequenzen für Kennzahlen aufweisen. Dazu zählen die Fähigkeit von Organisationen, mit Feedback umzugehen und aus Feedback Lernprozesse abzuleiten, sowie die Fähigkeit, Kommunikation zu pflegen und Vertrauen in der Organisation aufzubauen (Friedag, Schmidt 2001).

- *Verbindung der BSC der Organisationsebenen mit der BSC der Gesamtorganisation:* Sobald alle Mitarbeiter die Organisationsstrategie kennen und in ihre Tätigkeit einbeziehen, sollten sie auch an der Umsetzung der Strategien in ihrem Verantwortungsbereich gemessen werden. Jeder Bereich, jede Abteilung sollte an der Strategie mitwirken und eigene Kennzahlen, und damit eine eigene BSC, besitzen.

- *Praktikabilität und Verständlichkeit:* In diesem Zusammenhang sollte die BSC auf eine Seite passen – zugelassen sind auch visualisierte Darstellungen der Zielerreichung.

- *Veränderungsmanagement:* Die Beschäftigung mit Kennzahlen, die vom Plan abweichen, ist essenziell. So sollte monatlich die Umsetzung der Strategien in der Organisation Inhalt einer dementsprechenden Reflexion sein. Dies erfordert eine Institutionalisierung von Qualitätssicherungsprozessen, welche im Rahmen einer Zertifizierung erfolgen kann.

- *Authentizität:* Da keine BSC einer anderen gleicht, muss eine Organisation auch bei der Weiterentwicklung der BSC eigene Wege gehen – sie orientiert sich zumeist an den Stärken, aber auch an den herausgefundenen Schwächen der eigenen Organisation.

Zusammenfassend lässt sich also sagen, dass jede BSC in dem Ausmaß wirkt, als es im Rahmen des Entwicklungsprozesses gelingt, eine einprägsame, anspruchsvolle und präzise formulierte, visionäre Zielstellung für die Gesamtorganisation festzulegen sowie die aus der Vision abzuleitenden Strategien durch die Bestimmung von Kennzahlen für alle Beteiligten eindeutig und fassbar zu gestalten.

9.3.1 Wer ist beteiligt?

Vor der Einführung sollten die Fragen „Wer ergreift die Initiative und treibt den Prozess voran?" und „Wer soll der ‚Architekt' der BSC sein?" beantwortet werden. Beteiligt sind:

- **Durchführende**

  Initiator bei der Erarbeitung und Einführung einer BSC sollte das Topmanagement einer Organisation sein, da mit BSCs langfristige Entscheidungen und Vorgehensweisen festgelegt werden. Ausgehend vom Topmanagement sollte in Teamarbeit ein Prozess angestoßen und verbreitet werden, um die Inhalte der BSC zu erarbeiten. Der „Treiber" der BSC-Entwicklung versteht sich vor allem durch seine Moderations- und Vermittlungstätigkeit für alle Mitarbeiter als Kommunikationsdrehscheibe, Zielfindungsunterstützer und Motivator.

- **Teilnehmende/BSC-Team**

  In diesem Team sollten Fachverantwortliche und Mitarbeiter aller Bereiche (Perspektiven) einer Organisation als Teilnehmer zur Durchführung der BSC enthalten sein. Controller sollten ebenfalls in diesen Prozess eingebunden werden. Falls sich Controller von ihrer Rolle als „Berichterstatter" lösen und in Richtung Planer fortentwickeln, sind vonseiten der Controller als interne Berater wirksame katalytische Wirkungen für den Zusammenhalt von Mitarbeitern zu erwarten.

Die „richtigen" Kennzahlen der organisationsspezifischen BSC sind vom Topmanagement in Zusammenarbeit mit dem BSC-Team zu erarbeiten. Dabei ist nicht die Quantität, sondern die Qualität der Kennzahlen entscheidend.

9.3.2 Ablauf

Der Einsatz der BSC gliedert sich in mehrere Phasen, die bestimmte Schritte umfassen:

- Vorbereitung
  - Definition der (strategischen) Ziele der Organisation
  - Identifikation der Perspektiven und Kennzahlen (abgeleitet aus der definierten Strategie)
  - Darstellung der Strategie mithilfe einer Strategy Map
- Durchführung
  - Ziele in BSC eintragen
- Auswertung und Analyse
  - Ableitung von Aktionen aus der BSC

Wesentlich ist nicht nur die einmalige Erstellung bzw. Überarbeitung des Kennzahlen- und Zielsystems einer Organisation, sondern vielmehr die Etablierung eines Prozesses, welcher der erforderlichen Dynamik des Organisationsgeschehens und seinem Umfeld auch auf der Ebene von Kennzahlen und Perspektiven gerecht wird.

9.3.2.1 Vorbereitung

Der Vorbereitung dieser Methode kommt eine Schlüsselrolle zu. Sie ist in mehreren Schritten durchzuführen. Im ersten Schritt sind die strategischen Ziele einer Organisation festzulegen, da sie als Ankerpunkt für die weiteren Schritte betrachtet werden. Danach sind die Perspektiven bezüglich einer Umsetzung in der Organisation zu finden, denen schließlich Kennzahlen zugeordnet werden. Diese sind mit den strategischen Zielen einer Organisation abzustimmen. Auf Basis dieser Information wird im Rahmen der Vorbereitung eine Strategiekarte erstellt, welche die Beziehungen der Ziele in den unterschiedlichen Perspektiven entsprechend ihrer hierarchischen Struktur zeigt. Sie liefert die Vorlage für die im Rahmen der Durchführung zu erstellende Scorecard.

Schritt 1: Definition der (strategischen) Ziele der Organisation

Um überhaupt die BSC anwenden zu können, sollten im ersten Schritt die (strategischen) Ziele der jeweiligen Organisation mit Partizipation der Mitarbeiter definiert werden (siehe auch Voraussetzungen).

Im Detail sieht der Ansatz von Kaplan und Norton zur Entwicklung einer Balanced Scorecard wie in Bild 9.4 skizziert aus. Es wird von einem hierarchischen System in Form einer Pyramide ausgegangen, um Strategien als überindividuelle Vereinbarungen in gewünschte Ergebnisse aus Sicht der Organisation umzusetzen.

Bild 9.4 Die Pyramide nach Kaplan und Norton zu „translate strategy into action"

Die Pyramide setzt sich aus folgenden Elementen zusammen: Mission (Leitbild), Grundwerte, Vision (Leitziel) und Strategie der Organisation bilden den Ausgangspunkt. Die Strategie beschreibt den sogenannten „Spielplan" einer Organisation und die BSC seine Umsetzung. Die Ziele der Mitarbeiter sind entsprechend ihrer funktionalen Rolle den Zielen der Organisation untergeordnet.

Mission und Vision der Organisation sollten offen angesprochen und von Mitarbeiter zu Mitarbeiter (z. B. mithilfe von Einzelinterviews) abgeglichen werden.

In einem Einführungsworkshop sollen die Teilnehmer mit den Grundgedanken der BSC vertraut werden. Hierzu ist es sinnvoll, entweder im Vorfeld einen eigenen Mitarbeiter, möglichst den zukünftigen „Architekten" der BSC, gezielt durch ausreichende Weiterbildung zu spezialisieren oder externe Berater beizuziehen. Darüber hinaus ist die Schulung einiger, vorher vereinbarter Mitarbeiter zur selbständigen Gestaltung des BSC-Prozesses in der gesamten Organisation vorzusehen.

Schritt 2: Identifikation der Perspektiven und Kennzahlen (abgeleitet aus der definierten Strategie)

Um die notwendige Komplexität bei der Entwicklung einer organisationsspezifischen BSC zu berücksichtigen, sollte jede Organisation die für ihre spezifische Leistungserstellung erforderlichen Perspektiven, Fristen, Verbindlichkeiten und (Früh-)Indikatoren bestimmen können.

Daher ist es nun erforderlich, dass die strategisch bedeutsamen Prozesse in allen Ebenen und für alle Perspektiven der Organisation in einer Weise analysiert werden, dass die für die Ergebniserreichung maßgeblichen Frühindikatoren identifiziert und durch geeignete Kennzahlen konkretisiert werden können. Danach sind die ausgewählten Kennzahlen in ihrem logischen Zusammenhang zu verknüpfen und auf die strategischen Hauptziele ausgerichtet zu fokussieren. Für alle Kennzahlen sind Soll- und Ist-Werte zur Zielerreichung festzulegen sowie Maßnahmen zur Erreichung des Solls und Verantwortlichkeiten für operative Budgets zu verankern. Des Weiteren müssen Regelungen zur Motivation der Verantwortlichen gefunden werden. Die Kennzahlen müssen daher so gewählt und dargestellt werden, dass sie verständlich sind und ein hohes kommunikatives Potenzial verkörpern. Die Kennzahlen selbst muss jede Organisation für sich und ihre spezifischen Wirkungsbedingungen ausarbeiten.

Die „richtigen" Kennzahlen sind vom Topmanagement in Zusammenarbeit mit dem BSC-Team zu erarbeiten. Dabei ist nicht die Quantität, sondern die Qualität der Kennzahlen entscheidend. Letztere ermöglicht nicht nur prägnante Aussagen bei hoher Ausprägung, sondern erleichtert auch den Umgang mit Kennzahlen.

Schritt 3: Darstellung der Strategie mithilfe einer Strategy Map

In diesem Schritt wird die formulierte Strategie mithilfe einer Strategy Map dargestellt. Die Ziele der Organisation werden dabei in einen Raster aus strategischen Themen und den vier Perspektiven eingefügt. Anschließend werden die verschiedenen Ziele durch sogenannte Ursache-Wirkungs-Ketten miteinander verbunden. Diese Ketten sollen der Kommunikation der gesamten Organisation dienen, nicht aber dem Aufbau eines durchwegs berechenbaren Kennzahlensystems. Sie vermitteln allerdings die Illusion linearer, vereinfachender Zusammenhänge und erschweren somit das Verständnis für Interaktions- bzw. Wechselwirkungen der handelnden Personen. Diese Darstellungserleichterung kann daher für das strategische Denken kontraproduktiv werden.

Bild 9.5 zeigt beispielhaft eine Strategy Map nach Kaplan und Norton, welche im Rahmen der Spezifikation einer Operationalisierungsstrategie zum Einsatz kommen kann. Sie zeigt die Bedeutung von Lernen und Entwicklung einerseits und die Implikationen einzelner Maßnahmenbündel andererseits.

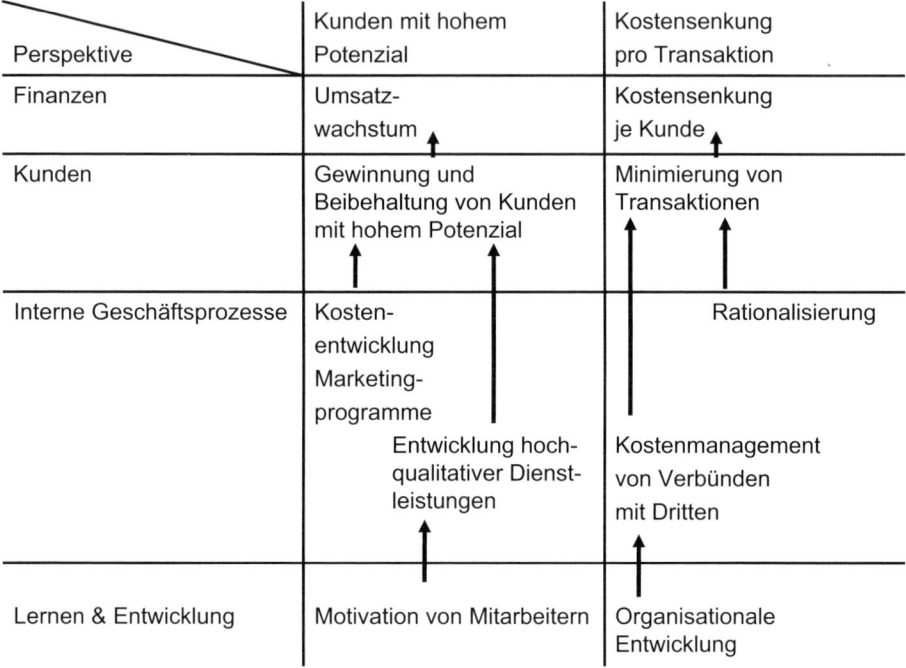

Bild 9.5 Strategy Map nach Kaplan und Norton

9.3.2.2 Durchführung

Die Durchführung besteht aus dem Eintragen der Ziele in die BSC.

Schritt 4: Ziele in BSC eintragen

Nun werden die Ziele aus der Strategy Map in die Perspektivenfelder der BSC übertragen, wie in Tabelle 9.1 gezeigt. Dabei werden die Ursache-Wirkungs-Ketten und die Zuordnung zu den verschiedenen strategischen Themen zunächst weiterverfolgt. Für jedes Ziel werden Kennzahl, Vorgaben zur Kennzahl und meist recht allgemein gehaltene Maßnahmen festgelegt.

Tabelle 9.1 Scorecard-Struktur

Perspektiven	Strategische Ziele	Messgrößen	Operative Ziele	Maßnahmen
Finanzen				
Kunden				
Prozesse				
Lernen und Entwicklung				

9.3.2.3 Auswertung und Analyse

In dieser Phase werden primär Aktionen aufgrund der Einträge in die BSC spezifiziert.

Schritt 5: Ableitung von Aktionen aus der BSC

Dieser Schritt dient der Ableitung von Projekten bzw. Aktionsprogrammen aus den Maßnahmen der BSC. Die definierten Projekte sind an die hierarchische Struktur der Perspektiven gebunden und damit an die funktionsgebundene hierarchische Struktur von Organisationen.

Für nicht profitorientierte Organisationen schlagen Kaplan und Norton die Mission an der Hierarchiespitze der BSC vor. Die restlichen Schritte sind analog zu den vorgestellten durchzuführen.

Das Informations-, Berichts- und Auswertungssystem der Organisation ist so zu gestalten, dass alle für die ausgewählten Kennzahlen erforderlichen Daten mit ausreichendem Informationsgehalt zur Verfügung stehen und es daher möglich wird, die Wirksamkeit von Frühindikatoren und der logischen Verknüpfungen zwischen den Kennzahlen zu verifizieren.

Im Zusammenhang mit der Umgestaltung oder Anpassung des Berichtswesens sollten auch Regelungen getroffen werden, wie die aktive Rückkoppelung erfolgen kann, um jederzeit und aus allen Ebenen aktives Feedback erhalten zu können.

Schließlich ist dafür Sorge zu tragen, dass der Prozess nicht an Dynamik verliert. So können rechtzeitig notwendig werdende Veränderungen am System erkannt und entsprechend umgesetzt werden.

9.3.3 Ergebnisse

Ergebnis der BSC ist eine Dokumentation und somit ein Berichtswesen, das mehrdimensionale Mess- und Bewertungsgrößen in übersichtlicher Form enthält. Die für die Organisation wichtigen Perspektiven und Kennzahlen sind aus der Strategie abgeleitet und identifiziert worden. Die BSC sollte zwecks Übersichtlichkeit möglichst knapp und prägnant gehalten werden. Ein mögliches Ergebnis ist ein ausgefülltes Formblatt der BSC.

Bild 9.6 fasst einige methodische Herausforderungen sowie Tipps für den Einsatz der BSC in der organisationalen Praxis zusammen.

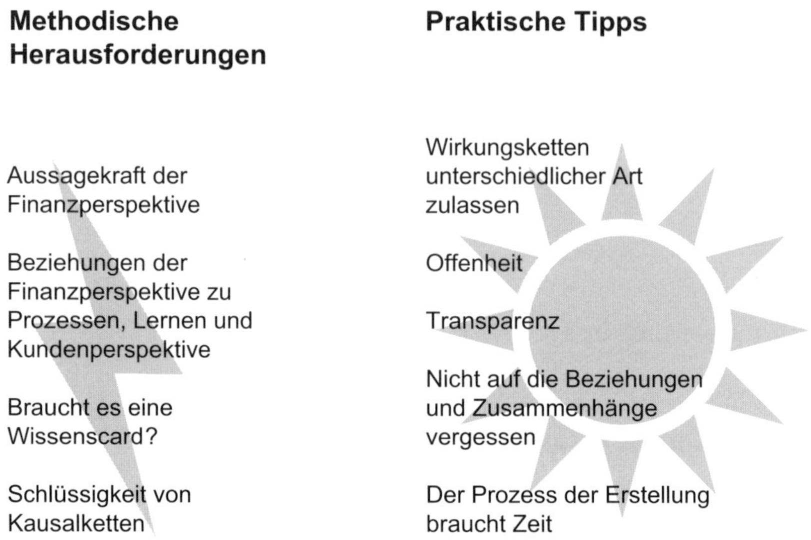

Methodische Herausforderungen	Praktische Tipps
	Wirkungsketten unterschiedlicher Art zulassen
Aussagekraft der Finanzperspektive	
Beziehungen der Finanzperspektive zu Prozessen, Lernen und Kundenperspektive	Offenheit
	Transparenz
	Nicht auf die Beziehungen und Zusammenhänge vergessen
Braucht es eine Wissenscard?	
Schlüssigkeit von Kausalketten	Der Prozess der Erstellung braucht Zeit

Bild 9.6 Methodische Herausforderungen und praktische Tipps für den Einsatz der BSC im Kontext von Wissensmanagement

■ 9.4 Aufwand

Die Ziele einer Organisation und somit im weiteren Sinne der BSC sollten unter Berücksichtigung der Partizipation der Mitarbeiter formuliert werden. So sollten auch die Möglichkeiten zur Realisierung (Aufwand an Zeit und Geld) bei der Strategiefindung bedacht werden.

Eine BSC lässt sich nicht ohne ein geeignetes Ausmaß an Zeit finden. Entsprechend der Organisationskultur und dem Engagement des Topmanagements wird im Minimum eine Zeit von sechs Monaten einzuräumen sein, um die Entwicklung einer BSC erfolgreich abzuschließen.

Danach kann die Implementierungsphase mit Erprobung und Einführung in allen Ebenen angedacht werden. Insgesamt ist ein Zeitraum von bis zu zwei Jahren für die Erarbeitung, Implementierung und Verankerung einer BSC im Organisationsalltag anzunehmen.

Bezüglich der Kosten lässt sich in der Literatur keine genaue Angabe finden. Aufgrund des hohen Zeitaufwands kann jedoch mit einem entsprechend hohen Personalaufwand und den damit verbundenen Personalkosten gerechnet werden. Hierzu zählen auch anfallende Schulungskosten für Mitarbeiter. Die Kosten erhöhen sich, wenn externe Berater zur Erstellung und Einführung einer BSC in die Organisation herangezogen werden.

Als Hilfsmittel zur Durchführung kann das Formblatt einer beispielhaften BSC gesehen werden. Dieses dient zum Ausfüllen der organisationsspezifischen Kennzahlen und (eventuell abgeänderten) Perspektiven. Auch existieren verschiedene Werkzeuge (siehe www.balancedscorecard.de), die den Prozess mit vorgefertigten Strukturen unterstützen.

◼ 9.5 Einsatzbeispiel

In unserem Fallbeispiel handelt es sich um einen Dienstleister, in der Folge Bring-In genannt, der auf Basis einer Social-Media-Plattform bislang nicht erschlossene Kundengruppen an die Nutzung von Gadgets heranführt. Wir gehen in der Folge nach der Struktur vor, die für den Einsatz der BSC vorgestellt wurde.

9.5.1 Vorbereitung

Schritt 1: Definition der (strategischen) Ziele der Organisation

Zunächst sind die (strategischen) Ziele von Bring-In unter Teilnahme seiner Mitarbeiter zu identifizieren und festzulegen. Der hierarchische Ansatz der BSC sieht eine Strategie als überindividuelle Vereinbarung an, um aus Sicht der Organisation intendierte Ergebnisse zu erzielen. Die Strategie dieses Unternehmens wurde folglich aus der Mission, den Grundwerten und der Vision abgeleitet.

Mission (Leitbild) von Bring-In

Sozial verträgliche Transformation der Gesellschaft

Grundwerte von Bring-In

- Vertrauen in technologische Infrastruktur(komponenten)
- Nutzenbildung durch technologische Infrastruktur(komponenten)
- Recht auf Unterstützung zur Erschließung und Nutzung der Infrastruktur bzw. ihrer Komponenten
- Verfügbarkeit von Unterstützungsleistungen
- Informations- und Kommunikationsmündigkeit von Nutzenden

Vision (Leitziel) von Bring-In

2020 ist der überwiegende Teil der Gesellschaft befähigt, die jeweils bestehende technologische Infrastruktur für seine Informations- und Kommunikationsbedürfnisse zu nutzen und selbsttätig weitere Entwicklungen zu erschließen.

> **Strategie von Bring-In**
>
> Heranführen von Personen(gruppen) an die Nutzung von Gadgets, die bislang technologische Infrastruktur(komponenten) noch nicht oder kaum genutzt haben, und zwar unter Erschließung ihrer Informations- und Kommunikationsbedürfnisse.

Die Strategie von Bring-In zielt auf die Erschließung neuer Benutzergruppen, wobei IKT-Gadgets als technologische Infrastruktur(komponenten) begriffen und genutzt werden sollen. Es gilt also, Technologie- und Kommunikationsmündigkeit von potenziellen Nutzern sicherzustellen. Die BSC soll helfen, dies umzusetzen. Sie betrifft ökonomische, inhaltliche und soziale Dimensionen. Die Ziele der Mitarbeiter sollen dabei entsprechend ihrer funktionalen Rolle den Zielen der Organisation untergeordnet sein. Die Mitarbeiter müssen die Interessen und Bedürfnisse bzw. Anforderungen von potenziellen Nutzergruppen erheben können und wissen, wie „Gadget-Mündigkeit", die sich im versierten und individualisierten Umgang mit Technologie und der Fähigkeit zu Kommunizieren ausdrückt, erreicht werden kann.

Erst dann kann die Mission und Vision der Organisation offen angesprochen und mit den Mitarbeitern besprochen und abgeglichen werden. Bei Bring-In handelt es sich um ein Start-up-Unternehmen, welches mit einem Mitarbeiterstab von acht bildungszugeneigten und in Social Media erfahrenen Personen diesbezüglich klare Vorstellungen mitbrachte.

In einem Einführungs- und Vertiefungsworkshop wurden alle Verantwortlichen und Mitarbeiter mit den Grundgedanken der BSC vertraut gemacht. Um die BSC zielgerichtet zur Anwendung zu bringen, wurde ein externer Organisationsentwickler mit BSC-Erfahrung zur Beratung hinzugezogen. Die Größe des Unternehmens erlaubte es, sämtliche Mitarbeiter zur selbständigen Gestaltung des BSC-Prozesses in der gesamten Organisation einzubeziehen.

Schritt 2: Identifikation der Perspektiven und Kennzahlen (abgeleitet aus der definierten Strategie)

In diesem Schritt wurden die für Bring-In erforderlichen Perspektiven, Fristen, Verbindlichkeiten und (Früh-)Indikatoren zur Leistungserstellung festgelegt. Für sämtliche strategisch bedeutsamen Prozesse wurde in allen Ebenen und für alle Perspektiven von Bring-In analysiert, welche Indikatoren zur Ergebniserreichung existieren und durch geeignete Kennzahlen konkretisiert werden müssen. An Indikatoren wurden unter anderem genannt:

- Medienmündigkeit Gadgets betreffend,
- Gadget-Dichte, um regionale Besonderheiten und den Versorgungsgrad erkennen zu können,
- Arbeitsmarktlage, da Gadgets Teil von Lifestyle-Produkten sind, die laufend Kosten verursachen und daher durchgängig eine zahlungsfähige Klientel erfordern,

- demografische Entwicklung zur Erkennung zielgruppenspezifischer Sachverhalte und deren Veränderungen.

Die Konkretisierung zu Kennzahlen führte unter anderem zu folgenden aus dem Kontext des Unternehmensgeschehens begründbaren Parametern:

- Anzahl der zurzeit vom Arbeitsmarkt abgekoppelten Personen – sie können unter Umständen keine Gadgets erwerben und am gesellschaftlichen digitalen Leben nicht teilnehmen.

- Anzahl von nicht medienmündigen Personen – sie können nicht am Gadget-basierten digitalen Leben teilhaben.

- Gadget-Dichte unterschiedlicher Altersgruppen – diese Daten indizieren Gruppen, die gegebenenfalls Zielgruppen von Bring-In sind bzw. werden können.

- Halbwertszeit der Gadgets bzw. Gadget-Features – neue Produkte können Verschiebungen der Zielgruppen und/oder Mündigkeit im Umgang mit Medien mit sich bringen.

- Innovationsgehalt neuer Produktfeatures – sie können Lernaufwand erfordern und die Halbwertszeit beeinflussen.

Die jeweiligen Kennzahlen waren nun in ihrem logischen Zusammenhang zu verknüpfen und auf die strategischen Hauptziele ausgerichtet zu fokussieren. Bild 9.7 zeigt die Zusammenhänge in Form eines semantischen Netzes und Bild 9.8 die Fokussierung auf die strategischen Hauptziele.

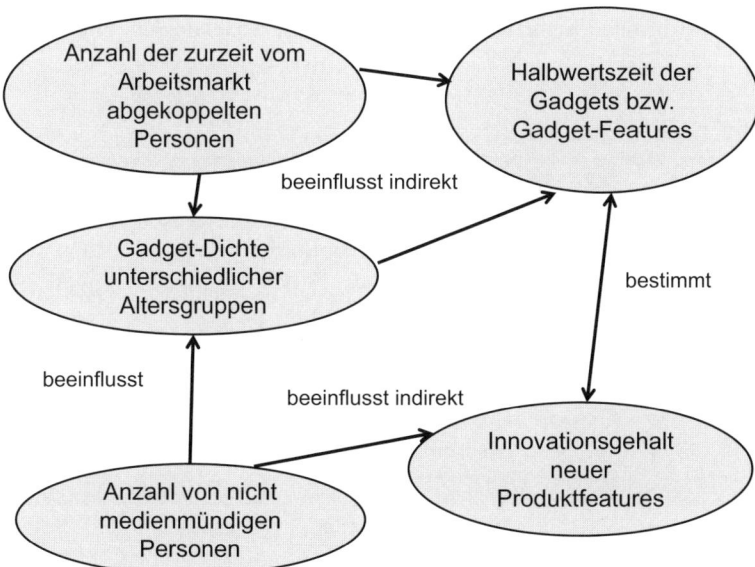

Bild 9.7 Sachlogischer Zusammenhang der Kennzahlen

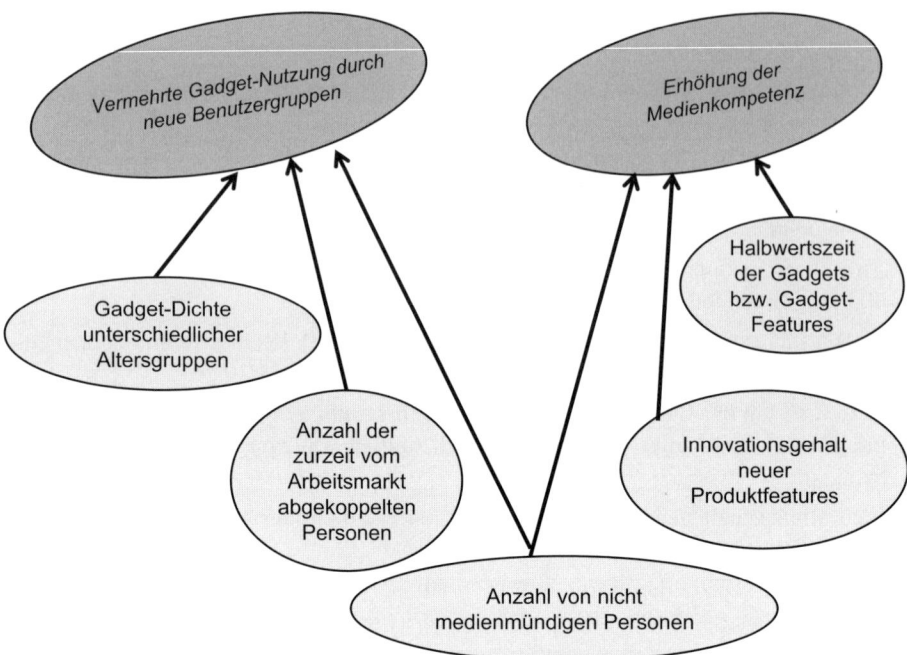

Bild 9.8 Fokussierung auf strategische Hauptziele

Für die so entwickelten Kennzahlen waren nun entsprechende Soll- und Ist-Werte zur Zielerreichung festzulegen. Tabelle 9.2 zeigt die Soll- und Ist-Werte.

Tabelle 9.2 Entwicklung von Soll-/Ist-Werten

Perspektive/Ziel	Messgröße	Einheit	Ist	Soll
Finanzen				
Erhöhung von Umsatz	Anzahl gewonnener Nutzer	Euro	1500	3000
Senkung der Qualifikations-kosten pro Mitarbeiter	Kosten	Euro	3000	2000
Kunden				
Mündige Erschließung und Nutzung von Gadget-Features	Anzahl beherrschter Features innerhalb einer Ausbildungseinheit	Anzahl	2	5
Prozess				
Profiling	Anzahl identifizierter Personen	Anzahl	2	25
Approaching	Anzahl von Kontakten			
Qualifying	Anzahl von Personen in Ausbildung			

Perspektive/Ziel	Messgröße	Einheit	Ist	Soll
Prozess				
Gadgeting	Anzahl begleiteter Gadget-Nutzer			
	Anzahl kompetenter Gadget-Ausbilder			
Lernen und Entwicklung				
Beherrschen benutzergruppenspezifischer Didaktiken	Zeit für Coaching	Zeitdauer	...	...
Domänenkompetenz				

An Maßnahmen zur Erreichung des Soll-Wertes inklusive der Verantwortlichkeiten seien hier exemplarisch genannt:

- Kompetente Nutzung der Gadget-Features (Social-Media-Betreuer),
- Beherrschen der Fähigkeit, Nutzeraufgaben bzw. -anliegen auf Gadget-Features abzubilden (Social-Media-Betreuer),
- didaktische Aufbereitung von Gadget-Funktionalitäten,
- Qualifikation zu aktivem Zuhören im Rahmen von Nutzerdialogen.

Die Verantwortlichen waren in den Erstellungsprozess eingebunden und setzten dementsprechend Motivatoren:

- Nachweislicher Besuch der Plattform mit strategischen Stellungnahmen für das Zielpublikum,
- Besuch einschlägiger Veranstaltungen, um die Zielgruppen persönlich kennenzulernen,
- Kontaktpflege mit Nutzergruppen und Vertretungsorganen wie Social Media User Groups, um bestehende Praxisgemeinschaften (Communities of Practice) kennen und verstehen zu lernen.

Schritt 3: Darstellung der Strategie mithilfe einer Strategy Map

In diesem Schritt wurde die formulierte Strategie mithilfe einer Strategy Map dargestellt. Dazu wurden zunächst, wie vorgesehen, die Ziele der Organisation in einen Raster aus strategischen Themen und den vier Perspektiven der BSC eingebettet. Anschließend wurden die verschiedenen Ziele durch sogenannte Ursache-Wirkungs-Ketten miteinander verbunden. Bild 9.9 zeigt die entsprechende Strategy Map.

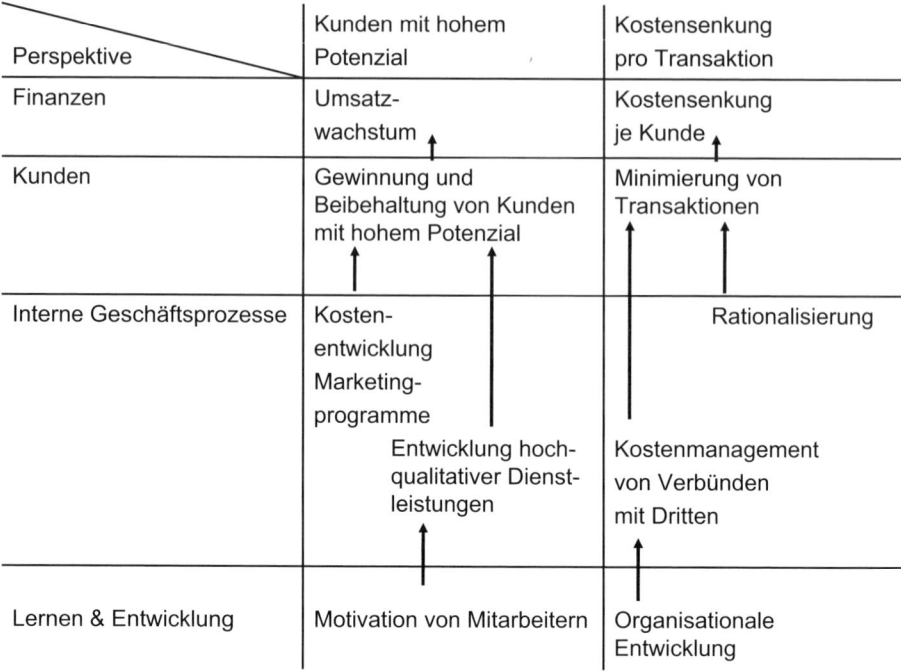

Perspektive	Kunden mit hohem Potenzial	Kostensenkung pro Transaktion
Finanzen	Umsatz-wachstum	Kostensenkung je Kunde
Kunden	Gewinnung und Beibehaltung von Kunden mit hohem Potenzial	Minimierung von Transaktionen
Interne Geschäftsprozesse	Kosten-entwicklung Marketing-programme Entwicklung hoch-qualitativer Dienst-leistungen	Rationalisierung Kostenmanagement von Verbünden mit Dritten
Lernen & Entwicklung	Motivation von Mitarbeitern	Organisationale Entwicklung

Bild 9.9 Strategy Map von Bring-In

9.5.2 Durchführung

Schritt 4: Ziele in BSC eintragen

Nun konnten die Ziele aus der Strategy Map in die Perspektivenfelder der BSC übertragen werden. Tabelle 9.3 zeigt die resultierenden Zusammenhänge. Für jedes Ziel wurden Kennzahl, Vorgaben zur Kennzahl und Maßnahmen zur Erreichung des Ziels festgelegt.

Tabelle 9.3 Übertragung in BSC

Perspek-tiven	Strategische Ziele	Messgrößen	Operative Ziele	Maßnahmen
Finanzen	Erhöhung von Umsatz pro gewonnenem Nutzer	Anzahl gewonne-ner Nutzer	Erhöhung von Um-satz pro gewonne-nem Nutzer	Berechnung des Verhältnisses Approaching-Aufwand zu Coa-ching-Aufwand
Kunden	Mündige Er-schließung und Nutzung von Gadget-Features	Anzahl beherrsch-ter Features innerhalb einer Ausbildungseinheit	Beherrschung bislang nicht be-herrschter Features nach erfolgter Bedarfsklärung	Erschließen von Nutzerdaten-(basen)

Perspektiven	Strategische Ziele	Messgrößen	Operative Ziele	Maßnahmen
Prozesse	Profiling Approaching Qualifying Gadgeting	Anzahl identifizierter Personen Anzahl von Kontakten Anzahl von Personen in Ausbildung Anzahl begleiteter Gadget-Nutzer Anzahl kompetenter Gadget-Ausbilder	Erstellen adäquater Profilstrukturen Erschließen potenzieller Nutzer-(gruppen) Hochwertige Content-Erstellung zu Features Verknüpfung kognitiver, sozialer und emotionaler Lernprozesse	User Mining and Modeling Task Modeling Mapping User-Task Modeling Feature Elaboration Blogging Attracting
Lernen und Entwicklung	Beherrschen benutzergruppenspezifischer Didaktiken Domänenkompetenz	Coaching-Zeit	Wirkungsmessung von Fachdidaktiken Zufriedenheitserhöhung	Ontologiebildung

9.5.3 Auswertung und Analyse

Schritt 5: Ableitung von Aktionen aus der BSC

In diesem Schritt wurden konkrete Arbeitsaufträge entsprechend den Maßnahmen der BSC entwickelt. Dabei wurde der hierarchischen Struktur der Perspektiven Rechnung getragen.

Das Informations-, Berichts- und Auswertungssystem der Organisation ist so zu gestalten, dass alle für die ausgewählten Kennzahlen erforderlichen Daten mit ausreichendem Informationsgehalt zur Verfügung stehen und es daher möglich wird, die Wirksamkeit der Frühindikatoren und der logischen Verknüpfungen zwischen den Kennzahlen zu verifizieren.

Im Zusammenhang mit der Umgestaltung oder Anpassung des Berichtswesens sollten auch Regelungen getroffen werden, wie die aktive Rückkoppelung erfolgen kann, um jederzeit und aus allen Ebenen aktives Feedback erhalten zu können.

Schließlich ist dafür Sorge zu tragen, dass der Prozess nicht an Dynamik verliert. So können rechtzeitig notwendig werdende Veränderungen am System erkannt und entsprechend umgesetzt werden.

Ein Lernprozess wie in Bild 9.10 gezeigt wurde fixiert. Er besteht aus drei Phasen mit jeweils vielfältigen Aktivitäten. Die Phase „Identify" dient neben der Reflexion bestehender Sachverhalte der Gewinnung und Strukturierung von Ideen als Ausgangspunkt für Veränderungen. Die Phase „Explore" umfasst sämtliche Aktivitäten, die der (Um-)

Gestaltung dienen. Sie soll Konsens darüber herbeiführen, was schließlich in der Phase „Implement" umgesetzt wird.

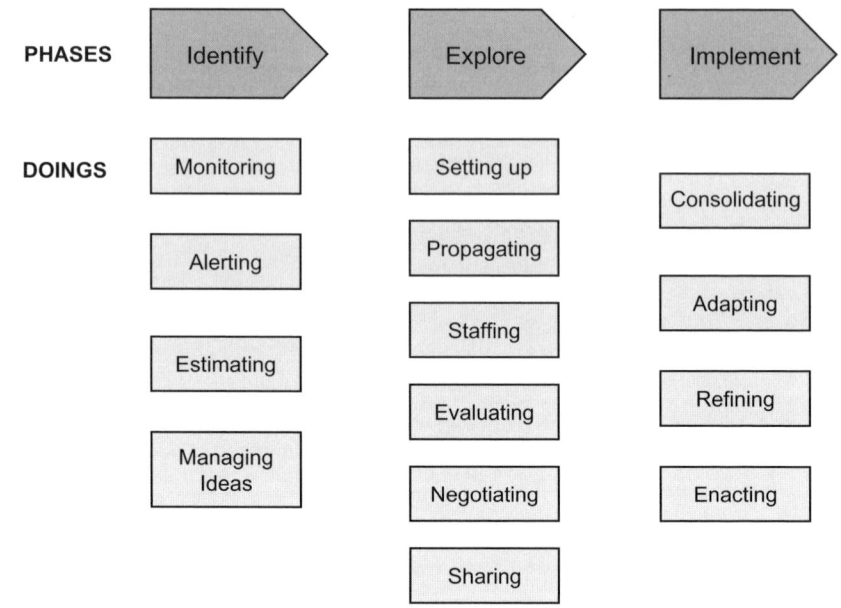

Bild 9.10 Spezifikation von Veränderungsmanagement

■ 9.6 Potenzial und Grenzen

Bild 9.11 enthält zusammenfassend einige Erfahrungssplitter aus Praxiserfahrungen mit der BSC im Kontext von Wissensmanagement.

BSCs stellen ein Kommunikationsmittel dar, welches die nach Perspektiven bestimmten strategischen Ziele und organisationsspezifischen Kennzahlen berücksichtigt sowie im operativen Geschäft wirksame Maßnahmenentwicklung erlaubt. Die BSC ist daher ein effektives und universell einsetzbares Instrument für das Management zur konsequenten Ausrichtung unternehmerischer Aktionen (Handlungen, Maßnahmen) einer Gruppe von Menschen (Organisation, Bereiche, Abteilungen, Arbeitsgruppen usw.) auf ein gemeinsames Ziel.

Insgesamt erlaubt die BSC, fassbare Strategien zu entwickeln und diese mit für alle verständlich formulierten Zielen zu verbinden. Darauf aufbauend können Organisationen festschreiben, welche Ziele sie mit welchen Maßnahmen erreichen wollen. Die Strategie wird damit ein integraler Bestandteil von Budget- und Berichtssystemen, unabhängig von der Branche und Profitorientiertheit.

Ich dachte nicht, dass wir die Dynamik der Entwicklung auch auf der Ebene der Kennzahlen in den Griff bekommen.

Obwohl letztlich alles am Geld festgemacht wird, haben wir jetzt höhere Transparenz.

Dies war erst der Anfang. Wir könnten bei den Partnern ähnliche Transparenz schaffen wie bei uns – in den Zusammenhängen ruht das Wissen.

Qualifikation und Lernen wurde nun gleichwertig zur Organisationsentwicklung und Kundenarbeit eingeschätzt, jetzt ist es zu leben.

Bild 9.11 Reaktionen der Praxis im Umgang mit BSC im Kontext von Wissensmanagement

Die BSC kann bei richtigem Einsatz die praktische Umsetzung einer Strategie in der Organisation wesentlich erleichtern. Kaplan und Norton verweisen darauf, dass nach ihren Erfahrungen in der Beratung insbesondere jene Organisationen die meisten Vorteile der BSC haben, die ein neues Managementsystem mithilfe der BSC aufbauen. Dieses System ermöglicht ihnen, über die Strategie fokussiert die Organisation zu definieren, und bringt die BSC in das gesamte Führungs- und Berichtswesen als inhärenten Bestandteil ein. Die praktische Umsetzung der definierten Strategie erreicht so den Alltag der Kunden, Mitarbeiter und Partner gleichermaßen.

Bei den Denkrichtungen oder Paradigmen des BSC-Ansatzes zeigt sich, dass derzeitige Einsatzkonzeptionen überwiegend den Prinzipien der Wirtschaftlichkeitsrechnung folgen („BSC als Kennzahlensystem") und weniger dem Aufbau eines mitarbeiter- oder umsetzungsorientierten Managementsystems dienen. Letzterer Ansatz beginnt sich allerdings durchzusetzen und rechtfertigt die Entwicklung spezifischer Lineaturen, da Mitarbeiter insbesondere bei offenen Organisationen den multiperspektivischen Charakter des BSC-Ansatzes verstehen lernen müssen, um die damit verbundenen Maßnahmen gemeinsam mit dem Management ableiten bzw. gestalten zu können.

Friedag und Schmidt gehen davon aus, dass nicht mehr das Finanzkapital (welches in der BSC einen zentralen Stellenwert einnimmt) den treibenden Motor der Entwicklung darstellt, sondern vielmehr das Wissen und die Fähigkeit, es anzuwenden.

Werden die operativen und strategischen Kennzahlen nicht in einer mit der Strategie der Organisation abgestimmten Form zusammengesetzt, führt dies in der praktischen Anwendung, insbesondere im Zusammenhang mit Software, zu einer losen Zusammenstellung von operativen strategischen Kenngrößen.

Nach Kaplan und Norton empfiehlt sich folglich, die BSC nicht mit einem Kennzahlensystem gleichzusetzen. Da sich die BSC verschiedenster Kennzahlen bedient, sollte man sich vor deren Anwendung über ihre (bedingte) Aussagekraft Gedanken machen. Dies hat zur Folge, dass das Wirken von Kennzahlen expliziert werden muss, bevor diese in das operative oder strategische Geschäft einer Organisation einfließen. Operative Ziele können unmittelbar am Geldzufluss gemessen werden, während strategische Ziele als unmittelbares Maß andere Bezugsgrößen benötigen.

Kaplan und Norton haben mit ihrer Forderung „translate strategy into action" die Aufgabe der BSC als praktische Umsetzungshilfe einer Strategie in tägliches Tun festgelegt. Damit ist jedoch nicht bestimmt, in welcher Form betroffene Personen in den Prozess der Umsetzung in das tägliche Tun eingebunden werden – und in diesem Punkt unterscheiden sich die Anwendungen der BSC in der gängigen Organisationspraxis wesentlich.

Literatur

Balanced Scorecard Institute (2012): *http://www.balancedscorecard.org.* Zugriff am 24. 03. 2012

Barthélemy, F. et al. (2011): *Balanced Scorecard: Erfolgreiche IT-Auswahl, Einführung und Anwendung: Unternehmen berichten.* Wiesbaden: Vieweg+Teubner Verlag

Friedag, H. R.; Schmidt, W. (2001): *My Balanced Scorecard: Das Praxis-Handbuch für Ihre individuelle Lösung: Fallstudien, Checklisten, Präsentationsvorlagen.* Freiburg: Haufe Verlag

Friedag, H. R.; Schmidt, W. (2002): *Balanced Scorecard: Mehr als ein Kennzahlensystem.* Freiburg: Haufe Verlag

Gilles, M. (2002): *Balanced Scorecard als Konzept zur Steuerung von Unternehmen.* Frankfurt am Main: Peter Lang Verlag

Greischel, P. (2002): *Balanced Scorecard: Erfolgsberichte und Praxisbeispiele.* München: C. H. Beck Verlag

Horváth & Partners (Hrsg.) (2000): *Balanced Scorecard umsetzen.* Stuttgart: Schäffer-Poeschl Verlag

Kaplan, R. S.; Norton, D. P. (Hrsg.) (1997): *Balanced Scorecard.* Stuttgart: Schäffer-Poeschl Verlag

Kaplan, R. S.; Norton, D. P. (2001): *Die strategiefokussierte Organisation: Führen mit der Balanced Scorecard.* Stuttgart: Schäffer-Poeschl Verlag

Kaplan, R. S.; Norton, D. P. (2001): „Wie Sie die Geschäftsstrategie den Mitarbeitern verständlich machen". In: *Harvard Business Manager,* 2/2001, S. 60 – 70

Kudernatsch, D. (2001): *Operationalisierung und empirische Überprüfung der Balanced Scorecard.* Wiesbaden: Deutscher Universitäts-Verlag

Kumpf, A. (2001): *Balanced Scorecard in der Praxis: In 80 Tagen zur erfolgreichen Umsetzung.* Landsberg am Lech: Verlag Moderne Industrie

Morganski, B. (2003): *Balanced Scorecard.* München: Verlag Franz Vahlen

Scheibeler, A. A. W. (2001): *Balanced Scorecard für KMU: Kennzahlenermittlung mit ISO 9001:2000 leicht gemacht.* Berlin: Springer-Verlag

Schmidt, J. (2003): *Möglichkeiten und Grenzen der Operationalisierung von Ursache-Wirkungs-Zusammenhängen in der Balanced Scorecard.* Frankfurt am Main: Knapp Verlag

Weber, J.; Schäffer, U. (2001): *Balanced Scorecard und Controlling.* Wiesbaden: Gabler Verlag

10 Value Networks

Eine Value-Network-Analyse ist eine Modellierungstechnik zum Erfassen, Visualisieren und Analysieren von Netzwerkaktivitäten, um Verbesserungsmöglichkeiten zwischen diesen Aktivitäten zu identifizieren. Verbesserungen können unter anderem mit einer Änderung der Organisationsstruktur oder dem Einsatz neuer IT-Systeme durchgeführt werden.

Value Networks stellen Aktivitäten und Beziehungen als dynamisches System dar. Neben Gütern und Dienstleistungen (= Tangibles) sind unter anderem auch Werte wie menschliche Kompetenz und die Fähigkeit, Beziehungen zu pflegen und profitabel zusammenzuarbeiten (= Intangibles), für einen Geschäftserfolg von Bedeutung. Starke,

Werte schaffende Beziehungen können Innovationen auf operativer, administrativer und strategischer Ebene initiieren.

Etablierte Analysewerkzeuge wie Wertschöpfungsketten (Value Chain) oder Prozessmodelle berücksichtigen keine Intangibles und sind für eine Modellierung von Beziehungen aus folgenden Gründen nicht geeignet.

▪ Menschen sind der Motor von Innovationen und nicht starr definierte Prozesse.

▪ Geschäftsmodelle müssen zeigen, wie Wissen und Beziehungen Werte schaffen.

▪ Industrielle Managementwerkzeuge sind in einer vernetzten Wirtschaft nicht wettbewerbsfähig.

Die Value-Network-Analyse dient im Wissensmanagement als Methode der Wissensgenerierung, Wissenserhebung, Wissensdarstellung, Wissensverarbeitung und Wissensauswertung.

Eine **Wissensgenerierung** und **Wissenserhebung** wird in einer Value-Network-Analyse durch Gespräche, Kommunikation und Austausch zwischen den Teilnehmern erreicht. Im Konkreten überlegt jeder einzelne Teilnehmer seine Rolle, welche er dann den anderen Teilnehmenden mitteilt. So werden Beziehungen und Wechselwirkungen zwischen den einzelnen Rollen (Personen), die oft im ganzen Ausmaß nicht bekannt sind, explizit und klarer.

Rollen werden als Knoten symbolisiert, der Austausch von materiellen oder immateriellen Werten wird in Form von Linien dargestellt, die die Rollen miteinander verbinden. Diese einfache Modellierung bildet eine leicht zu lesende Grafik, Value Network Map bzw. Holomap genannt, welche die Basis für weitere Analysen bildet. Aufgrund dieser grafischen Komponente eignen sich Value Networks auch zur **Wissensdarstellung**.

Die **Wissensauswertung** und **Wissensverarbeitung** erfolgt mit anschließenden Analysen, wie der Impact-Analyse oder einer Value-Creation-Analyse. Die aus der Value Network Map sichtbar gewordenen Zusammenhänge werden in Tabellenform dargestellt, welche im Sinne der Wissensauswertung Maßnahmen für Verbesserungen liefern können.

Anhand der Organisationsstrategie und der gewonnenen Verbesserungsmaßnahmen werden anschließend Ziele aus der Impact-Analyse und Value-Creation-Analyse abgeleitet und weitere Maßnahmen zum Erreichen dieser Ziele formuliert. So wird durch die Value-Network-Analyse gewonnenes Wissen weiterverarbeitet.

Bild 10.1 gibt die Einordnung der Value Networks in die Aktivitätsbündel des Wissensmanagements wieder.

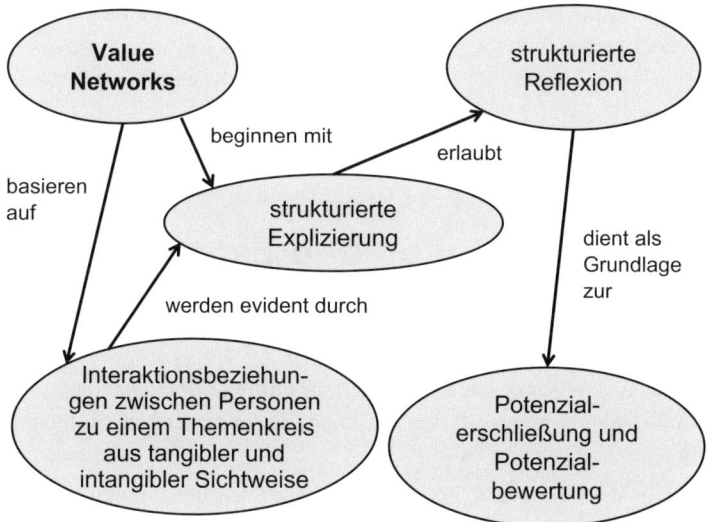

Bild 10.1 Einordnung der Value Networks in die Aktivitätsbündel des Wissensmanagements

■ 10.1 Herkunft und Hintergrund

Organisationen definierten sich früher hauptsächlich über starre hierarchische Strukturen mit klaren Rollen- und Funktionsbildern. Um im heutigen komplexen und dynamischen Umfeld erfolgreich agieren zu können, sind jedoch starre und klar abgrenzbare Strukturen nicht mehr zeitgemäß. Immaterielle Werte/Wertschöpfungen in Organisationen nehmen einen immer wichtiger werdenden Stellenwert ein, und veraltete Denkweisen von bürokratischen und mechanistischen Modellen müssen sich zu einer organischen, ganzheitlichen Perspektive weiterentwickeln.

Dieses grundlegend unterschiedliche Verständnis des Geschäfts- und Wirtschaftslebens erfordert neue Konzepte.

Etablierte Analysewerkzeuge, wie Wertschöpfungsketten (Value Chain) oder Prozessmodelle, berücksichtigen keine immateriellen Wertflüsse wie beispielsweise (implizites) Wissen und können so im Wissenszeitalter nicht mehr bestehen. Tatsächliche, dynamische Abläufe, Austausch- und Wechselbeziehungen zwischen Individuen und Gruppen können nicht dargestellt werden.

Organisationen können als komplexe, lebende Systeme definiert werden. Lebende Systeme sind geprägt von nicht linearen, nicht hierarchischen intra- und interorganisationalen, netzwerkartigen Zusammenhängen und Beziehungen. Sie besitzen des Weiteren die Fähigkeit zur Autopoiesis, d. h., sie schaffen sich immer wieder neu und können sich selbst erhalten. Zwischen solchen sich selbst verändernden und entwickelnden Systemen findet sowohl auf materieller als auch auf immaterieller Ebene permanenter Austausch statt. Die Value-Network-Methode betrachtet Organisationen als Netzwerke, die aus unterschiedlichsten, dynamischen Beziehungen und Austauschprozessen bestehen und so zwischen den Teilnehmern materielle und immaterielle Werte generieren (Allee 2002).

■ 10.2 Zielsetzungen und Einsatz- möglichkeiten

Das Ziel von Value Networks ist, alle Werte (sowohl materielle als auch immaterielle), die Geschäftsbeziehungen beeinflussen können, zu identifizieren, zu modellieren und darzustellen.

Die traditionelle Wertschöpfungskette mit Tangibles soll um Intangibles erweitert und der menschliche Akteur (und dessen Wissen) zwischen diesen Beziehungen in den Mittelpunkt gestellt werden.

Die Bedeutung von Intangibles soll erkannt und als Ressource gezielt für den Organisationserfolg eingesetzt werden.

Ziel ist darüber hinaus eine ganzheitliche Systembetrachtung einer Organisation, die Aufschluss über das Ineinandergreifen aller Prozesse und der spezifischen Rollen der am Netzwerk Beteiligten gibt.

Zusammenfassend lässt sich also sagen, dass Value Networks darauf abzielen, bestehende Schlüsselaustauschbeziehungen und Schlüsselrollen innerhalb eines gegebenen Anwendungsrahmens (welcher variabel und vielschichtig sein kann) zu erkennen, abzubilden und zu analysieren. Des Weiteren soll erkannt werden, wie jede Rolle in das Gesamtbild eingebunden ist und welche Auswirkungen deren Wertbeiträge auf andere Rollen haben.

Mittels der Analysen von Value Networks (Exchange-Analyse, Impact-Analyse und Value-Creation-Analyse) lassen sich materielle und immaterielle Wertflüsse direkt mit den bestehenden Geschäftsvorgängen und den daran beteiligten Rollen verknüpfen.

Nach Abschluss der drei Analysearten soll gewährleistet sein, dass jeder Teilnehmer das Netzwerk in seiner Gesamtdarstellung versteht und die darin fließenden Werte umfassender bestimmen kann. Entscheidungen hinsichtlich erforderlicher Maßnahmen, Ressourcen und Prozesse sowie bezüglich der Kosten und des Nutzens jedes wertschöpfenden Vorgangs können so umfassender getroffen werden.

In der Literatur wird explizit kein Einsatzbereich für Value Networks ausgeschlossen. Value Networks können sowohl im wirtschaftlichen als auch für den öffentlichen, wissensintensiven Bereich eingesetzt werden. Value Networks können also überall dort eingesetzt werden, wo zwischen menschlichen Akteuren ein materieller oder immaterieller Wertfluss besteht und dieser erhoben (expliziert) werden soll, um darauf aufbauend Geschäftsprozesse und/oder -beziehungen verbessern zu können.

Bild 10.2 zeigt wesentliche Motivatoren für den Einsatz von Value Networks.

In den Kommunikationsbeziehungen liegt
unser Wissen!

Funktional passt
alles, aber die
Kommunikation?

Mir ist weder das
Risiko noch der
Nutzen klar, wenn wir
an dem Prozess
etwas ändern.

Jeder spricht von Veränderung
und Anpassung, aber das Wissen
darüber schlummert in den Köpfen
unserer Mitarbeiter.

Wir sollten vielleicht
unsere Stakeholder
fragen, bevor wir
Vorgaben
entwickeln!

Bild 10.2 Motivatoren für den Einsatz von Value Networks

■ 10.3 Umsetzung

Value Networks basieren auf folgenden Grundannahmen:

- Die Teilnehmer eines Netzwerks verarbeiten individuelles und kollektives Wissen in materielle und immaterielle Werte und bringen diese ins Netzwerk ein.
- Die Teilnehmer profitieren von ihrer Teilnahme am Netzwerk durch den Anstieg ihres materiellen und immateriellen Wissensbestandes. Auf Basis dessen können wiederum neue Werte geschaffen werden.
- Ein erfolgreiches Value Network wird dadurch erhalten, dass jeder Teilnehmer Wert produziert, aber auch erhält. Sollte dies nicht der Fall sein, ziehen sich Teilnehmer entweder von selbst zurück oder sie werden ausgeschlossen oder das gesamte Netzwerk wird unstabil und neigt zu zerbrechen.
- Erfolgreiche Netzwerke erfordern vertrauensvolle Beziehungen, Integrität und Transparenz zwischen allen Teilnehmern.
- Erkenntnisse und Einblicke in das Netzwerk können Analysen über das Muster der Austauschbeziehungen, die Bedeutung der vorhandenen Wertflüsse und die Dynamik der Wertschöpfung und -steigerung liefern.

- Jede einzelne Transaktion von Werten steht immer in Beziehung zum gesamten Netzwerk.

Zur Übersichtlichkeit hier noch einmal die von Verna Allee verwendeten Begrifflichkeiten:

- Tangibles: Materielle Wertflüsse in der Organisation/im Netzwerk beziehen sich auf den materiellen Austausch zwischen Personen wie z. B. Waren, Dienstleistungen und Umsatzerlöse. Sie repräsentieren Transaktionen, die auf Verträgen basieren.
- Intangibles: Immaterielle Wertflüsse basieren im Unterschied zu Tangibles auf Wissen oder einem bestimmten Zusatznutzen. Sie sind nicht vertraglich fixiert oder kostenpflichtig. Beispiele für Intangibles können strategische Informationen, Prozess- oder Planungswissen sowie bestehende emotionale Komponenten wie gegenseitiges Vertrauen, gemeinsames Interesse, Wissensbedarf, Sicherheit etc. sein.
- Value Network: Ist ein Netzwerk von Rollen/Personen, die Tangibles und Intangibles untereinander austauschen.

Für die Modellierung einer Value Network Map werden drei einfache grafische Symbole verwendet:

- Knoten beschreiben Rollen (= Akteure, Personen) in einem System.
- Gerichtete durchgehende Pfeile kennzeichnen einen Austausch von Tangibles zwischen Rollen.
- Gerichtete gestrichelte Pfeile kennzeichnen den Austausch von Intangibles zwischen Rollen.

Benennung der Pfeile (= Deliverables) bezeichnen die Ergebnisse oder Güter der Transaktionen. Diese können materieller oder immaterieller Art sein.

Bild 10.3 und Bild 10.4 veranschaulichen die Notation und die Anwendung einer Value Network Map grafisch.

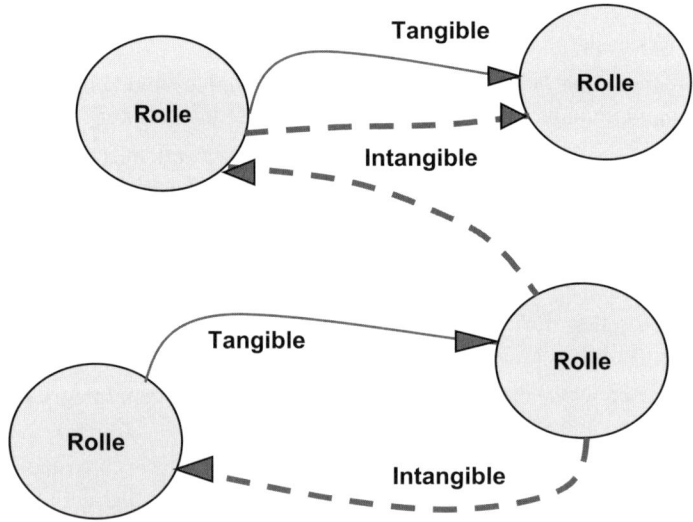

Bild 10.3 Value Network Map – Notation

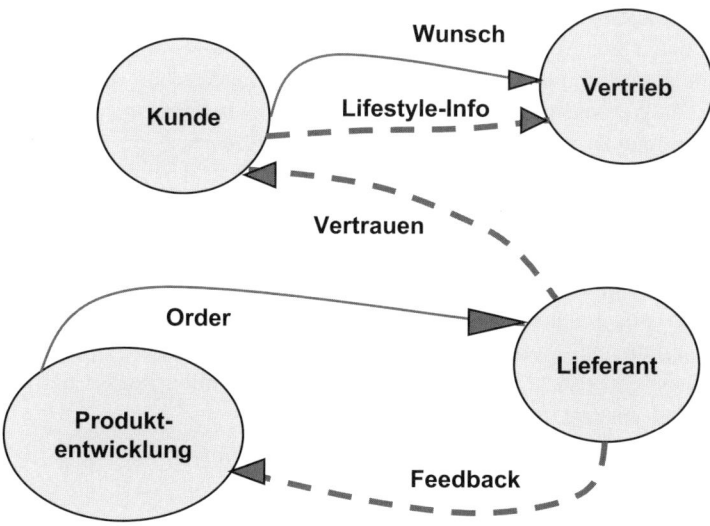

Bild 10.4 Value Network Map – Beispiel

Pfeile sollten aus Gründen der Einfachheit und Analysierbarkeit nur in eine Richtung zeigen. Ein wirklicher Austausch oder Wertfluss liegt nur dann vor, wenn jede Transaktion auch ein Ergebnis mit sich bringt. Dieses wird mittels eines zweiten Pfeils in die umgekehrte Richtung dargestellt. In der Praxis wird dies jedoch nicht immer der Fall sein.

Ausgehend von einer vollständigen Value Network Map können Beziehungen mit einer Exchange-Analyse, Impact-Analyse und Value-Creation-Analyse beurteilt werden. Diese drei Analysemethoden sind in die Phase der Auswertung der Methode einzuordnen (siehe „Phasen der Methoden"):

Exchange-Analyse

Die Exchange-Analyse untersucht ein Value Network auf seine Gesundheit, Robustheit und Nachhaltigkeit. Sie gibt Einblick über die aktuelle Struktur und Dynamik des Netzwerks.

Folgende Fragestellungen sollen die Exchange-Analyse unterstützen:

- Wie fließen die Werte durch die Organisation? Zeichnet sich eine bestimmte Logik ab?
- Ist das Verhältnis des Austauschs von materiellen und immateriellen Werten ausgeglichen oder überwiegt eine Art?
- Zeigt das Muster im Value Network reziproke Wertflüsse auf oder gibt es z. B. Teilnehmer, die mehr Wertflüsse erhalten als bereitstellen?
- Gibt es im Netzwerk „tote", schwache oder ineffektive Verbindungen, die Wertflüsse nicht weitergeben?
- Ist das Netzwerk optimal vernetzt oder profitieren Teilnehmer auf Kosten anderer?

Durch diese Fragen soll überprüft werden, ob das Netzwerk seinen Zweck erfüllt, fehlende Endknoten oder Verknüpfungen zu erkennen sind und wie die Struktur des Netzwerks optimiert werden kann. Sie gewährleistet einen generellen Überblick über Wertschöpfung und Wertverlust. Die Exchange-Analyse soll als Anregung zum Dialog dienen, komplexe Systeme zu verstehen, und Systemdenken fördern.

Impact-Analyse

Die Impact-Analyse untersucht die Auswirkung jedes einzelnen Wert-Inputs auf die Teilnehmer und legt so ihren Fokus auf die Empfangenden von Wert-Inputs. Die Impact-Analyse zeigt auf, welcher Input welche Reaktionen und Aktivitäten auslöst und wie sich dieser auf die materiellen und immateriellen Vermögensgegenstände der betroffenen Empfänger auswirkt (Allee 2002). Zum Schluss werden Kosten und Nutzen des Wert-Inputs mit niedrig, mittel oder hoch bewertet.

Um einen besseren Überblick über diese Fragen zu erlangen, werden für jeden einzelnen Empfänger von Wert-Inputs die Antworten in eine vorgefertigte Tabelle eingetragen und wird die Ist-Situation analysiert.

In Tabelle 10.1 wird die Struktur zur Impact-Analyse dargestellt.

Tabelle 10.1 Tabellendarstellung der Impact-Analyse

		Welche Aktivitäten löst der Input aus?	Auswirkungen auf die Kosten und materiellen Vermögensgegenstände des Empfängers	Auswirkungen auf die immateriellen Vermögensgegenstände des Empfängers	Wie hoch sind die allgemeinen Kosten/Risiken des Inputs?	Wie hoch ist der allgemeine Nutzen dieses Inputs?
Was erhalten wir? (Deliverables)	**Kommt von welcher Rolle?**	**Aktivität**	**Wertmäßige Auswirkung**	**Immaterielle Auswirkung**	**Kosten/ Risiken**	**Nutzen**
…	…	…	…	…	…	…
…	…	…	…	…	…	…
…	…	…	…	…	…	…
…	…	…	…	…	…	…
…	…	…	…	…	…	…

Kosten/Risiken und Nutzen N = niedrig, M = mittel, H = hoch

Aufbauend auf der Ist-Analyse können daraufhin folgend strategische Perspektiven abgeleitet werden, und die Tabelle kann noch einmal im Vergleich dazu hinsichtlich ihrer geplanten, strategischen Aktivitäten (Soll-Analyse) ausgefüllt werden.

Value-Creation-Analyse

Die Value-Creation-Analyse analysiert, wie Werte bestmöglich erschaffen, erhöht und eingesetzt werden können. Wie die Impact-Analyse betrachtet die Value-Creation-Analyse auch die einzelne Rolle in Bezug auf das gesamte System. Der Unterschied zur Impact-Analyse besteht darin, dass im Gegensatz zum Input diesmal der Sender oder Generierer eines Outputs in seiner Rolle und Aktivität betrachtet wird.

Jeder einzelne Sender eines Wert-Outputs wird analysiert und es wird untersucht, wie im Ist-Zustand Mehrwert und Wertzuwachs zum bestehenden Wert-Output realisiert werden. Auch hier wird eine Kosten-Nutzen-Abschätzung vorgenommen.

Die Darstellung der Inhalte in Tabellenform wirkt auch hier unterstützend und ist in Tabelle 10.2 ersichtlich.

Tabelle 10.2 Tabellendarstellung der Value-Creation-Analyse, Ist-Situation

Output des Senders	Output-Adressat	Welche Aktivitäten sind beim Sender mit diesem Output verbunden? Wie wird zusätzlicher Wert zu diesem Output geschaffen? Wertsteigerung, Mehrwert der Aktivität	Kosten/ Risiken	Nutzen
...	...	...	...	...
...	...	...	...	...
...	...	...	...	...
...	...	...	...	...

Kosten/Risiken und Nutzen N = niedrig, M = mittel, H = hoch

Nach der Darstellung der Ist-Situation ermöglicht auch die Value-Creation-Analyse, strategische Perspektiven abzuleiten. Hier sollte sich die Frage gestellt werden, welche Möglichkeiten in Zukunft noch genützt werden sollen, um Wertoptimierung beim Wert-Output zu generieren. Hinsichtlich der konkreten Frage „Was soll getan werden, um eine Wertsteigerung, -ausweitung oder -optimierung des Outputs zu erzielen?" wird die Tabelle zur Analyse der Soll-Situation vergleichend ausgefüllt.

Anzumerken ist noch, dass die hier dargestellten Tabellen und Inhalte (sowohl für die Impact-Analyse als auch für die Value-Creation-Analyse) nur exemplarisch sind, je nach individuellen Bedürfnissen und internen Strukturen der zu untersuchenden Organisation können diese Tabellen angepasst, beliebig erweitert und konkretisiert werden. So können die Tabellen auch einer eventuell bereits in der Organisation verwendeten Balanced Scorecard angepasst werden.

10.3.1 Wer ist beteiligt?

In erfolgreichen Value Networks sind Rollen innerhalb der Teilnehmergruppe klar definiert und werden als Knoten in einem Value Network repräsentiert. Im Vergleich dazu basieren traditionelle Organisationen auf reinen Prozessbeschreibungen. Durch den Fokus auf menschliche Akteure und Rollen in Value Networks werden im Unterschied dazu aktuelle Tätigkeitsbeschreibungen inklusive der Durchführenden dargestellt. Rollen können sowohl von einzelnen Individuen als auch von Organisationen eingenommen werden.

Rollen können beispielsweise wie folgt besetzt werden:

- individuelle Personen,
- Gruppen oder Untergruppen,
- Geschäftseinheiten,
- Organisationen,
- Gemeinschaften,
- Städte,
- Nationen,
- andere Netzwerke.

Die Rollenbestimmung einer Value-Network-Analyse geht Hand in Hand mit der Zielsetzung und Abgrenzung des Value Network.

Rollen sind in der Value-Network-Analyse dauerhaft und bestehen ungeachtet der Person, welche eine Rolle gerade einnimmt. Wenn eine Rolle von mehreren Personen belegt werden kann, wird als Tipp angeführt, die Personennamen als Randnotiz zur Rolle zu vermerken.

Für eine strukturierte Kommunikation und Erstellung von Value Maps ist es sinnvoll, einem Teilnehmer die Rolle des Moderators zu übergeben. Die Durchführung der Value-Network-Analyse als Gruppe ist zu empfehlen, weil Einzelpersonen selten den Überblick über ein Value Network behalten können.

Ein Value Network sollte maximal acht bis zehn Rollen und 50 Transaktionen beinhalten.

10.3.2 Ablauf

Der Einsatz von Value Networks gliedert sich in mehrere Phasen, die bestimmte Schritte umfassen:

- Vorbereitung
  - Festlegen des Themenfeldes
  - Identifikation der beteiligten Akteure
  - Einführung in Methode
- Durchführung
  - Holomapping

- Auswertung
  - Exchange-Analyse
  - Value-Impact-Analyse
  - Value-Creation-Analyse

Wesentlich ist nicht nur die individuelle Erstellung einer Holomap bzw. die Erschließung von Potenzialen aus Eingangs- und Ausgangsbeziehungen, sondern deren Konsolidierung und Konkretisierung im Sinne der Implementierung von Veränderungen.

Vorbereitung

Für die Planung einer Value-Network-Analyse ist es notwendig, den Zweck zur Durchführung zu kennen. Grundsätzliche Fragen wie „Was erwarte ich mir von einer Value-Network-Analyse? Welche Ziele möchte ich mit dieser Methode erreichen?" sollten von einem Verantwortlichen geklärt werden. Bei externen Auftraggebern sollte hier eventuell noch Rücksprache abgehalten werden. Des Weiteren muss in der Planungsphase eine Schulung der Teilnehmer berücksichtigt werden. Für eine erfolgreiche Durchführung sind Grundkenntnisse über die Value-Network-Analyse notwendig. Besteht die durchführende Gruppe aus Personen ohne Kenntnisse über Value Networks, ist unter Umständen ein fachkundiger Moderator hilfreich. Zuletzt sollten auch die strategischen Organisationsziele für die Value-Network-Analyse bekannt sein, weil sich davon Analyseziele und Grenzen ableiten. Nicht zu vergessen ist das Bereitstellen aller notwendigen Arbeitsmaterialien.

Durchführung

Für die Durchführung empfiehlt sich ein Vorgehen in vier Schritten (Allee 2002):

- Zeichnen der Value Map. Als Erstes werden die Rollen definiert. Alle Schlüsselrollen (intern und extern), die für die zu analysierenden Tätigkeiten eine tragende, bedeutsame Rolle spielen, sollen berücksichtigt und eingezeichnet werden.
- Nun werden die materiellen Wertflüsse zwischen den Rollen eingetragen.
- Im Anschluss daran werden die immateriellen Wertflüsse identifiziert und grafisch dargestellt.
- Ein kollektives Betrachten verifiziert das Ergebnis der fertiggestellten Value Network Map.

Auswertung

Für die Auswertung werden in Tabellenform (Impact-Analyse, Exchange-Analyse, Value-Creation-Analyse) Tangibles und Intangibles nach ihrer Bedeutung für die jeweilige(n) Rolle(n) bewertet. Anhand dieser Bewertungen werden Auswirkungen auf Beziehungen sichtbar und es können gezielt Maßnahmen gesetzt werden:

- Durchführung der Exchange-Analyse (oder Austauschanalyse): Sie gibt Einblick über die aktuelle Struktur und Dynamik des Netzwerks.
- Durchführung der Impact-Analyse (oder Wirkungsanalyse): Jeder Teilnehmer sollte für sich die Impact-Analyse durchführen, um ein Verständnis für seine Rolle im Netz-

werk zu erhalten. Die Impact-Analyse ermöglicht einen Überblick, welche Auswirkung jede einzelne Werttransaktion auf die Teilnehmer hat.

- Durchführen der Value-Creation-Analyse (oder Wertschöpfungsanalyse): Sie analysiert, wie Werte bestmöglich erschaffen, erhöht und eingesetzt werden können.

- Suche von Leistungsindikatoren: Leistungsindikatoren müssen nicht zwangsweise nach einer Impact- oder Value-Creation-Analyse gesucht werden. Diese Kernanalysen bilden jedoch eine gute Basis dafür.

- Strategie entwickeln: Anhand der Leistungsindikatoren soll eine Strategie entwickelt werden, um das identifizierte Wertschöpfungspotenzial im Value Network zu steigern.

10.3.3 Ergebnis

Die Darstellung aller relevanten Austauschprozesse und Leistungen ergibt ein umfassendes Bild der dem Netzwerk zugrunde liegenden Geschäftsabläufe. Das Ergebnis bildet eine ganzheitliche Systembetrachtung der Wertschöpfung durch materielle und immaterielle Leistungen, die zwischen unterschiedlichen Beteiligten fließen, ab. Durch die Darstellung in Netzwerkform ergibt sich ein realitätsnäheres Bild als bei linearen, funktionalen oder prozessorientierten Methoden. Dadurch wird ein besseres Verständnis für einen umfassenderen Überblick über die einzelnen Beteiligten und Transaktionen des Wertschöpfungsprozesses erreicht. Der nachfolgende Übertrag der Leistungen in Tabellenform ermöglicht, eine detaillierte Analyse der Inhalte vorzunehmen.

■ 10.4 Aufwand

Die Value-Network-Analyse sollte in Form eines Workshops oder Projekts stattfinden. Hierbei sollte zur besseren Kommunikation ein eigener Raum für die Durchführung gewählt werden. Eine Value-Network-Analyse kann mit einfachen Hilfsmitteln durchgeführt werden. Für die Visualisierung genügen ein Bogen weißes Papier und Buntstifte. Je nach verfügbarem Material können eigene kreative Darstellungen getroffen werden. So lässt sich unter anderem eine Rolle mit farbigen Kartons oder Klebezettelblöcken darstellen und der Tangible-Intangible-Austausch mit farbigen Bändern oder Stiften visualisieren.

Zur Durchführung der Impact-Analyse und der Value-Creation-Analyse können zu Beginn vorgefertigte Formulare im Anhang verwendet werden. Diese Hilfsmittel sollten für mittelständische Organisationen ausreichen, um eine Value-Network-Analyse durchzuführen. Ist aufgrund des Analyseumfanges eine Softwareunterstützung erforderlich, eignen sich Werkzeuge wie Microsoft Visio für die Visualisierung und Microsoft Excel für die Auswertung. Speziellere Werkzeuge sind unter *www.valuenetworks.com* zu finden.

Ein Methodenexperte ist in der Lage, die Basiselemente der Analyse mithilfe von Softwareunterstützung innerhalb von einigen Stunden zu modellieren. Eine Zeitangabe für eine Value-Network-Analyse lässt sich schwer bestimmen, weil Faktoren wie Analyse-umfang, Hilfsmittel oder Wissensstand der Durchführenden den Zeitaufwand beein-flussen. Je nach Analyseumfang und Analyseaufwand sollte hier mit einem Arbeitstag gerechnet werden.

Ähnlich dem Zeitaufwand können auch die Kosten bei der Value-Network-Analyse vari-ieren. Als fixe Kosten sind der Personalaufwand, die Raumkosten und der Hilfsmittelein-satz zu kalkulieren. Wird die Analyse mit Softwareunterstützung durchgeführt, können Lizenzkosten den Aufwand erheblich erhöhen. Optional ist noch zu erwähnen, dass bei der Durchführung noch Beratungskosten anfallen können.

Bild 10.5 fasst die methodischen Herausforderungen und Einsatztipps zusammen.

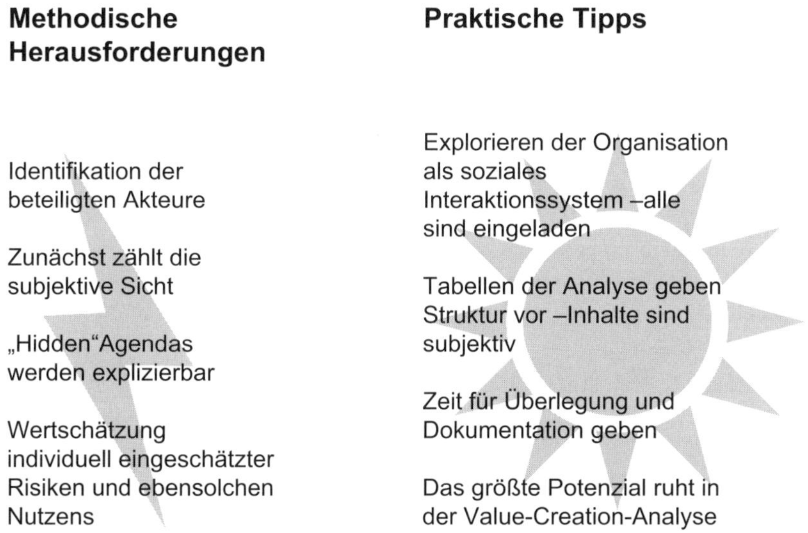

Methodische Herausforderungen

Praktische Tipps

Identifikation der beteiligten Akteure

Zunächst zählt die subjektive Sicht

„Hidden"Agendas werden explizierbar

Wertschätzung individuell eingeschätzter Risiken und ebensolchen Nutzens

Explorieren der Organisation als soziales Interaktionssystem –alle sind eingeladen

Tabellen der Analyse geben Struktur vor –Inhalte sind subjektiv

Zeit für Überlegung und Dokumentation geben

Das größte Potenzial ruht in der Value-Creation-Analyse

Bild 10.5 Methodische Herausforderungen und Einsatztipps zu Value Networks

■ 10.5 Einsatzbeispiel

Wir folgen in der Darstellung den erwähnten Schritten. Unser Einsatzbeispiel ist wieder das Unternehmen Bring-In, welches in einem unternehmensweiten Projekt eine Ausge-staltung seiner Wissensinfrastruktur anstrebt. Das Ziel des Projekts war die Erschlie-ßung von Informationsquellen und ihrer anwendungsorientierten Nutzung im Rahmen wissensintensiver Geschäftsabläufe. Von besonderem Interesse waren Customer Know-ledge Management und Produktmanagement. Parallel zur Anwendung der Wissens-landkarte wurde der Ansatz der Value Networks verfolgt, um eine spezifische Nutzen- und Risikobewertung von Veränderungen zu erhalten und für etwaige Änderungen der Geschäftsprozesse berücksichtigen zu können.

10.5.1 Vorbereitung

Die Erwartungen an die Value-Network-Analyse seitens Bring-In waren, Veränderungspotenzial im Umgang mit Informationen und Kommunikationsbeziehungen zu erschließen. Die Teilnehmer erhielten in dieser Phase eine methodische Einführung, und zwar
mit dem Hinweis, dass bei der Durchführung der Value-Network-Analyse Berater für alle
Teilnehmenden zur Seite stehen. Ein fachkundiger Moderator begleitete den gesamten
Prozess. Schließlich wurden die Tabellen vorbereitet sowie die erforderlichen Arbeitsmaterialien für die Holomaps.

10.5.2 Durchführung

Beim Zeichnen der Value Maps wurden die wesentlichen funktionalen Rollennamen
User, Potential User (das sind Personen, die noch als User zu gewinnen sind), Kunde,
Gadget Engineering, Gadget Development und Customer Service vorgegeben, um später
die Konsolidierung zu erleichtern. Eingeladen waren jeweils zwei Vertreter der internen
Funktionsbereiche, insgesamt sechs Personen. Nachdem die materiellen Wertflüsse
zwischen den Rollen eingetragen sowie im Anschluss daran die immateriellen Wertflüsse identifiziert und grafisch dargestellt wurden, wurde mit der eingeladenen Gruppe
eine Konsolidierung versucht und eine Vereinigung sowie gegebenenfalls ein Abgleich
der Maps gebildet.

Bild 10.6 zeigt eine Map eines Teilnehmers.

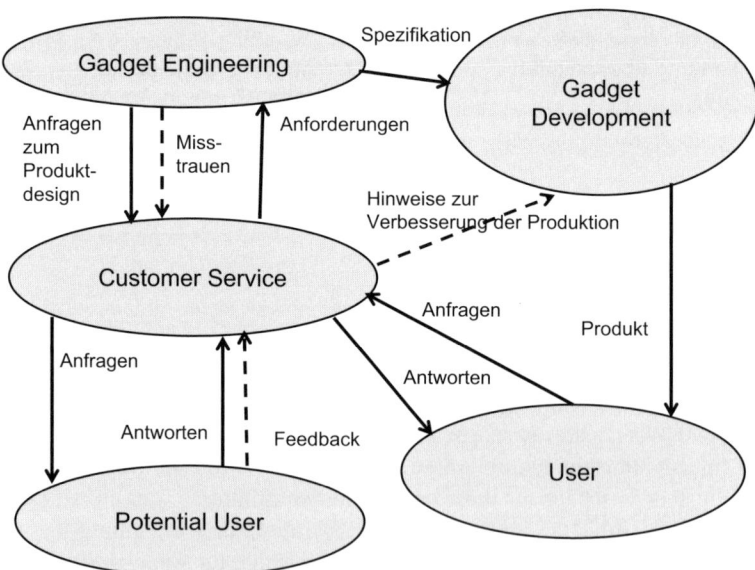

Bild 10.6 Exemplarische Holomap aus der Sicht eines Kundenberaters

10.5.3 Auswertung

Für die Auswertung wurde die jeweilige Tabellenform (Exchange-Analyse, Impact-Analyse, Value-Creation-Analyse) nach ihrer Bedeutung für die jeweilige(n) Rolle(n) bewertet. Zunächst wurde dies von jedem Teilnehmer individuell vorbereitet und dann in der Gruppe konsolidiert.

Die *Durchführung der Exchange-Analyse (oder Austauschanalyse)* gab aus jeder Sicht zunächst die aktuelle Struktur und Dynamik des Netzwerks wieder. Tabelle 10.3 zeigt die Tabellendarstellung zur exemplarischen, vorangegangenen Holomap.

Tabelle 10.3 Exemplarische Darstellung zur Exchange-Analyse eines Kundenberaters

Customer Service 1	Tangibles	Intangibles
Gadget Engineering	Gadget Production	Customer Service
	Customer Service	
Gadget Production	User	
Customer Service	User	Gadget Production
	Potential User	
	Gadget Engineering	
Potential User	Customer Service	Customer Service
User	Customer Service	

Die Analyse führte zur Einsicht, dass Kunden nicht direkt mit potenziellen Kunden kommunizieren, ebenso wie Customer Service nicht direkt mit Gadget Production. Auffällig war auch die Kommunikationslücke zwischen potenziellen Kunden bzw. Kunden und dem Gadget Engineering. Die Intangibles zeigten konstruktive sowie kontraproduktive Flüsse, wie Feedback und Misstrauen.

Bei der *Impact-Analyse (oder Wirkungsanalyse)* verfeinerten alle Teilnehmer auf Basis der Exchange-Analyse ihr bisheriges Verständnis für ihre Rolle, und zwar zunächst aus Empfängersicht. Die Auswirkungen der erfassten Werttransaktion wurden somit explizit. Tabelle 10.4 enthält die Einträge für den bereits angesprochenen Kundenberater auf Basis der erstellten Holomap. Weitere Einträge stammten aus anderen Maps, auf die hier aus Gründen der Verständlichkeit nicht eingegangen wird.

Tabelle 10.4 Tabellendarstellung der Impact-Analyse

Customer Service		Welche Aktivitäten löst der Input aus?	Auswirkungen auf die Kosten und materiellen Vermögens- gegenstände des Empfängers	Auswirkun- gen auf die immateri- ellen Ver- mögensge- genstände des Emp- fängers	Wie hoch sind die allge- meinen Kosten/ Risiken des Inputs?	Wie hoch ist der allge- meine Nutzen dieses Inputs?
Was erhalten wir? (Deliver- ables)	Kommt von wel- cher Rolle?	Aktivität	Wertmäßige Auswirkung	Immateri- elle Aus- wirkung	Kosten/ Risiken	Nutzen
Anfragen zu Pro- duktdesign	Gadget Engi- neering	Design	Hoher Aufwand, da Überset- zungsleistung Anforderung → Feature erfor- derlich – kann sich rechnen oder aber auch nicht	Lernen bzw. Wissens- zuwachs bei neu- artigen Anforde- rungen	H bei neuen Anforde- rungen/H bei neuen Anforde- rungen	M, da nicht immer hoch, wenn kein kon- struktives Feedback
Misstrauen (Intangibel)	Gadget Engi- neering	Vertrau- ensbilden- de Maß- nahmen	Konstruktiver Informations- fluss	Positiv besetzte Beziehung	H/N	H
Anfragen	User	Recher- chieren Beraten Beant- worten	Qualitativ hochwertige Auskunft	Gute Kunden- beziehung	M, abhän- gig von Anfrage/M	H
Antworten	Poten- tial User	Bearbeiten	Ermöglichung entsprechender Analysen für Akquise	Wissens- gewinn über po- tenzielle Kunden	H/H	H bei sinnvollen Daten, sonst N
Feedback (Intangibel)	Poten- tial User	Bearbeiten Verteilen	Kunden- gewinnung	Zufrieden- heit	N/N	H

Kosten/Risiken und Nutzen N = niedrig, M = mittel, H = hoch

Bei der *Value-Creation-Analyse (oder Wertschöpfungsanalyse)* wurde anhand erzielter Arbeitsergebnisse analysiert, wie Werte bestmöglich erschaffen, erhöht und eingesetzt werden können. Tabelle 10.5 zeigt die Analyse auf Basis der Exchange-Analyse-Daten des Kundenberaters.

Tabelle 10.5 Einträge zur Value-Creation-Analyse, Ist-Situation (Allee 2002, S. 17)

Customer Service		Welche Aktivitäten sind beim Sender mit diesem Output verbunden? Wie wird zusätzlicher Wert zu diesem Output geschaffen?		
Output des Senders	**Output-Adressat**	**Wertsteigerung, Mehrwert der Aktivität**	**Kosten/ Risiken**	**Nutzen**
Anforderungen	Gadget Engineering	Kundenorientierter Zugang Berücksichtigung der Machbarkeit	H/H	H
Hinweise zur Verbesserung der Produktion	Gadget Development (Intangible)	Kundenorientierter Zugang Berücksichtigung der Machbarkeit	H/H	H
Antworten	User	Bedürfnisgerechter Umgang Wäre auch für potenzielle Kunden interessant	H/H	H
Anfragen	Potential User	Gewinnung von Kundendaten Wäre auch für bestehende Kunden interessant	H/H	H

Kosten/Risiken und Nutzen N = niedrig, M = mittel, H = hoch

An Leistungsindikatoren wurden aus den Analysen die Anforderungen, die an Gadget Engineering gestellt wurden, sowie Anfragen an potenzielle Kunden gefiltert. Die daraus entwickelte Strategie von Bring-In kann mit der Aussage „Transparenz von Information" umrissen werden. So wurde beschlossen, das identifizierte Wertschöpfungspotenzial im Value Network durch Erweiterung der tangiblen Informationsflüsse zwischen allen funktionalen Einheiten zu steigern.

10.5.4 Ergebnis

Mithilfe der Value Network Map wurden folgende relevante Austauschprozesse und Leistungen ermittelt:

- Anfragen an Kunden, um deren Profil zu vervollständigen,
- Gestaltungsleistungen, die seitens Customer Service an der Schnittstelle zwischen Produktanforderungen und technisch Möglichem erfolgen,
- Feedback von Kunden, das sowohl den zukünftigen Umgang als auch die Produktentwicklung betrifft.

Die Ergänzungen erlaubten eine ganzheitliche Systembetrachtung der Wertschöpfung durch materielle und immaterielle Leistungen, die zwischen den beteiligten Organisationseinheiten fließen sollten. Bild 10.7 zeigt die vervollständigte Value Network Map, welche die Grundlage für die weitere Entwicklungsplanung bildete.

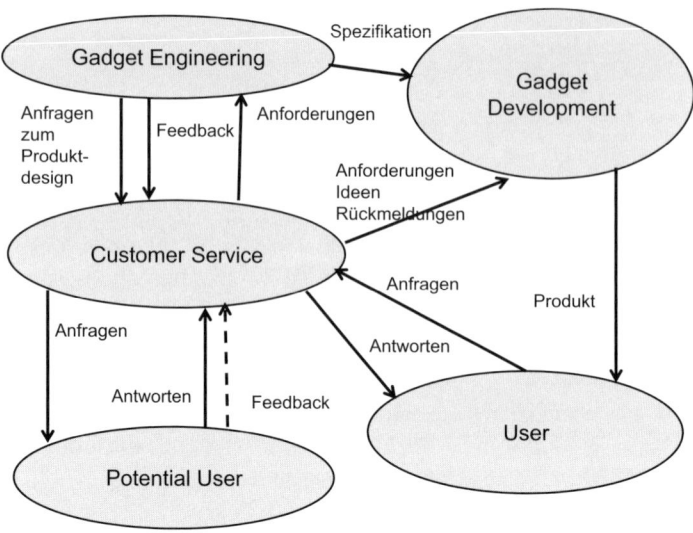

Bild 10.7 Vervollständigte Value Network Map

■ 10.6 Potenzial und Grenzen

Bild 10.8 enthält zusammenfassend einige Erfahrungssplitter aus Praxiserfahrungen mit Value Networks.

Perfekte
Ausgangsposition
für Prozessgestaltung.

Die vielen individuellen
Sichten können wir nicht nur
einfach ansammeln, da steckt
viel Erfahrungswissen
dahinter.

Gut, dass alle zu Wort
kommen konnten, denn jetzt
habe ich das Gefühl, „our
best of knowledge" liegt vor
uns.

Interessant, interessant –
unser Potenzial ist enorm –
aber auch unser Risiko.

In der Form
habe ich
unsere Arbeit
noch nie
betrachtet.

Und wo und wie
sollen wir jetzt
weitermachen?
Ohne Moderation
werden wir dies
nicht schaffen.

Bild 10.8 Reaktionen der Praxis im Umgang mit Value Networks

Value Networks betrachten Organisationen in ihrer Gesamtheit und berücksichtigen deren Komplexität. Sie ermöglichen die ganzheitliche Identifikation von sowohl materiellen als auch immateriellen Werten und stehen somit im Kontrast zu etablierten Analysewerkzeugen wie Wertschöpfungsketten (Value Chain) oder Prozessmodellen und deren prozessgesteuerten Sichtweisen.

Ein weiteres Potenzial von Value Networks ist der Fokus der Methode auf die am Netzwerk beteiligten Individuen. Dies fördert die Sinnstiftung und Motivation der Mitarbeiter. Einzelne Rollen der Teilnehmer und deren Beitrag zum gesamten Netzwerk können erhoben, bei Bedarf geklärt und zum besseren Verständnis des Gesamtzusammenhangs deren Wertaustauschbeziehungen auch grafisch mittels Holomapping visualisiert werden.

Dies erhöht den Informationsfluss in der Organisation, und Kommunikationsabläufe zwischen den Mitarbeitern können verbessert werden. Die drei angeführten Analyseformen von Value Networks unterstützen eine detaillierte Untersuchung der Wertbeziehungen und ermöglichen einen Ist-Soll-Vergleich.

Mithilfe von Value Networks können in (wissensintensiven) Organisationen die bestehenden meist immateriellen, komplexen Beziehungen und Wertflüsse erhoben und analysiert werden. Dadurch erhöht sich der Wissenstransfer in der Organisation. Dies wiederum führt dazu, dass als wichtig erkannte Beziehungen gestärkt und Wertschöpfungspotenziale besser genützt werden können.

Welches Potenzial eine Value-Network-Analyse haben kann, sei kurz am Beispiel von Wal-Mart zusammengefasst. Wal-Mart, eine US-amerikanische Handelskette, startete Mitte der 90er-Jahre ein Umweltprogramm mit umweltfreundlichen Papiertaschentüchern, hat aber seine Zulieferer nicht einbezogen. Aus diesem Grund hatten die umweltfreundlichen Papiertaschentücher keine umweltfreundliche Verpackung. Zusammen mit den damaligen Geschäftspraktiken und Arbeitsbedingungen erlitt Wal-Mart einen Imageverlust, welcher zwei bis acht Prozent dauerhaften Kundenrückgang nach sich gezogen hat.

Wal-Mart hatte lange die Interessen externer Stakeholder nicht berücksichtigt und sich stattdessen auf reine Prozess- und Gewinnmaximierung fokussiert. Wissen über Nachhaltigkeit blieb im Unternehmen außer Acht, bis Wal-Mart sich entschloss, anhand der Value-Network-Analyse zusammen mit seinen Stakeholdern soziale und ethische Werte in das Unternehmen aufzunehmen. Um beispielsweise eine Überfischung in Ozeanen zu vermeiden, entwickelte Wal-Mart zusammen mit dem WWF und seinen Zulieferern eine Zertifizierung für seine Meeresprodukte. Wissen über Fischerei und Umwelt gelangte über Zulieferer und den WWF als Intangible in das Unternehmen. Des Weiteren sendete Wal-Mart an seine Kunden das Signal, den Umweltschutz ernst zu nehmen. Wal-Mart konnte mit dieser Geschäftspolitik nicht nur seine verlorenen Kunden wieder zurückgewinnen, sondern auch den Kundenstamm nachhaltig steigern.

Das Beispiel von Wal-Mart zeigt, dass sich Unternehmensziele mit Partnern schneller erreichen lassen als alleine (Synergieeffekte) und dass sich Werte in einem Netzwerk nicht nur über den Preis, sondern auch über Langzeitbeziehungen zwischen Wal-Mart und seinen externen Stakeholdern definieren.

Eine weitere Erfahrung von Wal-Mart war, dass Beziehungen in einem Netzwerk gemanagt werden müssen. Nicht jeder ehemalige Zulieferer war in der Lage, die Zertifizierung umzusetzen, und mit einer stärkeren Verhandlungsmacht der Zulieferer hatte Wal-Mart Probleme, die Kosten auf demselben Niveau zu halten.

Aufgrund des dynamischen Charakters eines Netzwerks muss jedoch berücksichtigt werden, dass sich einmal identifizierte Wertflüsse rasch ändern oder neue hinzukommen können. Das dargestellte und analysierte Value Network repräsentiert also immer nur den derzeitigen Stand einer Organisation und ist keineswegs als statisch zu betrachten.

Des Weiteren gilt es zu bedenken, dass einmal identifizierte immaterielle Wertflüsse, obwohl sie in der Organisation von großer Bedeutung sind, schwer messbar sind und so auch deren weitere Analyse erschweren.

Schließlich fällt es der Darstellung eines Value Network manchmal schwer, geeignete Knoten und deren Transaktionen (Deliverables) zu definieren. Auch die Durchführung der verschiedenen Analyseformen von Value Networks stellt die Teilnehmer oft vor erhebliche Herausforderungen, die mit großem Zeitaufwand verbunden sind.

Literatur

Allee, V. (2002): A Value Network Approach for Modeling and Measuring Intangibles. http://www. vernaallee.com

Allee, V. (2002a): „Die Darstellung von Unternehmenswissen". In Bellmann, M.; Krcmar, H.; Sommerlatte, T. (Hrsg.): *Praxisbuch Wissensmanagement*. Düsseldorf: Symposium Publishing

Allee, V. (2003): *The Future of Knowledge: Increasing Prosperity through Value Networks*. Amsterdam: Butterworth-Heinemann

Allee, V. (2006): Value Network Case Study: PharmCo Customer Knowledge. http://www.vernaallee. com

Allee, V. (2006a): „What is Value Networks Analysis?". *http://www.value-networks.com/guides_ and_tools.htm*. Zugriff am 16.12.2008

Allee, V. (2006b): „Exchange Analysis". *http://www.value-networks.com/guides_and_tools.htm*. Zugriff am 16.12.2008

Allee, V. (2006c): „VNW Engagement Roadmap for Projects". *http://www.value-networks.com/guides_ and_tools.htm*. Zugriff am 16.12.2008

Allee, V. (2008): „Value Network Analysis and Value Conversion of Tangible and Intangible Assets". In: *Journal of Intellectual Capital*, Vol. 9, No. 1, S. 5 – 54

Allee, V.; Schwab, O. (2011): *Value Networks and the true nature of collaboration. http://www. valuenetworksandcollaboration.com/*. Zugriff am 12.04.2012

Lock Lee, L. (2007): „ITIL and Value Network Analysis. The Information Technology Infrastructure Library and VNA". *http://www.value-networks.com/articles.htm*. Zugriff am 02.12.2008

Plambeck E.; Denend L. (2008): „The greening of Wal Mart, Case Study".

Stanford Social Innovation Review. http://www.value-networks.com/articles.htm. Zugriff am 02.12.2008

11 Dialog

Bei der Methode „Bohmscher Dialog", in der Folge kurz als Dialog bezeichnet, handelt sich um eine Methode, die die Aufmerksamkeit sofort auf vorhandene Kommunikationsblockaden lenkt. Diese Widerstände sollen unmittelbar wahrgenommen und bei der Erörterung von schwierigen Lebensthemen überwunden werden. Es handelt sich also nicht um einen Dialog im umgangssprachlichen Sinne, sondern um ein methodisches Vorgehen, das sich auf Widerstände konzentriert.

Bei der Frage nach der inhaltlichen Zielsetzung eines Dialogs ist wesentlich, dass ein Festhalten im Verlauf des Dialogs zumeist nicht möglich ist. Denn je tiefer die Teilnehmer in eine Zielsetzung dialogisch eindringen, desto mehr beginnt sie, sich zu verändern. Eine anfängliche Zielsetzung stellt daher nur einen Ausgangspunkt dar.

Der Verlauf des Dialogs kann als Gespräch mit erforschendem Charakter bezeichnet werden, der als Prozess des miteinander Denkens von aktivem Zuhören und gegenseitiger Wertschätzung geprägt ist. Im Mittelpunkt steht nicht die Einzelmeinung oder eine Person der Gruppe, sondern der Denkprozess der Gruppe. Annahmen und Meinungen werden entdeckt, betrachtet und respektiert. Da diese jedoch nicht fixiert und forciert werden, wird eine fortlaufende Bewegung im Denkprozess der Gruppe ermöglicht.

Die Methode Dialog dient folglich der Wissensgenerierung, Wissenserhebung und Wissensverarbeitung:

- **Wissensgenerierung:** Der Dialog verhilft durch den Austausch der Gedanken und Meinungen (die meist auf Erfahrungen beruhen) der einzelnen Teilnehmer dazu, dass jeder neue Erkenntnisse und neues Wissen für sich generieren kann. Durch das Kernprinzip des „Suspendierens", nämlich das „In-der-Schwebe-Halten von Sachverhalten", wird auch gewährleistet, dass Teilnehmer die Angst vor Kritik oder Ablehnung ablegen und auch kontroverse Ideen und Meinungen einbringen können.

- **Wissenserhebung:** Durch den Aufbau eines Dialogs wird vor dem Reden zuerst reflektiert und vor allem sehr bewusst auf die entsprechende Wortwahl, auf die Formulierung des Redebeitrags geachtet. Das implizite Wissen der Teilnehmer wird so in äußerst reiner Form explizit und zugänglich gemacht, und mentale Modelle treten an die Oberfläche.

- **Wissensverarbeitung:** Äußerungen der Teilnehmer können direkt reflektiert, verfeinert, mitunter auch verworfen werden. Sie können aber auch isoliert oder gesammelt nach dem Dialog weiterbearbeitet werden, etwa für ein weiteres Projektdesign oder die Arbeitsgestaltung.

Bild 11.1 gibt die Einordnung des Dialogs in die Aktivitätsbündel des Wissensmanagements wieder.

Bild 11.1 Einordnung des Dialogs in die Aktivitätsbündel des Wissensmanagements

■ 11.1 Herkunft und Hintergrund

Das Wort „Dialog" selbst stammt vom griechischen Wort „dialogos", wobei „logos" „Wort" und „dia" „durch" bedeutet. Im Gegensatz dazu steht die Diskussion. Die Diskussion hat immer zum Ziel, dass eine Partei gewinnt. In einem Dialog gewinnt jeder. Es geht nicht darum, seine Meinung oder Annahme durchzusetzen, sondern darum, sich bewusst zu werden, dass jeder eigene Meinungen und Annahmen hat. Im Dialog geht es um den Prozess des Denkens selbst, also was hinter den Annahmen und Meinungen steht.

Die Methode des Dialogs wurde von David Joseph Bohm beginnend im Jahr 1983 entwickelt. Ausgangspunkt war der Wunsch nach ganzheitlichem, gruppenbasiertem Denken, da heutzutage alles in Bestandteile zerlegt wird und uns folglich der Sinn für das Ganze verloren geht. Bohm, ein Quantenphysiker, überlagerte den Dialog mit der Erkenntnis der Quantenphysik, nämlich dass alles zusammenhängend ist, und entwickelte den Dialog unter diesen Aspekten weiter.

■ 11.2 Zielsetzungen und Einsatzmöglichkeiten

Ziel ist, gemeinsam in der Gruppe Grundannahmen und Vorstellungen zu erkunden, deren Sinn sichtbar zu machen und einen Prozess des Gruppendenkens zu ermöglichen. Durch den Dialog werden nicht nur resultierende Denkprodukte bearbeitet, sondern auch deren vorhergehende Denkprozesse und Denkvorgänge.

Der Dialog bietet sich beispielsweise für die individuelle Entwicklung, für die Entwicklung einer Organisation, den Umgang mit Komplexität und Diversität oder auch zur Veränderung einer Unternehmenskultur an (Peuker 2004). Empfehlenswert ist der Dialog vor allem für aufgeschlossene Unternehmen, die mit der etwas ungewöhnlichen Herangehensweise *„no leader and no topic and nothing ,to do'"* (Bohm 1996, S. 35) umgehen können.

Bild 11.2 zeigt wesentliche Motivatoren für den Einsatz des Dialogs.

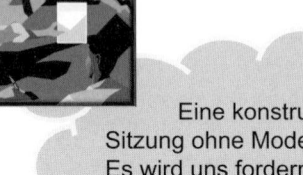

Bild 11.2 Motivatoren für den Einsatz des Dialogs

■ 11.3 Umsetzung

Als Voraussetzung für den Einsatz dieser Methode ist Bewusstsein darüber zu schaffen, was das Ziel eines Dialogs ist und wie dieses Ziel erreicht werden kann. Vor der Durchführung eines Dialogs sollte zuerst eine Diskussion oder ein Seminar zum Thema „Dialog" abgehalten werden. Erst danach soll, und zwar nur mit den Interessierten, der Dialog durchgeführt werden. Die Teilnahme sollte in jedem Fall freiwillig erfolgen. Damit ein Dialog funktionieren kann, müssen die Teilnehmer grundsätzlich bereit sein, eigene Grundannahmen infrage zu stellen, und offen für Neues sein.

Für die erfolgreiche Durchführung eines Dialogs sind folgende Voraussetzungen relevant:

Zuhören

Allen Teilnehmern soll bewusst werden, dass es nicht um einzelne Meinungen und Annahmen oder sogar die einzelnen Teilnehmer geht, sondern dass Zusammenhänge gesehen werden müssen. Jede Person ist gleichzeitig Bestandteil und Beobachtende des Dialogs. Die Teilnehmer sollten nicht nur demjenigen, der gerade spricht, zuhören, sondern auch sich selbst. Dafür ist es notwendig, innerlich einen Schritt zurückzutreten und das, was man denkt, während jemand spricht, zu beobachten und auf dabei entstehende Gefühle zu achten. Nur dann kann zwischen dem, was die anderen sagen, und dem, was die eigenen Gedanken, die eigenen Erinnerungen, Erfahrungen oder Meinungen sind, unterschieden werden.

Respektieren

Respektieren bedeutet in diesem Zusammenhang, dass alle Teilnehmer einander vollständig akzeptieren und ihre Ansichten und Denkprozesse als legitim erachten. Es gilt, auftretende Spannungen zu ertragen und nicht direkt darauf zu reagieren.

Suspendieren

Eine der größten Herausforderungen beim Dialog ist „Suspending", das „In-der-Schwebe-Halten" von Gedanken, Urteilen, Annahmen und Gewissheiten. Im Laufe eines Dialogs wird jeder Einzelne eigene Annahmen und Meinungen haben. Diese Annahmen gilt es, „in der Schwebe" zu halten. Die Gedanken werden weder sofort kundgetan, noch werden sie unterdrückt. Erst anschließend wird erklärt, was gedacht wird bzw. was dahintersteckt. So wird das eigene Denken für die anderen nachvollziehbar. Man nimmt eine Haltung des Lernens und keine des Wissens ein und ist offen für das, was sich im Verlauf des Dialogs entwickeln wird.

Artikulieren

Es ist nötig, sich kurz zu fassen und von Herzen zu sprechen.

Das Einhalten dieser Voraussetzungen bei der Durchführung des Dialogs wirkt sich sehr stark auf das Gespräch aus. Eine Verlangsamung der Gespräche wird sichtbar, sie entsteht, da eigene Grundannahmen und Gedanken zuerst reflektiert werden müssen. Das Denken des Einzelnen wird komplexer, das Denken der Gruppe entwickelt sich gemeinsam wie eine Spirale weiter (Peuker 2004).

11.3.1 Wer ist beteiligt?

Der Dialog ist ein Gruppengespräch in einer Gruppengröße zwischen 20 und 40 Personen. Die Obergrenze von 40 Personen rührt daher, dass bei größeren Zahlen ein Sitzkreis nicht mehr so einfach umgesetzt werden kann. Durch eine hohe Zahl an Teilnehmern wird gewährleistet, dass sich eine Art „Mikrokultur" zusammenfindet, die unterschiedlichste Ansichten und Meinungen vereint. Dabei gibt es im Dialog folgende Rollen:

- **Facilitator**

  Bohm ist der Ansicht, dass der Dialog grundsätzlich ohne Einschreiten von außen funktionieren sollte. Jedoch kann es nützlich sein, einen Facilitator zu haben. Dessen Funktion beschränkt sich darauf, zuzusehen und manchmal zu erklären, was gerade passiert. Generell sollte der Facilitator nur dafür sorgen, dass das Gespräch nach längeren Pausen wieder in Gang gebracht wird und er selber möglichst nicht benötigt wird.

Die Hauptaufgabe des Facilitators besteht darin, die Rahmenbedingungen für einen Dialog herzustellen und die Teilnehmer mit dem Verfahren, den Kernfähigkeiten und Perspektiven der Methode vertraut zu machen. Es muss sichergestellt werden, dass die Teilnehmer den Charakter des Dialogs erfasst haben. Auch in emotionalen Phasen ist es die Aufgabe des Facilitators, die Gruppe zum Erkunden und Respektieren zurückzuführen und deren Prozesskompetenz zu fördern.

Voraussetzung für die Funktion des Facilitators sind Kenntnisse und Kompetenzen in den Bereichen Psychologie, Reflexion und Gruppendynamik sowie gut entwickelte Dialogkompetenzen, Aufmerksamkeit und Charisma.

- **Teilnehmer**

  Die Anforderungen an die Teilnehmer sind vor allem die Voraussetzungen, die bereits angeführt wurden. Der Teilnehmerkreis kann sich sowohl aus Personen, die einander kennen, etwa in einem betrieblichen Umfeld, oder aus einander bislang nicht bekannten Personen zusammensetzen.

11.3.2 Ablauf

Der Ablauf eines Dialogs kann in die Phasen Vorbereitung, Durchführung, Auswertung und Analyse zerlegt werden.

Vorbereitung

Die Vorbereitungsphase lässt sich folgendermaßen zusammenfassen:

- Bildung eines Sitzkreises zur Symbolisierung der Gleichwertigkeit,
- Gestaltung der Mitte, um einen Ruhepunkt für die Augen der Teilnehmer zu schaffen,
- Bereitstellen eines Redeobjekts (Stein, Sprechholz, Alltagsgegenstand) und einer Klangschale in der Mitte des Kreises.

Vor dem Beginn des Dialogs muss entschieden werden, ob ein Thema vorgegeben wird, oder ob das nicht nötig ist, weil sich das Thema von selbst ergibt, da es bereits im Raum steht (was der Idealfall wäre).

Durchführung

Zuerst wird durch den Facilitator eine Einleitung zum Verfahren des Dialogs gegeben. Nachdem alle Teilnehmer im Sesselkreis Platz genommen haben, beginnt der Dialog mit dem „Check-in". Alle haben zu Beginn die Möglichkeit, kurz zu erzählen, was sie momentan beschäftigt. Dies ist ein sanfter Einstieg in die Gesprächskultur des Dialogs.

Die Teilnehmer können jeweils zu Wort kommen, indem sie sich das bereitgestellte Redeobjekt aus der Mitte holen. Solange ein Teilnehmer das Redeobjekt in Händen hält, gilt sämtliche Aufmerksamkeit diesem Teilnehmer. Dies gewährleistet, dass der Sprechende genau die Zeit bekommt, sich zu artikulieren, die er benötigt, und auch nicht unterbrochen wird. Nachdem er gesprochen hat, legt er das Redeobjekt wieder in der Mitte ab und der nächste Teilnehmer kann das Redeobjekt und damit das Wort ergreifen. Sollte es nun vorkommen, dass jemand mehr Zeit zum Erfassen des Gedankens oder einfach Zeit zum Innehalten benötigt, kann diese Person die Klangschale anschlagen. Solange der Ton der Klangschale hörbar ist, darf nicht geredet werden.

Die wesentlichen Regeln, die es beim Einsatz eines Dialogs einzuhalten gilt, sind:

- Akzeptierte Vereinbarung von Ort, Zeit und Dauer des Dialogs (sogenannte „Container" des Dialogs).

- Der Dialog ist zwar teilnahmeoffen, es braucht allerdings eine akzeptierte Verständigung, wer am Dialog teilnimmt und welchen Zweck der Dialog verfolgt.

- Alle Teilnehmenden verpflichten sich, während der vereinbarten Zeit durchgängig dem Dialog beizuwohnen.

- Alle Teilnehmenden haben gleichermaßen die Gelegenheit, sich zu äußern – es wird davon ausgegangen, dass alle Äußerungen zu einem bestmöglichen Ergebnis beitragen können.

- Die Äußerungen von Teilnehmenden sind während des Dialogs unabhängig von ihrer Position oder/und Rolle zu betrachten.

- Das Redeobjekt ist vor jeder Wortmeldung zu holen und berechtigt exklusiv zu Äußerungen in der Gruppe. Es ist während des Sprechens in den Händen zu halten und danach wieder in die Mitte zurückzulegen.

- Solange jemand spricht und das Redeobjekt in Händen hält, darf ihn niemand der Teilnehmenden unterbrechen.

- Die Teilnehmenden versuchen, sich an den Beiträgen gegenseitig zu orientieren, als Voraussetzung für gemeinsames Denken.

- Es werden die Sichtweisen aller Beteiligten erkundet, ein gemeinsames Verständnis sowie neue Erkenntnisse werden gewonnen.

- Es wird aktiv zugehört, d. h. rephrasiert und rekurriert. Nachfragen ist ein konstruktiver Bestandteil des Dialogs.

- Die Teilnehmenden lassen sich auf das Gehörte ein. Sie prüfen, was für sie annehmbar und gültig ist. So lassen sie sich vom Gehörten auch beeinflussen.

- Nachfragen dient ausschließlich dazu, Aspekte sichtbar und verbalisierbar zu machen.

- Geäußerte Meinungen sind Schnappschüsse im Sinne momentaner Sichtweisen.

- Geäußerte Meinungen stehen für sich und sind der „Rohstoff", mit dem die Beteiligten arbeiten.

- Aussagen von Teilnehmenden beziehen sich nicht auf einzelne Personen, sondern auf ein gemeinsames Anliegen.

- Jede Aussage wird hinterfragt: Was ist neu? Was ist berücksichtigenswert?

- Wer auf Meinungen oder Aussagen beharrt oder sie gar verteidigt, steht sich selbst und dem Dialog im Weg.

- Gegenseitiges Einfühlen ist Voraussetzung, um mit den eigenen und fremden Augen „sehen" zu können. So können die Teilnehmenden etwas erkennen, das sie für sich allein niemals entdeckt hätten.

- Niemand versucht zu gewinnen, denn darum geht es nicht.
- Alles ist möglich. Es gibt keine Verbote. Alles ist hinterfragbar.
- Alle Teilnehmenden müssen gewillt sein, ihre jeweiligen Grundannahmen infrage zu stellen. Dies ermöglicht Freiraum für Neues.
- Nicht die Verteidigung von Grundannahmen/Werten bzw. Programmen, sondern das Erkennen dieser steht im Mittelpunkt.

Von allen Beteiligten wird erwartet, dass sie ihre Wertvorstellungen „suspendieren", eine Zeit lang zurückstellen und so in der Schwebe halten können. Kein Teilnehmer sollte versuchen, die Meinung von anderen zu verändern. Im Gegenteil, die Veränderung von Meinungen wird sich als Resultat des Gruppenprozesses einstellen oder eben nicht. Jedenfalls lässt sich der Wandel nicht durch individuelle Kraftanstrengungen erzwingen.

Andererseits müssen die Grundannahmen in der Gruppe emergieren, geäußert werden, wahrnehmbar werden.

Abschließend wird ein „Check-out" abgehalten, wo nochmals individuell und in der Gruppe alle Gedanken reflektiert werden.

Auswertung

Der Dialog wird im Allgemeinen nicht explizit ausgewertet. Diente der Dialog der ursprünglichen Methode Intention, so kann es sein, dass kein explizites Wissen entstanden ist. Sollte dem Dialog ein Thema gesetzt worden sein, wie beispielsweise das Finden von Ideen oder Lösungsansätzen, werden diese formuliert und niedergeschrieben. Ansonsten wurde implizites Wissen ausgetauscht und „der Horizont erweitert".

Analyse

Eine Analyse des Dialogs erfolgt durch die Reflexion während des Dialogs selbst. Es kann jedoch auch nach Abschluss des Dialogs eine weitere Methode des Wissensmanagements herangezogen werden, um den Dialog zu analysieren (z. B. in Form eines World Cafés).

11.3.3 Ergebnisse

In seiner ursprünglichen Gestalt hat der Dialog keine greifbaren Ergebnisse, da er zumeist darauf abzielt, ein gemeinschaftliches Denken und Verstehen zu schaffen. Durch den gemeinsamen Denkprozess lassen sich jedoch neue Ideen, Sichtweisen und Herangehensweisen entwickeln. Aus dem Dialog entstehen neue Erkenntnisse oder Handlungsimpulse.

Durch das erworbene Vertrauen in der Gruppe können sich auch die sozialen Beziehungen zwischen den Teilnehmern verbessern.

Bild 11.3 fasst die methodischen Herausforderungen und Einsatztipps zusammen.

Methodische Herausforderungen	Praktische Tipps
Rücknahme des eigenen Bedürfnisses nach Geltung zugunsten der Wirkung der Aussagen anderer	Regelwerk für alle sichtbar im Raum anbringen Üben von aktivem Zuhören vor der Sitzung
Konzentration auf einzelne Themen bei Parallelität derselben	Bei hoher Informations- bzw. Positionsdichte Stille durch Klangschale herbeiführen
Gegebenenfalls Einforderung der Regeln, ohne den Fluss der Kommunikation zu stören	Bei Wortmeldung zunächst auf Wahrgenommenes Bezug nehmen, anstatt eigene Position sofort vorzubringen

Bild 11.3 Methodische Herausforderungen und Einsatztipps zum Bohmschen Dialog

■ 11.4 Aufwand

Der Zeitaufwand ist variabel. Der Dialog kann auch nur einmal zu einem bestimmten Thema durchgeführt werden. Um jedoch das gemeinschaftliche Denken zu stärken und auch am besten nutzen zu können, ist ein regelmäßiger Dialog förderlich. Dies kann wöchentlich sein oder wie es beliebt. Die Zeitdauer kann sich über mehrere Jahre hinweg erstrecken.

Sollte eine fixierte Dialoggruppe jedoch zu lange miteinander die Gesprächsform des Dialogs durchführen, können sich wiederum Gewohnheiten etablieren, die den Gedankenfluss hemmen.

Ein Raum mit ausreichender Größe für einen Sesselkreis soll vorhanden sein. Ein heller, ruhiger und angenehm gestalteter Raum verstärkt das Wohlgefühl der Teilnehmer und unterstützt dadurch eine offene Gesprächsführung.

Der Dialog ist eine kostengünstige Methode. Hierbei fallen nur die Kosten für die benötigten Ressourcen (Raum, Zeit, Klangschale, Gestaltungselemente für die Mitte des Sitzkreises – Tuch, Decke, Pflanzen usw. – und eventuell ein Seminar zum Thema Dialog) an.

■ 11.5 Einsatzbeispiel

Wir befinden uns in einer Organisation, die Gadgets baut und am Markt vertreibt. Sie hat einen organisationalen Entwicklungsschritt hinter sich, welcher bislang noch nicht reflektiert wurde.

Wir folgen in der Darstellung den Phasen der Methode. Die vorgelegten Äußerungen sind fiktiv, als sie zum einen Erinnerungen beinhalten. Zum anderen wurden sie verkürzt und die Namen der Personen geändert, um keinen Rückschluss auf tatsächliche Ereignisse zuzulassen. Die direkte Rede veranschaulicht die für den Bohmschen Dialog wesentlichen Aspekte, beginnend mit der Einfachheit der Regelbefolgung durch die Beteiligung und Unmittelbarkeit der Vertiefung in ein gemeinsames Anliegen.

Vorbereitung/Einladung

Die Einladung zu diesem Dialog erfolgte nicht als ein Angebot ohne unmittelbaren Problemanlass, sondern als Bearbeitung von Anliegen, welche die Gruppe nach einem Veränderungsprozess auf organisationaler Ebene noch hatte. Es ging also primär nicht darum, einen Dialog über etwas zu führen, sondern darum, den Dialog zu führen. Um mögliche Bezugsgegenstände zu umreißen, wählte die Organisationsentwicklerin die Umrahmung „Erkennen wir uns wieder?“.

Durchführung/Veranstaltung

Diese gliederte sich in die Eröffnung mit Check-in der Teilnehmer, den Dialog selbst und den Abschluss mit Check-out der Teilnehmer.

 Eröffnung/Check-in

Es kamen alle, und zwar zwölf Personen inklusive Facilitator. Die Stühle waren im Kreis aufgestellt. An Pinnwänden angebracht waren auf Plakaten gut sichtbar die wichtigsten Regeln des Bohmschen Dialogs. Am Boden in der Mitte des Kreises befand sich eine kleine Decke mit

- einem Blumenarrangement,
- einem Stab aus Holz als Redeobjekt („Redestab“) sowie
- eine große goldene Klangschale mit Klöppel.

Der Facilitator begrüßte im Kreis die Anwesenden und forderte sie auf, Gedanken zu den Erwartungen des bevorstehenden Dialogs zu sammeln. Dabei sollte zustande kommen, was den Teilnehmern wichtig war und im Zusammenhang mit dem bislang durchlaufenen Veränderungsprozess stand.

Danach erklärte der Facilitator die Regeln des Dialogs und verwies auf deren Verschriftlichung an den Pinnwänden. Bei Regelverstößen, wenn etwa eine Person das Wort ergreift, ohne den Redestab in Händen zu halten, kann man sich erheben und darauf stumm verweisen.

Er fasste schließlich die Regeln und Anleitungen wie folgt zusammen:

- „Im Dialog sprechen wir immer zu allen, zur Mitte hin, nicht (nur) zu unseren Sitznachbarn. Dann haben die Worte die Chance, gleichermaßen von allen vernommen zu werden."
- „Nicht unmittelbar bewerten, was andere sagen, sondern zuhören und zu eigenen Vorstellungen inspirieren lassen."
- „Unsere Inspirationen sollten wiederum in den Kreis einfließen."
- „Von Herzen sprechen, dann ist es uns wichtig. Dies muss nicht unserer Ratio entsprechen."
- „Nur von eigenen Erfahrungen sprechen."
- „Gegenseitig respektieren."
- „Sich selbst zuhören."
- „Auf Annahmen verzichten."
- „Eine achtsam erkundende Haltung einnehmen."
- „Die anwesende Gruppe als Gemeinschaft erfahren."

Damit sollte der Unterschied zum herkömmlichen Diskutieren klar geworden sein, und die Teilnehmer wurden ersucht, sich zu überlegen, ob und wie sich eine dialogische Interaktion nach Bohm auf ihre Sprachwahl und ihr Sprechverhalten auswirke. Dies sollte zur Formulierung von Ich-Botschaften anregen und die Bereitschaft zu aktivem Zuhören fördern.

Schließlich formulierte der Facilitator für die Gruppe seine eigene Botschaft für den bevorstehenden Dialog: „Wenn ich achtsam bin, unterbreche ich niemanden. Ich unterbreche auch jene nicht, die noch nicht sprechen, sondern sich zunächst noch überlegen, was sie sagen wollen. Wir können lernen, darauf zu achten, ob jemand etwas sagen will." Dann nahm der Facilitator in der Mitte des Kreises den Redestab auf und schlug die Klangschale mit dem Klöppel. Nachdem ihr Klang verhallt war, nahm er den Redestab und ermunterte die Teilnehmer, die Klangschale zu nutzen, wenn sie Stille oder eine Unterbrechung, weil der Dialog zu intensiv wurde, brauchten. Dann legte er den Stab hin und setzte sich an seinen Platz im Kreis zurück.

 Kernstück

Nachdem der Stab wieder in der Mitte zu liegen kam, trat lang Stille ein. Die Teilnehmer schienen warten zu wollen. Dann konnte der Dialog beginnen:

Peter (Customer Service): „Das Projekt kam mir vor wie ein Skirennen, so schnell haben wir die Veränderungen bearbeitet. Das Tempo bei Gesprächen hat verschiedene Aspekte. Ich konnte nicht so gut folgen, und dann wird es mir zu schnell, weil ich in Emotionen stecke. Ich habe also schon etwas von derartigen Projekten gehört und darüber nachgedacht. Ich hätte den Faden vollends verloren, wenn wir nicht Briefings gehabt hätten. Aber eigentlich erfuhr ich dort nicht, wie es denn anderen geht. Ich hatte keine Chance, Zusammenhänge zu erkennen, da ich das Gefühl hatte, alleine in meinem Kämmerchen über die Veränderungen nachzudenken. Die ganze Vielfalt gleichzeitiger Veränderungen überforderte mich."

Margit (Unternehmensleitung): „Deshalb hatten wir ja ein entsprechendes Projektmanagement installiert. Es sollte sich um ausgewogenes Informations- und Kommunikationswesen über die gesamte Projektdauer hinweg bemühen."

Peter (Customer Service): „Ja, das stimmt. Trotzdem waren diese Erfahrungen für mich schwierig. Das Ganze ging mir einfach zu schnell. Ich war im Prozess drinnen und konnte nicht wie bei einem Video auf Zeitlupe schalten, um wieder durchzublicken. Ich wollte immer das Projekt anhalten, damit mehr zu sehen ist oder der derzeitige Zustand eingefroren wird, quasi ein Standbild entsteht."

Marion (Gadget Engineering): „Mir ging es auch so – wir vom Engineering wussten ja lange nicht, was der sogenannte Customer Knowledge Service für uns bedeutete. Aber durch das Aufhaltenwollen kam ich drauf, dass ich so nie an einen überschaubaren Punkt im Projektgeschehen ankomme. Ich musste also ‚gehen lassen‘ und zurückschauen gleichzeitig lernen."

Megan (Change Manager): „Tempo- und Effizienzfragen im Veränderungsprojekt sind nicht einfach zu beantworten. Es geht nun mal nicht, sich einen Videofilm gemeinsam anzusehen, und jeder stellt dann auf Zeitlupe, wo er oder sie gerade etwas mehr sehen will."

Richard (Customer Service): „Also ich finde das gar nicht schwer, man muss nur die Idee aufgeben, effizient sein zu müssen, wie überhaupt im ganzen Umgang mit Wissen. Effizient kann ich ohnehin nur sein, wenn ich ein Ziel habe, das ich möglichst rasch erreichen will oder muss. Vielleicht unterscheidet das Wissensarbeit von den sonstigen Tätigkeiten, vielleicht habe ich bei der Wissensarbeit noch keine Ziele, sondern suche sie erst."

Brian (Gadget Development): „Heißt das: ‚Der Weg ist das Ziel‘? Damit fängt ein Ingenieur gar nichts an, letztlich zählt für ihn das Ergebnis."

Richard (Customer Service): „Komisch. Mir geht es genau umgekehrt. Ich will den ganzen Videofilm sehen. Und wenn ich dann plötzlich den Nachspann sehe, kann ich ihn gar nicht verorten, weil ich nicht weiß, warum der Film hier zu Ende ist. Kann es sein, dass Wissensarbeit ein Kontinuum ist, dessen einziges Charakteristikum die Veränderung von uns und unseren Produkten ist?"

Brian (Gadget Development): „Aber dann zieht doch alles an dir vorbei, ohne dass du lernen kannst. Wir müssen spätestens nach einem Entwicklungsdurchlauf anhalten, und da braucht es etwas, das man anhalten kann, also z. B. eine Marktresonanz nach einer Gadget-Ersteinführung."

Peter (Customer Service): „Also anhalten können, ohne dass das Bild dann stehen bleibt, das ist es. Es ist nicht wie beim Video, der Prozess geht weiter, auch wenn er angehalten wird. Die Kunden nutzen ja die Gadgets, während wir ihre Reaktionen bearbeiten."

Volkmar (Unternehmensleitung): „Mich erinnert das an eine nervige Geschichte. Nehmen wir die gute alte Korrespondenz mittels Briefen. In gewissem Sinne ist das ein sehr langsamer Prozess oder Videofilm. In der Korrespondenz schrieben wir oft über verschiedene Themen, die inhaltlich zunächst nicht zusammenzugehören schienen, allerdings im jeweiligen Kontext Sinn ergaben, sei es, weil die gesellschaftliche Lage sich verändert oder der Geschäftspartner besondere Interessen hatte. Wir konnten innehalten, obwohl wir bei einem bestimmten Thema waren, indem wir nicht bei diesem Thema blieben. Eine zu rasche Beschleunigung des Prozesses, etwa durch E-Mails, nervt mich. Ich bekomme dann immer das Gefühl, verkürzt formulieren zu müssen. Noch schlimmer ist es bei eingehender Post. Ich habe immer das Gefühl, ich muss augenblicklich antworten und auch, allerdings umfassend, Antwort bekommen. Und was dann nicht drinnen steht, ist auch nicht wichtig. Ich glaube, wir vergeben uns mehr durch diese Verkürzung, als wir durch die Geschwindigkeit gewinnen. Ich denke, ich schreibe jetzt wieder einmal einen ganz langsamen Brief."

Erna (Customer Service): „Da haben wir eine klare Methode im Umgang mit Anfragen, mit denen wir unmittelbar nichts anfangen können. Wir beantworten sie nicht am selben Tag. Der Kunde erhält zwar eine Antwort, und zwar dass die Anfrage bei uns eingegangen ist, allerdings erhält er die Antwort erst, wenn wir den Gesamtzusammenhang dieser Anfrage für uns erschlossen haben. Dies kann auch dazu führen, dass wir zunächst nachfragen, um die Situation des Kunden kennenzulernen."

Jemand schlug die Klangschale, sodass der Stab in der Mitte liegen blieb. Die Zeit konnten die Teilnehmer zur Reflexion nutzen.

Peter (Customer Service): „Ist es aber nicht auch oft so, dass, wenn es uns zu schnell geht, einem Anliegen nicht genügend Zeit gewidmet werden kann. Nehmen wir beispielsweise das Thema Higher Level Support. Wenn wir eine neue Gadget-Generation einführen, dann bleibt oft offen, wie wir mit den technischen Kundenfragen umgehen. Sollten wir nicht generell auch bei guten Produktentwicklungen entsprechende Schulungen bedenken, damit wir nicht am Ende eines Entwicklungszyklus jedes Mal das Thema haben, wer wann welchen Support anbietet?"

Ernesto (Unternehmensleitung): „Hier ist offensichtlich der Weg nicht das Ziel."

Megan (Change Manager): „Dies könnte ein weiteres Veränderungsprojekt werden, die Abstimmung der Produktentwicklung mit dem Support Level für Kunden. Derzeit schreibt das Engineering ja die Skripte für den technischen Support."

Brian (Gadget Development): „Auch im Higher Level Customer Support dauert das immer so lange, bis die Leute zum Punkt kommen. Da verbraten wir wertvolle Entwicklungszeit. Das müssen wir gut ob unserer knappen Ressourcen abstimmen."

Megan (Change Manager): „Das nehme ich gerne als Projektanforderung mit."

Erna (Customer Service): „Die Leute rufen ja nicht einfach so an, weil ihnen fad ist. Ich fahre ja auch nicht mit dem Auto um des Fahrens willen, sondern weil ich irgendwo hin muss oder will. Unser Ziel muss ja sein, auch mit dem Wissen effektiv und effizient umgehen zu lernen. Also dort, wo es entsteht, es zeitgleich abzuholen, und dort, wo es gebraucht wird, es zeitgerecht hinzubekommen."

Ernesto (Unternehmensleitung): „Das höre ich als CFO [Chief Financial Officer] besonders gerne. Ich vermute hier noch großes Potenzial."

Megan (Change Manager): „Es allen und allem recht getan, ist eine Kunst, die keiner kann. Dieser Herausforderung, wie du, Erna, sie ansprichst, haben wir uns erst begonnen zu stellen. In Wirklichkeit brauchen wir neben unseren operativen Geschäftsprozessen auch Prozessfestlegungen zum Umgang mit dem Wissen, insbesondere über die operativen Geschäftsprozesse. Vielleicht hilft uns ja da dieser Dialog weiter?"

Peter (Customer Service): „Solange im Dialog alle Beteiligten sich so äußern, dass sie genau das sagen, was sie eigentlich sagen möchten, und nicht das, was andere gerne hören möchten, können wir uns in diese Richtung entwickeln. Beim Customer Knowledge Management müssen wir Customer Service viel umfassender als bisher behandeln. Auch wenn es spezifisch um die Kundenbeziehungen geht, glaube ich, dass es grundlegende Aspekte gibt, die allgemein für den Umgang mit unserem Wissen relevant sind und die wir nur in der Gruppe in einer solchen Form besprechen können. Viele Aspekte haben nichts mit dem Anwendungsgebiet selbst zu tun, sondern viel mehr mit unserer Grundeinstellung zur Wissensteilung."

Marion (Gadget Engineering) unterbricht Peter: „Willst du etwa damit sagen, dass wir nicht gerne unser Wissen weitergeben?"

Der Facilitator schlägt die Klangschale und verweist auf den Merksatz „Wer spricht, darf nicht unterbrochen werden" an der Pinnwand.

Peter (Customer Service) setzt nach Ausklingen der Klangschale fort: „Mir ging es auch so und geht es heute noch so: Oft erfahren wir Wichtiges, und manchmal denke ich, das solltest du notieren und weitergeben, aber dann ist keine Zeit oder ich vergesse einfach im Tagesgeschäft darauf, es zu tun. Ist ja auch kein Wunder bei den zig Anfragen, die wir bekommen. Ich denke aber dennoch, dass das Streben nach Erledigung der Anfragen mit der Haltung zur Wissensweitergabe im Widerspruch steht. Nicht so sehr ist das Fragen nach Information das Problem, sondern das Informieren. Vielleicht müssen wir auch einfach das Fragen nicht nur im Anlassfall, sondern grundsätzlich etablieren."

Brian (Gadget Development): „Bitte nicht, in den Besprechungen wird schon jetzt alles zerredet. Ich werde mir keine Zeit nehmen, Fragen zu stellen, um auf Vorrat Information zu produzieren, die ohnehin nicht mehr aktuell ist, wenn sie gebraucht wird. Davon haben wir alle nichts, schon gar nicht unsere Kunden."

Megan (Change Manager): „Da gibt es schon Formate, die es erlauben, grundsätzliche Themen anzusprechen. Etwa den Dialog, den wir eben führen. Ein möglicher Sinn des Dialogs ist es, keine Themen vorzugeben, sondern sie im Dialog zu finden. Die Gesprächskultur dabei hilft, das Gespräch so zu gestalten, dass die Beteiligten fundamentale Grundthemen auch wirklich erkennen können. Wir geben zunächst kein Thema vor. Wenn wir der Gruppe vertrauen, können wir auch darauf vertrauen, dass der Dialog fortgesetzt wird."

Der Facilitator stand auf: „Unser Dialog führt uns weit über den Alltag hinaus und erlaubt uns, ,dahinter' zu blicken. Dies mag nicht immer einfach und konfliktfrei möglich sein, aber es erlaubt auch, Lösungsmöglichkeiten zu erkennen, die nicht unmittelbar im Tagesgeschehen in unser Bewusstsein treten."

Nun schlug er eine Check-out-Runde vor.

 ### Abschluss/Check-out/Closing

Marion (Gadget Engineering) begann: „Also, ich fange einfach an. Ich bin ziemlich gespalten. Es ist überhaupt nicht so gelaufen, wie ich es mir vorgestellt oder erhofft habe. Ich habe heute viel gelernt, ich glaube auch über Veränderung, obwohl das für mich alles andere als ein friedlicher Austausch war, nicht das jedenfalls, was ich mir darunter vorstelle. Ich sehe noch nicht recht, wie wir langfristig mit Veränderung umgehen können. Wir werden noch weitere Anläufe nehmen müssen und ich frage mich, ob wir dazu motiviert sein werden. Ich habe mir dies viel einfacher vorgestellt."

Peter (Customer Service): „Mir ist aufgefallen, dass wir auf der einen Seite einen Prozess brauchen und auf der anderen Punkte zum Innehalten. Ich glaube, ich bin zu einem nächsten Gespräch bereit."

Brian (Gadget Development): „Ich habe den Eindruck, ich habe jetzt das Grundprinzip von Veränderungsprozessen verstanden. Vielleicht wäre es sinnvoll, wenn wir uns besser vorbereiten, damit wir niemanden verlieren und langweilen."

Megan (Change Manager): „Ich bin positiv überrascht, weil ich etwas völlig anderes erwartet hatte. Und jetzt denke ich, dass es eine konstruktive Sitzung darüber war, wie in Zukunft Veränderungsprozesse gestaltet werden könnten. Ich dachte, mir sei klar, wie zukünftige Prozesse dieser Art aussehen, aber wir haben entdeckt, dass es den expliziten Wissensanteil an operativen und verantwortlichen Tätigkeiten zu entdecken gilt. Ich bin sehr gespannt, ob dies dialogisch oder mit klassischen Workshops weiterbearbeitet wird?"

Ernesto: „Mir ist es ähnlich ergangen. Ich war eigentlich gekommen, um zu sehen, wie Potenzial bei uns gehoben werden könnte. Ich denke, wir haben noch viel Arbeit vor uns, wenn wir aus Wissensarbeit gängige Praxis machen wollen. Ich komme aber gerne wieder und hoffe, dass ich etwas beitragen kann. Ich bin zwar ‚positiv' enttäuscht, habe aber gesehen, dass dieser Dialog nur der Anfang ständiger Bewegung ist."

Erna (Customer Service): „Mich haben diese (wenigen) Regeln des Dialogs in Beschlag genommen. Ich bin durcheinandergekommen, und zwar mit meinen Gedanken, da zu viele Dinge andiskutiert, aber nicht ausdiskutiert wurden. Können wir nicht ein Thema zu Ende diskutieren? Dann würde ich mir viel leichter tun!"

Volkmar (Unternehmensleitung): „Mir hat es sehr gut gefallen. Wenn wir wieder so etwas machen, würde ich sehr gerne wieder kommen."

Richard (Customer Service): „Ich wäre auch gerne wieder dabei."

Der Facilitator schloss die Runde mit den Worten: „Ich habe den Dialog etwas zwiespältig erlebt. Dies hat vielleicht auch damit zu tun, dass diese Form der Auseinandersetzung für die meisten neu war. Es braucht Übung, dialogisch zu sprechen, vor allem weil wir aus unserer Alltagswelt der Diskussionen kommen. Ich möchte euch jedenfalls herzlich danken dafür, dass ihr die Einladung angenommen habt, gekommen seid und bislang durchgehalten habt."

Dann verabschiedete sich die Runde zu einem gemeinsamen Essen.

Auswertung

Megan (Change Manager) legte eine Liste mit Anforderungen und Anregungen zu weiterem Vorgehen zur Entwicklung der Organisation an, die in zukünftigen Planungsmeetings als Grundlage genutzt wurde. Die anderen Teilnehmenden fertigten sich Notizen an, die sie in weiterer Folge im Rahmen ihrer Tätigkeiten nutzten. Weitere Auswertungen erfolgten nicht explizit, es war die Teilnahme, welche zum Nachdenken angeregt hatte und in weiterer Folge den gegenseitigen Umgang der Personen beeinflussen konnte.

Analyse

Die Teilnehmenden analysierten den Dialog im Rahmen der Abschlussrunde, also durch die Reflexion während des Dialogs selbst. Da auch methodisch Stellungnahmen abgegeben wurden, wurde nach dem Abschluss des Dialogs keine weitere Methode des Wissensmanagements genutzt, um den Dialog zu analysieren.

■ 11.6 Potenzial und Grenzen

Bild 11.4 enthält zusammenfassend einige Erfahrungssplitter aus Praxiserfahrungen mit dem Dialog im Kontext von Wissensmanagement.

Nun verstehe ich die unterschiedlichen Zugänge zum Thema.

Der Dialog hat mir geholfen, mir selbst klar zu werden, wie ich das Thema angehe – dank der Reflexion meiner Aussagen durch die anderen Teilnehmer.

Ich habe mich nicht oft zu Wort gemeldet – bin schon erschöpft vom Zuhören.

Hoffentlich müssen wir dies nicht strukturiert dokumentieren – die Methode lebt ja von ihrem Ablauf. Alle sollten nun wissen, wie es im Projekt weitergeht.

Endlich konnten alle zu Wort kommen!

Bild 11.4 Reaktionen der Praxis zum Bohmschen Dialog

Durch den Dialog werden sowohl die eigenen Denkvorgänge als auch die der anderen Teilnehmer dargelegt. Ein kollektiver Ablauf der Denkprozesse findet statt und neue Denk- oder Handlungsweisen können gebildet werden.

Der Dialog zeigt den Teilnehmern die Verbindung zwischen den Teilen auf, durch gemeinsames Erkunden und Offenlegung von Ursachen werden Zusammenhänge klarer und Lernen kann stattfinden. Die gegenseitige Akzeptanz, die im Dialog sichergestellt werden muss, wirkt sich in der Kommunikation im gesamten Unternehmen nachhaltig positiv aus, und eine neue Lernkultur kann entstehen. Mit dem Dialog wird eine gemeinsame Bedeutung über das Gesprächsthema geschaffen, anstatt sich wie in der Diskussion auf eine gültige Bedeutung einigen zu müssen.

Je länger sich eine Gruppe mit dem Dialog beschäftigt und je öfter sie ihn durchführt, desto tiefgreifender und offener werden die Themen, und das Vertrauen in die Gemeinschaft steigt. Da es *„keinen Anführer, kein Thema und auch ‚nichts zu tun' gibt"* (Bohm 1996, S. 35), ist die Methode eher ungewöhnlich und erfordert ein hohes Maß an Aufgeschlossenheit und Akzeptanz bei den Interessierten.

Ein Dialog ist nicht planbar und zielt auf kein Ergebnis ab. Durch die unterschiedlichen Perspektiven kann es auch zu Irritationen kommen. Die Infragestellung eigener Wahrheiten führt häufig zu Verunsicherungen. Aber Voraussetzung für den Dialog ist, die eigenen Positionen nicht als festes unveränderbares und vor allem „richtiges" Gefüge zu betrachten, sondern auch andere Positionen als berechtigt anzuerkennen, andere Einstellungen zuzulassen und eigene Einstellungen neu zu ordnen (Peuker 2004).

Die im Alltag ungewohnte Gesprächsform des Dialogs muss erst erlernt werden, dies benötigt Zeit. Damit sich das dialogische Prinzip entwickeln kann und wirkliche Dialoge geführt werden können, empfiehlt Bohm, dass Dialoggruppen mindestens ein bis zwei Jahre miteinander arbeiten sollten.

Bei der Durchführung des Dialogs sollte man sich darüber im Klaren sein, dass sich dadurch Machtverhältnisse und Autoritäten ändern können, da hier hierarchie- und abteilungsübergreifend kommuniziert werden kann. Tabuthemen könnten an die Oberfläche geraten, Barrieren und Informationshindernisse abgebaut werden, wodurch auch Macht ab- und Verantwortung weitergegeben wird. Je nach Ziel des Dialogs und im Unternehmen vorherrschender Unternehmenskultur kann dies als Vor- oder Nachteil gesehen werden.

Jeder Mensch hat eine andere Persönlichkeit. So gibt es Menschen, die gerne tonangebend sind und sich nur „dominierend" wohlfühlen können, andere wiederum sind eher zurückhaltend und schüchtern. Da der Dialog nicht moderiert wird, besteht die Gefahr, dass eher zurückhaltende Menschen zu wenig zu Wort kommen könnten.

Das im Dialog benützte Redeobjekt und die Klangschale werden oft mit zahlreichen Themen wie Kirche, Esoterik und Spielkreisen in Verbindung gebracht, und diese Assoziationen sind nicht immer positiv besetzt. Je nach Gruppe könnten daher Unbehagen und Widerstand entstehen. Gleichzeitig bietet jedoch gerade der Dialog eine gute Möglichkeit, auch diese Assoziationen zu hinterfragen.

Literatur

Bohm, D. (1996): *On Dialogue.* New York: Routledge

Bohm, D. (2008): *Der Dialog: Das offene Gespräch am Ende der Diskussionen* (5. Auflage). Stuttgart: Klett-Cotta

Bohm, D.; Factor, D.; Garrett P. (1991): „Dialog – Ein Vorschlag". Deutsche Übersetzung von „Dialogue – A Proposal" von Hanna Mandl. *http://thinkg.net/david_bohm/bohm_dialog_vorschlag.html.* Zugriff am 10.04.2012

Buber, M. (2002): *Das dialogische Prinzip.* Gerlingen: Gütersloher Verlagshaus

Ellinor, L.; Gerard, G. (1998): *Dialogue: Rediscover the Transforming Power of Conversation.* New York: John Wiley

Ehmer, S. (2004): *Dialog in Organisationen*. Kassel: kassel university press

Hartkemeyer, M.; Hartkemeyer, J.F.; Freeman, D. (2006): *Miteinander denken: Das Geheimnis des Dialogs*. Stuttgart: Klett-Cotta

Isaacs, W. (1999): *Dialogue and the Art of Thinking Together: A Pioneering Approach to Communicating in Business and in Life*. New York: Random House

Peuker, S. (2004): „Dialog in der Kommunikation von Wissen: Ein Erfahrungsbericht". *http://www.dialogprojekt.de/links.php*. Zugriff am 02.05.2009

ANHANG

In der Folge werden Hinweise für die Interviewführung im Kontext der Erhebung von Wissen sowie Anleitungen für das Arbeiten im Team entwickelt, welche unabhängig von den vorgestellten Methoden Wissensmanagementaktivitäten unterstützen.

▪ A.1 Interviews

Im Rahmen der Erhebung von Wissen werden überwiegend Interviewtechniken eingesetzt. Diese erfordern einige grundlegende Kenntnisse zur Interviewführung, die wir in der Folge zusammengefasst haben.

Wissensträger, unsere Interviewpartner bei der Erhebung von Wissen, sind Personen, die sich durch eine besondere Nähe zu den jeweiligen Inhalten des Wissensmanagementprojekts, beispielsweise durch Expertise im Umgang mit Material, auszeichnen. Die Erhebung dient nicht nur der Explizierung von Inhalten, sondern auch deren kontextsensitiver Erschließung, und hängt damit ursächlich mit der befragten Person zusammen.

Grundsätzlich verläuft ein Interview in drei Phasen: Vorbereitung, Durchführung und Nachbereitung. Diese werden in der Folge erläutert.

A.1.1 Vorbereitung

Die Vorbereitung dient der geplanten und störungsfreien Durchführung eines Interviews.

Es empfiehlt sich daher seitens des Interviewers, sich über die zu befragende Person und Thematik, welche im Interview angesprochen wird, zu informieren.

Die *Fragen*, die sich Interviewer in dieser Phase daher stellen sollten, sind:

- Welchen Bezug habe ich in meiner Rolle als Interviewer zum Thema und der Person?

- Kenne ich die Hintergründe des Wissensmanagementvorhabens?
- Welche Rolle spielt die zu interviewende Person in diesem Vorhaben?
- Welche Information gibt es über die zu interviewende Person?
- Gibt es zentrale Fragestellungen aufgrund des Wissensmanagementvorhabens, welche jedenfalls im Interview anzusprechen sind?
- In welcher Form kann ich die Fragen stellen?
- Kann ich anhand möglicher Antworten so etwas wie einen „roten Faden" in das Gespräch bringen?
- Gibt es, entsprechend dem Wissen über das Vorhaben und die zu interviewende Person, einen inhaltlich effektiven und sozial angenehmen Einstig in die Befragung, etwa durch Bezug zu einem aktuellen Anlass oder durch eine Rolle der zu interviewenden Person?
- Wie gestalte ich Fragen, um möglichst reichhaltige Antworten seitens der interviewten Person zu erhalten?
- Gibt es besondere Bedingungen, unter denen das Interview zu führen ist, die gegebenenfalls zu Beschränkungen in der Zeit oder bezüglich Inhalten führen (können)?
- Beginnen die offenen Fragen alle mit W? (Wer? Wo? Was? Wann? Wie? Warum? Woher?)
- Gibt es Fragen, die emotionale Antworten oder kritische Situationen verursachen könnten, die eher am Schluss gestellt werden sollten?
- In welcher Form organisiere ich die Unterlagen oder Materialien für die Erhebung?
- Wie kann ich das Interview möglichst störungsfrei und in entspannter Atmosphäre führen (Raum, Zeit, Ort)?
- Ist es möglich, das Gespräch direkt aufzuzeichnen, oder sind die Inhalte im Nachhinein zu dokumentieren?
- Was kann ich tun, wenn Störungen auftreten und beispielsweise das Interview unvorhergesehen abgebrochen wird?

Die Liste an Fragen zeigt, dass bei der Planung die Umgebungsbedingungen sowie Inhaltsbezüge zu berücksichtigen sind. Bezüglich des Ablaufs eines Interviews sind Vorbereitungen für drei Abschnitte zu treffen:

1. *Einstieg:* Die Eröffnung soll einen Ausgangspunkt schaffen, der die gemeinsame Basis für den Verlauf des Interviews darstellt. Er sollte Fragen zum Wissensmanagementvorhaben und dessen Zielsetzungen enthalten, um den gemeinsamen Kontext für die Befragung sicherzustellen. Werden darüber persönliche Fragen an die interviewte Person gerichtet, kann zusätzlich Kontextwissen generiert werden, welches die Interpretation der Antworten erleichtern kann.

2. *Inhaltliche Erhebung:* In dieser Phase sollten die zu beantwortenden Fragen im Zusammenhang mit dem Wissensmanagementvorhaben seitens des Interviewers gestellt werden. Am einfachsten ist es, einen roten Faden zu entwerfen, welcher der Gedankenstruktur der interviewten Person am nächsten kommt. Es hilft, dass der Interviewer versucht, sich in das mentale Modell der zu interviewenden

Person hineinzuversetzen, ohne die Zielsetzung der Erhebung außer Acht zu lassen.

3. *Abschluss:* Am Ende eines Interviews sollten Fragen nach Ergänzungen zum Gesagten, nach bisher nicht angesprochener Information zu dem Wissensmanagementvorhaben oder/und zum Verlauf des Interviews stehen.

Am Ende der Vorbereitung stehen die Terminvereinbarung mit der zu interviewenden Person sowie die Bereitstellung sämtlicher Materialien und Infrastruktur.

Sollten Unklarheiten oder Unsicherheiten auftreten, empfiehlt es sich, das Interview vorab mit Testpersonen durchzuführen und gegebenenfalls Anpassungen der Fragen und Umgebungsparameter vorzunehmen.

A.1.2 Durchführung

Die Durchführung eines Interviews sollte anhand der im letzten Abschnitt erläuterten Phasen Einstieg, inhaltliche Erhebung und Abschluss erfolgen. Der Ablauf des Interviews sollte unmittelbar dokumentiert werden. Es empfehlen sich Ton- und Videoaufzeichnungen, um bei der Nachbereitung und Interpretation der Inhalte auf die Rohdaten der Erhebung zurückgreifen zu können.

Ist es möglich, das Interview aufzuzeichnen, ist das diesbezügliche Einverständnis der interviewten Person einzuholen. Ist eine Aufzeichnung nicht möglich, so empfiehlt es sich für den Interviewer, möglichst viel mitzunotieren bzw. mitnotieren zu lassen, um nicht später den Gesprächsverlauf komplett aus dem Gedächtnis reproduzieren zu müssen. Die manuelle Aufzeichnung von Daten sollte allerdings den Fluss des Gesprächs nicht beeinflussen.

Die Verwendung der vorbereiteten Unterlagen sollte nicht aufgesetzt wirken. Verläuft das Gespräch nicht entsprechend dem antizipierten Ablauf, sind vorbereitete Fragen entsprechend dem Gesprächsverlauf zu adaptieren und gegebenenfalls an das mentale Modell der befragten Person anzupassen. Dem Verlauf des Gesprächs ist zugunsten der zu erwartenden Reichhaltigkeit an Information und entspannten Atmosphäre der Vorzug gegenüber der vorbereiteten Sequenz an Fragen zu geben.

Es sollte kein Zeitdruck beim Interview herrschen. Zeitdruck, auch unmittelbar vor Beginn des Interviews, kann zu Anspannungen führen, welche auf Kosten der Inhalte im Interview gehen können. Eine ruhige und entspannte Atmosphäre begünstigt vor allem die Bewältigung bzw. Auflösung komplexer Situationen.

Der Interviewer sollte Geduld beweisen, wenn Antworten nicht unmittelbar bzw. scheinbar zu allgemein, zu detailliert oder im Gegensatz dazu ausufernd erfolgen. Es empfiehlt sich in manchen Fällen sogar zur Präzisierung und Klarstellung, Fragen anders oder neu zu formulieren. Auch können Details oft erst nach Abarbeitung mehrerer Fragen im Kontext anderer Antworten als verständnisbildend oder wichtig erkannt werden. Daher sollte sowohl Fragen als auch Antworten ausreichend Raum im Gespräch gewidmet werden. Nacherhebungen zur Detaillierung haben den Nachteil, den Kontext der (bereits stattgefundenen) Erhebungssituation erneut vergegenwärtigen zu müssen. Dies ist zumeist aufwendig und kann bei der Interpretation im Rahmen der neuerlichen Nacherhebung zu weiteren Fragen führen.

Verläuft das Gespräch zäh und gestaltet es sich schwierig, Antworten zu bekommen, sollte der Interviewer versuchen, den Verlauf aufzulockern. Hier empfehlen sich Anekdoten oder Geschichten, die im Kontext des Themas oder des Interviewverlaufs Relevanz besitzen. Auch Nachfragen zu persönlichen Erlebnissen oder dem individuellen Zugang zum Thema können die Bereitschaft zur Auskunft erhöhen bzw. besseren Einblick in das mentale Modell der interviewten Person mit sich bringen.

Wurde eine Frage als problematisch seitens des Interviewten wahrgenommen, empfiehlt es sich, andere Fragen, vor allem jene, welche als unproblematisch eingeschätzt werden, vorzuziehen. Hierbei sollte die Wahrnehmung des Interviewten den Ausschlag geben, ob bzw. wann eine Frage als problematisch im Sinne persönlicher Belastung oder überfordernd eingeschätzt wird. Problematische Fragen führen zu Anspannungen, welche den weiteren Verlauf des Gesprächs, insbesondere die Auskunftsbereitschaft der interviewten Person, negativ beeinflussen können.

In der Folge findet sich exemplarisch die Durchführung eines fiktiven Interviews mit einem Experten zu Praxisgemeinschaften im Innovationsmanagement (Communities of Innovation), das im Rahmen eines Wissensmanagementprojekts einer Organisation geführt werden könnte. Der jeweiligen Frage des Interviewers folgt die Antwort des Experten:

Interviewer: Wie Sie wissen, wird im gegenständlichen Projekt angedacht, Communities of Practice, also Praxisgemeinschaften im Innovationsmanagement einzurichten.

Experte: Ja, dies ist mir seitens der Projektleitung bereits mitgeteilt worden. Ich habe mir auch die Projektunterlagen dazu angesehen.

Interviewer: Gibt es von Ihrer Seite dazu noch Klärungsbedarf?

Experte: Ich denke nicht. So weit war alles verständlich für mich. Sollten Unklarheiten auftreten, werde ich mir erlauben, während des Gesprächs nachzufragen.

Interviewer: Vielen Dank, dann schlage ich vor, gleich mit den inhaltlichen Fragen zu beginnen.

Experte: Einverstanden.

Interviewer: Wie lange haben Sie schon Erfahrung mit sozialen Wissensentwicklungsprozessen?

Experte: Mehrere Jahre, vor allem mit Praxisgemeinschaften. Sie zeichnen sich ja dadurch aus, dass die sozialen Rollen in der jeweiligen Gruppe wechseln können, und zwar entsprechend dem Verlauf der Gruppenarbeit.

Interviewer: Praxisgemeinschaften werden aber jedenfalls unabhängig von der Aufbauorganisation eingerichtet, oder?

Experte: Ja, dies schon, das entspricht einem klassischen Projektvorgehen. Die dynamischen Rollenveränderungen allerdings nicht. So sollte ein Projektleiter oder ein Verantwortlicher für ein bestimmtes Arbeitspaket nicht während des Projekts wechseln, außer in unvorhergesehenen Fällen. Von Letzteren lebt allerdings die Praxisgemeinschaft und braucht dementsprechend ein flexibles Rollenschema.

Interviewer: Wie meinen Sie das?

Experte: Na ja, ich vergleiche Praxisgemeinschaften mit einer Pilgerwanderung für alle Mitglieder. Viele bleiben auf der Strecke und kommen nie an, für andere sind sie der Durchbruch bei der Bewältigung zur Konkretisierung von Ideen, Anliegen oder Lösung von Problemen.

Interviewer: Wie kommen Sie zu diesem Vergleich? Oder konkret gefragt: Warum sollte sich jemand auf eine Pilgerreise machen?

Experte: Letztendlich steht in allen Werken, die sich mit Praxisgemeinschaften auseinandersetzen, und das zeigt auch unsere Erfahrung, dass es neben einer Neugierde auch der Fähigkeit als Mitglied einer Community of Innovation bedarf, sich auf Neues, Unerwartetes einzulassen. Die meisten Personen wollen einmal etwas Besonderes machen, wobei die Idee zur Praxisgemeinschaft zumeist in bilateralen Gesprächen mit Kollegen oder Branchenkontakten entsteht.

Interviewer: Braucht es diese Einstellung?

Experte: Ich denke schon.

Interviewer: Belastet dies nicht gleichzeitig?

Experte: Unter den Personen, mit denen wir gearbeitet haben, war keiner, der mit dieser Einstellung Probleme hatte. Im Gegenteil, sie empfanden sich mit den anderen Mitgliedern der Praxisgemeinschaft auf gewisse Weise verbunden und sahen diese eher als Helfer, trotz unterschiedlicher Hintergründe und Erfahrungen, einen gemeinsamen Weg zu gehen.

Interviewer: Wie wird die Arbeit einer Praxisgemeinschaft im Rahmen von Innovationsmanagement dokumentiert?

Experte: Die Arbeit wird in der Form dokumentiert, welche die Gruppe als sinnvoll erachtet. Wichtig ist oft, Inhalte vorzeigbar zu gestalten. Zunächst sollte sicher das Rohmaterial möglichst getreu dem Entstehungsprozess dokumentiert werden, um den Entstehungsprozess besser verstehen zu lernen. Wir wissen relativ wenig, wie kreative Prozesse entstehen, ablaufen und schließlich unterstützt werden können. Oft sehen wir erst am Ergebnis das für die Innovation wesentliche Zusammenspiel von Prozesselementen.

Interviewer: Wie veröffentlichen Praxisgemeinschaften ihre Ergebnisse?

Experte: Die Ergebnisse werden im Wesentlichen nur jenen Personen oder Organisationseinheiten präsentiert, die Bezug zu den jeweiligen Inhalten besitzen. Wird weiteres Interesse an den Ergebnissen gezeigt, kommt es manchmal zu organisationsweiten oder gar öffentlichen Veranstaltungen.

Interviewer: Wie lange dauerte eine Pilgerwanderung dieser Art?

Experte: Im Schnitt acht bis zwölf Monate.

Interviewer: Was kommt tatsächlich dabei heraus?

Experte: Nun, dies ist ganz unterschiedlich und hängt von den Inhalten sowie beteiligten Personen ab. Eine Praxisgemeinschaft löst sich auf, sobald ein Problem klar beschrieben werden konnte, andere wiederum lösen die Probleme und treten mit Lösungsvorschlägen an die Unternehmensleitung heran. Dritte wieder bilden Arbeitsgruppen, die im Sinne von Teilprojekten unmittelbar Lösungen erarbeiten.

Interviewer: Ist das Pilgern sehr anstrengend?

Experte: Es ist für die meisten ungewohnt, unter Umständen ständig Rotationen in der Gruppe miterleben zu müssen. Bereits eingeschlagene Wege können nicht mehr gegangen werden, es ist ein ständiges Bergauf und Bergab. Dies machen Praxisgemeinschaften dynamisch und mitunter anstrengend. Dazu kommen die klassischen Gruppenprozessphasen (Forming, Storming etc.). Diese erschweren oft das Vorankommen. Viele Mitglieder scheiden aufgrund der hohen Gruppendynamik aus.

Interviewer: Welche Abschnitte sind konstruktiv und welche weniger?

Experte: Konstruktiv ist eher von der Witterung bei der Pilgerfahrt, also vom sozialen Gefüge, als vom Gelände, den Inhalten, abhängig. Bei gutem Wetter (= guter Stimmung) sind auch landschaftlich eher langweilige Abschnitte (= Inhalte) interessanter als Bergtouren bei Schnee und Regen. Insgesamt hat jedoch jede Landschaft (= Phase) einen besonderen Reiz.

Interviewer: Welche würden Sie als die erfolgreichste Praxisgemeinschaft bezeichnen?

Experte: Beeindruckend waren für mich sich logisch einander ergänzende Inhalte, welche einen vielfältigen Zugang zu Innovationen und trotzdem ein zusammengehöriges Ganzes widerspiegelten. Also Kathedralen entlang der Pilgerwanderung, beispielsweise Produktinnovationen, welche sowohl Kundennutzen als auch ökologischen Fortschritt bedeuteten. Vom Prozess reizvoll waren Verlängerungen des Weges, vor allem wenn wir glaubten, anzustehen, wir nannten es „Ende der Welt“. Wir schritten neue Pfade ab, welche uns zu einem bereits bekannten Ausgangspunkt brachten, der allerdings dann nicht mehr das Ende des Weitergehens bedeutete.

Interviewer: Würden Sie an diesen erfolgreichen Praxisgemeinschaften wieder in dieser Form teilnehmen oder die Wanderung anders gestalten?

Experte: Für mich war jeder dieser Wege etwas Einmaliges. Ich würde niemals einen Weg zweimal nehmen, selbst wenn ich das gleiche Ziel erreichen soll. Ich würde immer auf einem anderen Weg das Ziel erreichen wollen. Die Wiederholung eines Weges mag uns vielleicht enttäuschen, auch wenn sie insgesamt die Verlängerung eines Innovationszyklus bedeutet.

Interviewer: Vielen Dank für das Gespräch.

Diese Durchführung zeigt einen gelungenen Verlauf entlang der Phasen Einstieg, Erhebung und Abschluss. Der Interviewte benutzt eine Metapher, die der Interviewer aufnimmt, und die gleichzeitig den „roten Faden“ ermöglicht. Damit bleibt der Fluss der Inhalte gewahrt und erlaubt dennoch, die wesentlichen Inhalte zu Praxisgemeinschaften im Innovationsmanagement anzusprechen.

A.1.3 Nachbereitung

Die Nachbereitung dient dem Abschluss der Erhebung. Sie orientiert sich an der vorgesehenen Weiterverarbeitung der Interviewdaten und kann methodisch vorgegeben sein.

Werden Interviews verschriftlicht, ist darauf zu achten, dass gegebenenfalls Sätze komplettiert werden (mit Sonderzeichen markiert, um die Ergänzungen unterscheiden zu können) und die Antworten in Schriftsprache gehalten sind. Fragen und Antworten sollten möglichst sinngetreu wiedergegeben werden. Nach der Verschriftlichung sollten die entstandenen Texte den Interviewpartnern zum Gegenlesen vorgelegt und deren Anmerkungen anschließend eingearbeitet werden.

Auswertungen von Interviews orientieren sich sowohl an strukturellen als auch inhaltlichen Fragen. In der Folge zeigen wir beispielhaft eine Auswertung. Die beiden ersten Fragen beziehen sich auf das Interview (Struktur), die weiteren auf die Inhalte. Die (fiktiven) Antworten werden entsprechend der oben angeführten exemplarischen Durchführung gegeben.

Ist das Interview gelungen?

Das Interview ist geglückt. Ein roter Faden konnte gefunden werden. Das mentale Bild, die Metapher der Pilgerwanderung, konnte bis zum Ende durchgehalten werden.

Wurden alle inhaltlich wesentlichen Fragen berücksichtigt?

Ja, es konnte erhoben werden, wie Praxisgemeinschaften funktionieren und welche Relevanz sie für Innovationen besitzen können.

Wie funktionieren Praxisgemeinschaften im Kontext von Innovationsmanagement?

Sie sind wie Pilgerwanderungen, getrieben von der Motivation, Neues zu erforschen und Erkenntnisse in einer Gruppe zu elaborieren.

Welche Dimensionen spielen eine Rolle?

Die Orthogonalität zur Aufbau- oder Projektorganisation sowie die soziale Dynamik, die sich durch einen Rollenwechsel von Gruppenmitgliedern auszeichnet, bestimmen das Geschehen in einer Praxisgemeinschaft.

Was ist zu beachten?

Beiden Dimensionen gerecht zu werden.

Sollen nun Praxisgemeinschaften im Rahmen von Innovationsmanagement eingerichtet werden?

Ja, sobald sich eine Gruppe von Personen findet, die eine entsprechende Praxisgemeinschaft ins Leben ruft und den Gruppenprozess treibt, unabhängig, wer welche Rolle in der Gruppe einnimmt.

Die letzte Frage ist aus den einzelnen Antworten abgeleitet. Ihr Inhalt sollte schlüssig aus den Antworten nachvollzogen werden können.

■ A.2 Arbeiten in Teams

Teamarbeit zeichnet sich durch adäquate Teambildung und Moderation von Zusammenkünften (Briefings, Sitzungen etc.) aus. Beide werden in der Folge handlungsorientiert
erläutert.

A.2.1 Teambildung

Im Rahmen von Wissensmanagementprojekten und -aktivitäten sind soziale Strukturen
ein wesentlicher Erfolgsfaktor. Dazu zählen auch Teams und ihre Wirkkreise, sei es im
Rahmen von Praxisgemeinschaften oder Projektvorhaben. Zur Teamauswahl und -zusam-
mensetzung gilt es im Rahmen der Teambildung, mehrere Faktoren zu berücksichtigen:

- fachliche Fähigkeiten,
- Methodenkompetenz,
- Erfahrungsschatz im Umgang mit Methoden und fachlichen Inhalten,
- soziale Kompetenz.

Teammitglieder sollten möglichst ausgeglichen über die vier angesprochenen Fähigkeiten und Eigenschaften verfügen. Die Bildung von Teams stellt einen Auswahlprozess
dar, der zum einen Personen als Kandidaten zur Mitarbeit qualifiziert und zum anderen
die Auswahl von Personen als Teammitgliedern unterstützt.

Dabei bestimmt die Aufgabenstellung des Vorhabens die jeweiligen fachlichen und
methodischen Anforderungen. Bei der Identifikation von Kandidaten werden Merkmale
aller vier Dimensionen in ihren Abhängigkeiten zum Erfahrungsschatz berücksichtigt.
Bei der Auswahl werden die Eigenschaften der jeweiligen Kandidaten entsprechend den
Ausprägungen und (minimalen) Anforderungskriterien miteinander verglichen.

Idealerweise enthält ein Team zwischen drei und neun Personen. Das Leistungsvermö-
gen einer Gruppe ist bei einer Anzahl von vier Personen zumeist am größten. Diese
Größe erlaubt zum einen individuelle Kreativität und zum anderen die erforderliche
Strukturiertheit für das Kollektiv. Ist die Gruppe größer, ist seitens des Verantwortlichen auf die Ausgewogenheit der beiden Parameter zu achten. Ein Zuwenig an Kreativität lässt unter Umständen lösungsrelevante Ideen nicht durchkommen, ein Zuviel an
Kreativität erfordert zumeist, strukturierend in den Prozess eingreifen zu müssen.

1. Schritt: Anforderungsprofile erstellen

Um die geeigneten Teammitglieder auszuwählen, sind seitens des Teamverantwortlichen zunächst entsprechende Anforderungsprofile zu erstellen. Diese Profile leiten sich
aus den Aufgaben des Vorhabens (fachliche Faktoren) und aus allgemeinen Anforderungen (soziale Faktoren) ab. Für jede erforderliche Rolle im Team sollte ein eigenes Profil
erstellt werden. Aus der Anzahl der erforderlichen Rollen lässt sich die Größe des Teams
abschätzen.

In der Folge werden prototypisch Anforderungsprofile gezeigt. Wir gehen dabei von einem Dienstleister im Bereich Neue Medien aus, der sich durch Innovationen am Markt positioniert.

a) Anforderungsprofil Projektverantwortung

Fachliche Fähigkeiten: Projektmanagement, Business Process Management, Controlling.

Methodenkompetenz: Teamführung, Subject-oriented Business Process Modeling, Balanced Scorecard.

Erfahrungsschatz im Umgang mit Methoden und fachlichen Inhalten: eigenverantwortliche Abwicklung von produktspezifischen Projekten im Unternehmen.

Soziale Kompetenz: Moderation, Mediation, Empathie.

b) Anforderungsprofil Produktmanagement

Fachliche Fähigkeiten: Product Life Cycle Management, Marktanalysen, Usability Engineering.

Methodenkompetenz: Archimate [Beschreibungssprache für Produktarchitekturen], User Testing.

Erfahrungsschatz im Umgang mit Methoden und fachlichen Inhalten: Partizipation an mindestens einem kompletten Produktlebenszyklus.

Soziale Kompetenz: Moderation, Teamfähigkeit.

Die Profilbeschreibungen sollten kompatibel zu Stellenbeschreibungen in der Organisation gehalten sein, um in den nächsten Schritten nicht Nacherhebungen durchführen zu müssen.

2. Schritt: Kandidaten ermitteln

In diesem Schritt werden Kandidaten identifiziert, welche aufgrund ihrer Eigenschaften für das Vorhaben infrage kommen.

Beispielhaft werden zwei fiktive Kandidaten für den Produktmanager gemäß Profil aus Schritt 1 vorgestellt:

Kandidat 1

Fachliche Fähigkeiten: Product Life Cycle Management.

Methodenkompetenz: UML [Beschreibungssprache zur Softwareentwicklung].

Erfahrungsschatz im Umgang mit Methoden und fachlichen Inhalten: Hat bereits an einem kompletten Produktlebenszyklus zu einem erfolgreichen Unternehmensprodukt teilgenommen.

Soziale Kompetenz: Moderation (Ausbildung und Anwendung), Teamfähigkeit (bewiesen in Projekten).

Kandidat 2

Fachliche Fähigkeiten: Usability Engineering.

Methodenkompetenz: User Testing.

Erfahrungsschatz im Umgang mit Methoden und fachlichen Inhalten: Partizipation an einem Einführungsprozess (Teil des Produktlebenszyklus) eines Unternehmensproduktes.

Soziale Kompetenz: Teamfähigkeit.

3. Schritt: Entscheidung – Bestimmung der Teammitglieder

In diesem Schritt ist der Abgleich der erforderlichen Eigenschaften und Fähigkeiten der identifizierten Kandidaten mit den Anforderungsprofilen durchzuführen und zu entscheiden, welche Personen gegebenenfalls dem Team angehören sollten, da sie den Anforderungen am besten entsprechen.

Aus dem gegenständlichen Beispiel (siehe Schritt 2) wird ersichtlich, dass beide Kandidaten zum Produktmanagement Eigenschaften und Fähigkeiten aufweisen, welche für das vorgesehene Team relevant sind. Keiner der Kandidaten kann allerdings sämtliche erforderlichen Kompetenzen nachweisen. Insbesondere fehlen Know-how zur Marktanalyse sowie die Verschränkung des Usability Engineering mit dem Product Life Cycle Management.

In solchen Fällen kann auf unterschiedlichem Weg entschieden werden. Zum einen gilt es zunächst, ob der erwarteten Gruppengröße zu entscheiden, ob nicht beide Kandidaten in die Gruppe aufgenommen werden können. Dies hängt davon ab, wie die anderen Rollen zu besetzen sind. Ist dies möglich, ist noch für die gegebenenfalls fehlende Kompetenz (im Beispiel Marktanalyse) Sorge zu tragen.

Ist die Aufnahme mehrerer Personen zu einer Rolle nicht möglich, dann kann der Teamverantwortliche sich abhängig vom geplanten Verlauf des Vorhabens für jeweils einen Kandidaten entscheiden, der entsprechend seinem Profil zur jeweiligen Phase des Vorhabens passt. Im Beispiel könnte die Usability Engineering, das dem Product Life Cycle Management bei der Produktentwicklung nachgelagert ist. So könnte temporär Kandidat 2 Kandidat 1 im Team ersetzen. Ist dies nicht möglich, etwa weil User Testing bereits in der Designphase neuer Produkte durchgeführt werden soll, dann wird einer der beiden Kandidaten nicht Teammitglied werden können. Die entsprechenden Aufgaben werden im Vorhaben dann außerhalb des Teams durchgeführt und von einem Teammitglied verantwortlich betreut. Für die fehlende Kompetenz (im Beispiel Marktanalyse) gilt Analoges.

Soll die gesamte Kompetenz im Team verankert sein, kann ein Teammitglied gesucht werden, das von außen kommt, aber nach Möglichkeit das gesamte Anforderungsprofil abdeckt. Dies ist in Abhängigkeit von der Aufgabenstellung des Vorhabens zu entscheiden. Nicht zuletzt kann es auch aus Wirtschaftlichkeitsüberlegungen zu einer derartigen Entscheidung kommen.

4. Schritt: Einrichten des Teams

In diesem Schritt werden die Kandidaten ob ihrer Nominierung in das Team informiert. Nehmen sie die Auswahl an, kann ein Kick-off-Meeting anberaumt werden, wo sich die Teammitglieder zur Besprechung des Vorhabens erstmalig treffen. Gegebenenfalls sind Einzelgespräche seitens des Teamverantwortlichen bei Unklarheiten oder Unsicherheiten, welche die Entscheidungsfindung der Betroffenen erleichtern sollen, zu führen.

In der Praxis gibt es oft die Situation, nicht alle Idealkandidaten in ein Team zu bekommen. Fehlende Expertise kann aber temporär in den meisten Fällen hinzugezogen werden, sei es aus internen Quellen oder aus extern verfügbaren Ressourcen (siehe auch Schritt 3 – Entscheidungsfindung). Zusätzlich zu dieser Ressourcenplanung ist noch die Festlegung organisationaler und sozialer Regeln im Rahmen des Einrichtens des Teams vorzusehen.

A.2.2 Moderation

In Wissensmanagementvorhaben gilt es häufig, Prozesse mit unterschiedlichen Berufsgruppen bzw. Interessenvertretern zu initiieren und zu begleiten. Ein typisches Beispiel stellt die Abbildung von Kennzahlensystemen auf Geschäftsprozesse und IT-Unterstützung im Rahmen von Innovationsmanagement dar. Dabei sind wirtschaftliche, arbeitsorganisatorische und technische Herangehensweisen und Argumentationslinien zu Innovation und Innovationsprozessen zu beachten und im Rahmen sozialer Interaktionen abzugleichen.

Moderation von sozialen Prozessen soll eine Gruppe unterstützen, ihr Anliegen effektiv und effizient zu bewältigen. Erfolgreiche Moderation zeichnet sich durch mehrere Eigenschaften aus:

1. Zielgerichtete Bewältigung des Anliegens.

2. Auf den Inhalt des Anliegens fokussiert.

3. An der Handlungspraxis der Gruppenmitglieder orientiert.

4. Strukturierte Bearbeitung des Anliegens.

5. Bewältigung des Anliegens erfolgt in Eigenverantwortung der Gruppe.

6. Der Umgang der Gruppenmitglieder erfolgt wertschätzend.

7. Die Zusammenkunft ist frei von äußeren Störungen.

Dabei besitzt der Moderator die besondere Verantwortung, die Interessen der Gruppenmitglieder wahrzunehmen und diese gegenüber den Gruppenmitgliedern, der Organisation und den Außenstehenden zu artikulieren. Er sollte keine Diskriminierung oder Bloßstellung von Personen oder Gruppenmitgliedern tolerieren. Neben diesen Aufgaben hat der Moderator inhaltlich neutral zu sein, da die Gruppe, die er unterstützt, ihr Anliegen in Eigenverantwortung lösen soll. Er konzentriert sich auf die methodische bzw. ablauftechnische Unterstützung des Bearbeitungsprozesses. Dazu zählen neben methodischen bzw. ablauftechnischen Interventionen die Herstellung einer konstruktiven Arbeitsatmosphäre zu Beginn die Visualisierung von Inhalten und die verständliche Dokumentation des Prozesses und der Ergebnisse.

Folgende Handlungshinweise sollen Moderatoren helfen, sich (inhaltlich) neutral zu verhalten:

1. Ablehnung, eigene Meinung zu einem Thema bzw. Gruppeninhalt zu äußern,

2. Hinweis auf Aufgabe, inhaltliches Ziel zu erreichen,

3. aktiver Hinweis auf Rolle des Moderators für die Gruppe,

4. Herausarbeiten von Positionen, insbesondere durch Rephrasieren von Argumenten, Positionen, Widersprüchen,

5. Herstellen von Bezügen zur Sach- oder Personalebene mit gleichzeitigem Betonen der Sachebene,

6. Festlegen von sachlich oder sozial erforderlichen Konventionen oder Regeln.

Typische Phasen bzw. Aktivitätsbündel, die der Moderator in Zusammenkünften steuert bzw. begleitet, sind:

Beziehungen aufbauen

Diese Phase findet zumeist zu Beginn einer Zusammenkunft statt. Die Gruppenmitglieder lernen einander kennen, stellen sich vor und positionieren sich. Sie bauen eine Beziehungsebene auf, die für die inhaltliche Arbeit in der Gruppe eine wesentliche Grundvoraussetzung darstellt.

Transparenz schaffen

Die Gruppenmitglieder können sowohl aus Ablauf-, Struktur- und Inhaltssicht Orientierungshilfe benötigen. Der Moderator sollte in der Lage sein, allen Teilnehmern die Ziele, den Ablauf, die jeweiligen Rollen und Regeln zu vermitteln, insbesondere wenn bereits Vereinbarungen getroffen wurden, welche für die Gruppe verbindlich sind.

Kennen Gruppenmitglieder Ziele, Strukturen und Abläufe, dann erleichtert dies ihnen, fokussiert zu arbeiten und Mitverantwortung zu übernehmen. Die Wiederholung von Inhalten hilft hier zumeist, da sie prozessbegleitend kognitive Belastungen reduziert.

Führung

Führung bedeutet, zunächst in die Gruppensituation und Zusammentreffen einzuführen und die Aufmerksamkeit und das Interesse der Gruppenmitglieder bezüglich des vor ihnen liegenden Prozesses und der von ihnen zu bearbeitenden Inhalte zu wecken bzw. zu erhalten.

Des Weiteren zählen sämtliche Interventionen zu Führung, welche der Gruppe helfen, sich zu orientieren und (erneut) zu fokussieren. Die Gruppenmitglieder sollten möglichst störungsfrei aktiv an der Bewältigung des Anliegens arbeiten können.

Vertiefung

Die Vertiefung von Inhalten bereitet Ergebnisse oder Entscheidungen vor und kann sowohl im Rahmen des Sammelns von Informationen als auch des Ordnens bereits vorliegender Informationen seitens des Moderators unterstützt werden.

Bei der Sammlung von Informationen werden Quellen und Wissensträger angesprochen, welche für die Gruppe zugänglich gemacht werden sollen. Die Aufgaben des Moderators sind hier die Vermeidung von Doppelgleisigkeiten und die Ordnung von Inputs sowohl aus Vorgehens- als auch Inhaltssicht. Des Weiteren achtet der Moderator darauf, dass ausgewählte Information zunächst geholt und archiviert wird, und nicht auf Basis verkürzter Daten vorschnell Bewertungen abgegeben werden.

Die Ordnung gesammelter Informationen erfolgt nach den Strukturvorschlägen der Gruppe, um diese anschließend weiterbearbeiten und zu einem Gruppenergebnis kommen zu können. Hierbei ist es die Aufgabe des Moderators, die Meinungsbildung anzuregen und Ordnungsschemata ob ihres Beitrags zur Bewältigung des Gruppenanliegens zu hinterfragen.

Ergebnisfindung

Auf Basis geordneter Informationssammlungen wird die Gruppe angeleitet, Meinungen zu bilden, Positionen zu beziehen und eine Diskussion in Richtung Ergebnisbildung in Gang zu setzen. Der Moderator bündelt entscheidungsrelevante Merkmale und versucht, gemäß vereinbarter Ziele ein fokussiertes Vorgehen zur Ergebnisbildung zu entwickeln und mit der Gruppe umzusetzen.

Reflexion

Diese Phase sollte jedenfalls den Abschluss eines Gruppenarbeitsprozesses bilden, kann aber auch bereits während der Zusammenkünfte stattfinden. Alle Teilnehmer einer Zusammenkunft sollten sowohl zu Inhalten als auch Strukturen (inklusive Abläufen) Rückschau halten können. Der Moderator stellt sicher, dass alle Gruppenmitglieder sich beteiligen können, um ein möglichst vollständiges Stimmungsbild und ebensolche Rückmeldungen zu erhalten. Auch er ist in diese Rückschau involviert.

So gelingt es, Gütekriterien zur Zusammenarbeit zu entwickeln. Positive Erfahrungen können in Zukunft verstärkt und Hindernisse der Zusammenarbeit in Zukunft vermieden werden, sei es durch Regeln, die Zusammensetzung der Gruppe, die Themenfindung oder durch Änderungen der Moderation.

Literatur

Bonkowski, F. (2009): *Team Building: 44 Aktionen, die verbinden*. Neukirchen: Aussaat Verlag

Britten, U. (2008): *Interviews planen, durchführen, verschriftlichen: Mit Übungen, praktischen Tipps und Checklisten*. Husum: Palette Verlag

Edmüller, A.; Wilhelm, Th. (2012): *Moderation*. Freiburg: Haufe-Lexware

Gellert, M.; Nowak, C. (2010): *Teamarbeit, Teamentwicklung, Teamberatung: Ein Praxisbuch für die Arbeit in und mit Teams*, 4. Auflage. Meezen: Limmer Verlag

Hilsenbeck, Th. (2012): *Projektgruppen und Qualitätszirkel moderieren*. Kürnach: aperio. *http://www.aperio-online.de/pdf/aperio-Handbuch_Moderation.pdf*. Zugriff am 12.07.2012

Müller-Dofel, M. (2009): *Interviews führen: Ein Handbuch für Ausbildung und Praxis*. Berlin: Econ Verlag

Glossar

Auswertung von Wissen

Im Rahmen der Wissensauswertung werden Fakten und Regeln gesucht und nach einer vorgegebenen Strategie verknüpft, um aussagekräftige Ergebnisse zu produzieren. Die Strategie ist dabei von den Kommunikationsstrukturen der Organisation abhängig und bestimmt, welches Wissen zum Zuge kommt und welches nicht.

Balanced Scorecard

Die Balanced Scorecard generiert Wissen aus multiplen Perspektiven auf eine Organisation, indem nicht nur die Strukturen, sondern ergebnisrelevante Relationen erfasst und abgebildet werden können. Die Methode unterstützt die Erhebung von Wissen nur indirekt durch die Perspektiven, die auf eine Organisation eingenommen werden und miteinander in Beziehung stehen. Das mittels Balanced Scorecard gewonnene Wissen wird mit anderen Instrumenten entsprechend den jeweiligen Perspektiven weiterverarbeitet. Die integrative Auswertung des Wissens wird unterstützt, indem Relationen zwischen den unterschiedlichen Perspektiven im Sinne ihrer Wirksamkeit für eine bestimmte Organisation bewertet werden können.

Bildkartenmethode

Die Bildkartenmethode befähigt Mitglieder und Verantwortliche einer Organisation (Stakeholder), Wissen über Geschäftsabläufe bzw. zu Geschäftsprozessen in Form von Landkarten zu generieren. Dabei werden wesentliche Elemente von Geschäftsprozessen (Tätigkeiten, Rollen, Daten etc.) miteinander in Beziehung gesetzt. Durch die Verknüpfung der Elemente kann Wissen über Geschäftsabläufe generiert werden. Die Methode ermöglicht dabei eine strukturierte Darstellung, die gegebenenfalls zur Verfeinerung oder Umsetzung von Prozess(modell)en weiterverarbeitet werden kann, in der Regel mit Modellierungswerkzeugen. Die Darstellungen können nach unterschiedlichen Kriterien wie Vollständigkeit, Korrektheit oder Plausibilität bewertet werden.

Bohmscher Dialog

Der Bohmsche Dialog generiert Zusammenhänge für eine Gruppe von Personen, die sich aus dem Fluss des aktiven Zuhörens und der emphatischen Auseinandersetzung artikulierter Inhalte ergeben. Er kann zur Erhebung von Wissen nur insoweit genutzt werden, als seine Regeln die Wertschätzung der Mitteilung von Wissen begünstigen und so seine Teilnehmenden ermuntert werden, auf Äußerungen und Anliegen im Rahmen des Dialogprozesses einzugehen und ihr Wissen hierzu zu explizieren. Der Dialog ist flüchtig, wenn keine Aufzeichnungen in Form von Lifestreams, Podcasts oder Protokollen angefertigt werden. Wissen wird verbalisiert und in dieser Form unmittelbar weiterbearbeitet. Der Bohmsche Dialog kann zu einer interaktiven Auswertung von generierten Zusammenhängen für eine Gruppe von Personen führen, sobald sich dies im Fluss des aktiven Zuhörens und der emphatischen Auseinandersetzung artikulierter Inhalte ergibt.

Critical-Incident-Technik

Die Critical-Incident-Technik geht auf erfolgskritische Ereignisse im Organisationsgeschehen ein und erlaubt mittels Befragung, deren Beschreibung und Kontext zu generieren. Die Technik nimmt Bezug auf erfolgskritische Ereignisse im Organisationsgeschehen und erhebt somit Wissen, welches Verhalten in erfolgskritischen Situationen organisationsrelevante Stakeholder auszeichnet. Nach der Erhebung sind zur weiteren Bearbeitung bzw. Auswertung spezifische Methoden erforderlich, insbesondere aufgrund der inhaltlichen Ausrichtung in erfolgsbegünstigendes und erfolgskritisches Verhalten.

Darstellung von Wissen

Erhobenes bzw. explizites Wissen sollte in Organisationen unmittelbar und effektiv für alle Mitarbeiter dargestellt werden (können), damit dieses in der Organisation klar erfasst und weitergegeben werden kann und aufbauend darauf weitere Handlungen gesetzt werden können.

Erhebung von Wissen

Durch die Erhebung von Wissen wird vorhandenes, zunächst noch implizites Wissen auf organisationaler Ebene wirksam gemacht. Wissen, das oft schwer artikulierbar ist, wird erhoben (expliziert).

Generierung von Wissen

Unter Generierung von Wissen wird die Schaffung von (neuem) Wissen verstanden. Es bewirkt die Verarbeitung von Information zu handlungsrelevantem Wissen und die Entwicklung neuer Ideen.

Narrative Storytelling

Narrative Storytelling unterstützt die Generierung von Erfahrungswissen anhand einer durchgängigen Beschreibung eines organisationsrelevanten Sachverhalts. Die Methode unterstützt die Erhebung von Zusammenhangswissen bei organisationsrelevanten Sachverhalten, da in Geschichten der Fluss der Erhebung nicht unterbrochen wird. Nach der Erhebung sind zur weiteren Bearbeitung bzw. Auswertung spezifische Methoden des textuell generierten Erfahrungswissens erforderlich.

Repertory-Grid-Technik

Die Repertory-Grid-Technik erlaubt mit minimalen Strukturvorgaben und offener Befragung die Explizierung individueller Wertesysteme zu Personen oder Objekten in einem bestimmten organisationsrelevanten Betrachtungskontext. Da die Methode die Explizierung individueller Wertesysteme zu Personen oder Objekten ermöglicht, eignet sie sich zur Hebung impliziten Wissens. Dabei wird eine Tabellenstruktur zur Darstellung des Themas, der Elemente und des damit verbundenen Wertesystems (Konstrukte, Kontraste, Ratings) genutzt. Die Verarbeitung des generierten Wissens kann zum einen durch unmittelbare Interpretation und zum anderen durch spezielle Auswertungsverfahren erfolgen.

Springboard Storytelling

Springboard Storytelling zielt auf die Generierung von Handlungswissen für bestimmte Personen ab, die mittels einer Geschichte angesprochen werden. Die Methode dient der Erhebung von Aufforderungswissen, das Personen befähigen sollte, einer Situation mit bestimmtem Verhalten zu begegnen. Die textuelle Beschreibung eines organisationsrelevanten Sachverhalts hat Aufforderungscharakter für ein bestimmtes Verhalten, das im Rahmen der weiteren Verarbeitung umgesetzt werden kann.

Value Networks

Value Networks eignen sich zur Generierung von Kommunikationswissen, das schließlich Veränderungspotenzial auf der Basis wechselseitiger Austauschbeziehungen zwischen relevanten Rollen bzw. Funktionsträgern einer Organisation erschließen lässt. Value Networks heben subjektives Wissen zu tangiblen und intangiblen Arbeitsbeziehungen und dem damit verbundenen Veränderungspotenzial für eine Organisation. Wechselseitige tangible und intangible Austauschbeziehungen zwischen Akteuren werden visuell dargestellt, die direkt in Tabellen weiterbearbeitet werden. Die Value-Creation-Analyse unterstützt schließlich die Identifikation des erkannten Veränderungspotenzials.

Verarbeitung von Wissen

Bei der Verarbeitung von Wissen handelt es sich um die Beschleunigung, die Rationalisierung und Automatisierung der Transformation von Wissen in Information und umgekehrt. Dabei werden einerseits Informationen aus der Umgebung exzerpiert und als Wissen verankert, andererseits werden aus gespeichertem Wissen Informationen gewonnen, um sinnvolles Handeln und Entscheiden zu ermöglichen.

Wissenslandkarte

Die Wissenslandkarte unterstützt die Erstellung von Strukturen zur Beschreibung von Informationssystemen und generiert auf diese Weise organisationsrelevantes Zusammenhangswissen. Die Methode unterstützt die Erhebung von strukturellen Sachverhalten und bildet organisationsrelevante mittels hierarchischer und assoziativer Beziehungen ab. Derartige Darstellungen können für bestimmte Zwecke wie beispielsweise die Datenmodellierung weiterverarbeitet werden. Somit können zunächst feingranulare Strukturen zur kohärenten Beschreibung von Information(ssystemen) spezifiziert werden, ohne noch Einfluss auf die Verarbeitung bzw. weitere Auswertung des so generierten Wissens zu nehmen.

World Café

Das World Café erlaubt einer Gruppe von Personen die Generierung von kollektivem Wissen zu unterschiedlichen Fragestellungen. Es führt zur Dokumentation von dem in einer Gruppe von Personen verankerten Wissen, sowohl bezüglich unterschiedlicher Fragestellungen als auch unterschiedlicher Perspektiven auf ein Thema. Das dokumentierte kollektive Wissen zu bestimmten Fragestellungen kann unmittelbar weiterverarbeitet bzw. ausgewertet werden.

Die Autoren

Christian Stary ist seit 1995 Professor für Wirtschaftsinformatik an der Universität Linz. Er studierte Informatik an der TU Wien, wo er auch seine Dissertation (1988) und Habilitation (1993) abschloss. Darüber hinaus studierte er Philosophie, Psychologie und Pädagogik an der Universität Wien, um sich den interdisziplinären Fragestellungen des Communications Engineering und Wissensmanagements methodisch wie inhaltlich widmen zu können. Im Mittelpunkt seiner bisherigen Lehr- und Forschungstätigkeit steht die Gestaltung lernfähiger sozio-technischer Systeme unter Berücksichtigung kognitiver und emotionaler Faktoren.

Monika Maroscher lieferte im Rahmen ihrer MBA-Arbeit (Entwicklung eines Methodenhandbuchs zu Wissensmanagement, 2009) und dessen empirischer Forschungsarbeit für das MBA-Studium „Angewandtes Wissensmanagement" die Basis dieses Buches. Das MBA-Studium absolvierte sie neben ihrer Tätigkeit als Projektmanagerin am Institut für Wirtschaftsinformatik an der Johannes Kepler Universität Linz. Sie unterrichtet seit einigen Jahren als Universitätslektorin an der Johannes Kepler Universität „Theorien und Methoden des Wissensmanagements" sowie „wissenschaftliches Arbeiten". Gleichzeitig ist sie in der Privatwirtschaft in leitender Position in der Weiterbildungsberatung und -vermarktung tätig. Sie studierte Wirtschaftswissenschaften an der Johannes Kepler Universität Linz und an der Heriot-Watt University Edinburgh, Großbritannien, mit den Schwerpunkten Internationales Management, Marketing, Personalwesen und Wissensmanagement.

Edith Stary ist ausgebildete Pädagogin und Romanistin. Sie studierte Französisch, Philosophie, Psychologie und Pädagogik an der Universität Wien, wo sie schließlich zu Chancen auf eine androgyne Gesellschaft interdisziplinäre Repräsentanzbelege untersuchte und Einstellungsanalysen jugendlicher FremdsprachenschülerInnen bezüglich Geschlechtsrollen-Stereotype im Rahmen ihrer Dissertation durchführte. Sie absolvierte das MBA-Studium Angewandtes Wissensmanagement im Rahmen neben ihrer nunmehr siebenjährigen Leitungstätigkeit der VS Pantzergasse in Wien. Zurzeit widmet sie sich neben der Organisationsentwicklung von sekundären Bildungseinrichtungen den Themen individualisiertes Lernen und multikulturelle Verständigung in der Triade Eltern-Kind-Institution.

Dipl.-Psych. Jeannette Hemmecke ist FH-Professorin für Wissenskommunikation an der Fakultät für Informatik, Kommunikation und Medien der FH Oberösterreich in Hagenberg/Österreich. Seit Jahren unterrichtet sie Wissensmanagement, Organisationales Lernen, Change Management und Organisationspsychologie an verschiedenen Hochschulen und wirkte in verschiedenen Entwicklungsteams zur Entwicklung wissensmanagementbezogener Bachelor- und Masterstudiengänge mit. In der Forschung befasst sie sich mit der Entwicklung von Methoden zur Erhebung impliziten Wissens (u. a. Repertory Grids) und mit Prozessen des Wissensaustauschs und der Wissensgenerierung sowie mit organisationalem Lernen in Unternehmen. Sie leitet angewandte Forschungsprojekte mit Firmen sowie ein EU-Hochschulentwicklungsprojekt in den Bereichen Wissenskultur, Design Thinking und organisationale Wissenslandschaften. Sie setzt sich vor allem mit konstruktivistischen und kulturhistorisch-tätigkeitstheoretischen Ansätzen zu Wissens-, Bewusstseins- und Lernprozessen auseinander. Als Arbeits- und Organisationspsychologin sind ihr der Mensch und die Beziehung zwischen Mensch, Organisation und Technik zentrale Anliegen.

Wilfried Wieden ist seit 1993 als Professor für Anglistische Linguistik an der Universität Salzburg tätig. Seine Arbeitsschwerpunkte lagen vorerst im Bereich der Grundlagenforschung zu Themen wie Psycholinguistik und Soziolinguistik, wobei im Speziellen Sprach- und Wissenserwerb sowie Fachsprachen im Fokus der Forschungstätigkeit standen. Im Rahmen von geförderten Anwendungsprojekten, wovon ein Großteil im EU-Kontext angesiedelt war, bzw. durch Auftragsforschung aus der Industrie, dem Dienstleistungssektor sowie dem Bildungsbereich konnte auf den Erkenntnissen aus der Grundlagenforschung aufbauend Verfahrens- und Produktentwicklung betrieben werden, wobei eng mit Partnern aus der Wirtschaft kooperiert wurde. Im Vordergrund standen dabei die Themen Wissensmanagement und Mehrsprachigkeit. Aus den entsprechenden Entwicklungsprojekten sind nunmehr auch Erfahrungen zu praktischen Anwendungen wie z. B. Terminologiemanagement, Wissensdokumentation, sprachen- und kulturübergreifende Wissenskommunikation, mehrsprachigen Erwerb von Fachwissen u. ä. verfügbar. Diese Erfahrungen werden laufend sowohl in der universitären Ausbildung als auch in der außeruniversitären Fort- und Weiterbildung interessierten Personen zur Verfügung gestellt.

Index